玉米食品加工的创新技术

张子飚　编著

中国计划出版社

图书在版编目（CIP）数据

玉米食品加工的创新技术 / 张子飚编著. -- 北京 : 中国计划出版社, 2017.11
ISBN 978-7-5182-0739-8

Ⅰ. ①玉… Ⅱ. ①张… Ⅲ. ①玉米制食品一食品加工
Ⅳ. ①TS213.4

中国版本图书馆CIP数据核字(2017)第267898号

玉米食品加工的创新技术
张子飚　编著

中国计划出版社出版发行
网址：www.jhpress.com
地址：北京市西城区木樨地北里甲11号国宏大厦C座3层
邮政编码：100038　电话：（010）63906433（发行部）
虎彩印艺股份有限公司印刷

787mm×1092mm　1/16　13.25印张　325千字
2017年11月第1版　2017年11月第1次印刷

ISBN 978-7-5182-0739-8
定价：90.00元

序

张子飚毕业于吉林化工学院、吉林师范大学，现任吉林医药学院食品营养专业教授、大学生创业导师、吉林市双飙薪玉米深加工有限责任公司董事长、吉林市飙薪食品工程技术研究所所长、吉林市亿碗粥公司董事长。张子飚是吉林省玉米食品技术创新科研领头人，他为玉米向餐桌转化做出了突出贡献。从1985年第一次出现卖玉米难开始，为了解决农民卖玉米难的问题，为了将富含营养的玉米转化到百姓餐桌上，这位农民出身的科学家花了32年时间进行玉米食品科研。他自立玉米特强粉研究课题，自投资金、自负盈亏、自己组织攻关。32年来，他凭着超人的毅力和拼搏精神，攻克了常人难以想象的技术、工艺、设备、资金、市场等各种难关。他利用化工和食品专业技术交叉点，捕捉到生活中玉米大饼子没有玉米大煎饼口感好、大米没有大米饭口感好的饮食现象，从淀粉的分子结构差异出发，通过机械、乳酸菌以及复配技术，创新了改变玉米食品口感的方法。他探索出了让玉米粉像小麦粉一样好吃的工艺条件，研究了相应的多台设备，最终设计制造出一条生产玉米面粉的专用生产线。当科研资金不足的时候，除了四处借取外，他还通过技术服务、承包科研课题，甚至卖鞋油挣钱，继续进行试验，到2000年时科研累计投进328万元（相当于现在的3280万元），终于在2001年3月19日顺利通过国家轻工业总局科技成果鉴定，鉴定指出："该技术是国内首创，国际未见相同技术报道。"曾在2002年被国家科技部等五个部委联合批准为国家重点新产品，2008年获得国家发明专利，专利号为ZL200610016719.X。

研究玉米特强粉的生产技术获得成功，使粗粮和细粮失去了界限，使米和面失去了界限。玉米特强粉没有面筋，工业化制作玉米食品不能用已有的小麦面粉食品设备，为此张子飚又相继开发了玉米挂面生产线、玉米方便面生产线、玉米窝头生产线、玉米方便粥生产线、玉米月饼生产线。由于玉米特强粉优良口感和营养的兼备，决定玉米特强粉及其系列产品必将成为百姓餐桌上第三大主食，有望和大米、白面形成三足鼎立之势。玉米特强粉生产技术的问世，不是一个简单项目，而是创造了一个全新的产业，这个产业将成为我国经济新的重要增长点。对于彻底解决卖玉米难及储粮去库存，开创了切实可行的科技之路。据粮食专家推断，若百姓对玉米特强粉消费占小麦面粉量的十分之一，仅国内就需1000万t，可以转化玉米1600万t，同时每年可以创造产值1400亿元，创造直接就业岗位20万个，对于解决我国粮食安全问题的贡献将是不可替代的。

目前，张子飚研制的玉米特强粉系列产品销往全国各地，他在继续研究其他杂粮特强粉及其深加工产品的工业化及工业化设备。他的努力得到了社会的认同，曾被吉林市连续选为三届政协常委，被省委、省政府评为吉林省创业先锋，被吉林市委、市政府评为吉林地区十大创业标兵，五·一劳动奖章获得者。他的事迹曾在中央电视台第二套、第七套及《中国食品报》等300多家媒体先后予以报道。为了中国的农民，为了中国的玉米向全世界餐桌上转化，他在继续拼搏，我衷心地祝愿张子飏的事业更加辉煌，祝愿我国玉米食品行业蓬勃发展！

《玉米食品加工的创新技术》这本书出版后将成为杂粮食品科研工作者有价值的参考书，将对我国粗杂粮食品工业发展起到积极的推动作用。

吉林医药学院院长　蔡建辉

前　言

玉米是我国产量占前三位的粮食作物，九十年代开始其产量有较大的增长。

全世界玉米产量6.5亿t左右，我国玉米年产量在1.3亿t左右，产量高时接近2亿吨，占世界产量的15％～20％，在世界排名第二。美国玉米年产量在2.3亿t左右，占世界年产量35％～38％，在世界排名第一。另外世界产玉米较多的国家或地区依次为巴西、欧共体、墨西哥、阿根廷、罗马尼亚、印度、南非等。我国玉米生产量超过1000万t的省份有吉林省、黑龙江省、山东省、河北省、河南省。玉米不仅产量高，而且对自然环境中的温度、土壤、阳光等条件适应性极强，因此，我国玉米种植面积一直稳定在3亿亩以上。

随着人们物质生活水平的提高，对食品的口感要求越来越高，即使玉米有很高的营养价值，但用原始粗放加工方法生产的玉米食品越来越不受欢迎。为提高生产玉米大省的经济水平，国家扶持其发展玉米深加工，但是玉米深加工突破点在哪里，怎样的产品结构才适合我国国情，适合国际国内市场，彻底解决卖玉米难这一困扰政府、农民以及相应科技人员的难题，一直被全国上下关注着。

为了解决上述难题，也为了将富含营养的玉米转化到百姓餐桌上，作者张子飚走上了一条三十二年没有走完的玉米食品科研之路，他自开始玉米特强粉研究课题，攻克了常人难以想象的技术、工艺、设备、资金、市场各种难关。张子飚利用化工和食品专业技术交叉点，从淀粉的分子结构差异出发，通过机械、乳酸菌以及复配技术，创新了改变玉米食品口感的方法，探索出了让玉米粉像小麦粉一样好吃的工艺条件，研究了相应的多台设备，最终设计制造出一条生产玉米面粉的专用生产线。张子飚研制的玉米特强粉系列产品销往全国各地，他在继续研究其他杂粮特强粉及其深加工产品的工业化及其工业化设备的基础上，又相继开发了玉米挂面生产线、玉米方便面生产线、玉米窝头生产线、玉米方便粥生产线、玉米月饼生产线。

为了便于与广大读者沟通，敬请读者将使用过程中遇到的疑问、发现的错误，以及建议与意见及时与作者联系（电话：15843289599），作者将及时解答并万分感谢。

目 录

第一章 研究好吃玉米粉的意义

第一节　餐桌主食需要玉米营养

一、玉米的热量低

常见的粮食可提供的热量见表1-1（参考北京出版社出版的《第一营养》相关数据）。

表1-1　常见粮食热量比较表（100g含量）

品种	玉米	黑米	大米	小麦	小米	糯米	燕麦	荞麦
热量（kCal）	196	339	343	350	359	345	367	324
玉米相对（%）		57.8	57.0	56.5	56.0	56.8	55.5	58.0

人们讲究生活质量，预防高血压、高血脂、高血糖和肥胖症，需要食用能有饱腹感，又不易发胖的食品。在以上列举的这些粮食当中，玉米的热量是最低的，同样食用100g玉米产生的热量只相当于小麦的56.5%，相当于大米的57%。因此食用玉米食品，能有效地控制高血压、高血脂、高血糖和肥胖症，更适合减肥人群。

二、玉米中脂肪、蛋白质、淀粉糖含量低

常见的粮食中含脂肪、蛋白质、淀粉的量见表1-2。

表1-2　常见粮食中脂肪、蛋白质、淀粉糖含量表（100g含量）

品种	玉米	黑米	大米	小麦	小米	糯米	燕麦	荞麦
蛋白质（g）	4	8.9	7.7	9.4	9.2	7.3	15	9.3
脂肪（g）	2.3	2.2	0.6	1.4	3.2	1.4	6.7	2.3
淀粉糖（g）	40.2	70.8	77	75	73	77.5	62	67

大量市场调查表明，中国人群进餐选择食品有三“步”曲：第一步是饱腹型，如我国20世纪60年代～70年代，以及现在仍贫困的地区，只要能吃饱就满足；第二步是享受型，选择食品以味道香浓享受为主，特点是吃大鱼大肉；第三步是营养型，如目前西方以及经济状况比较好的国家、我国比较发达的城市以及一些追求营养、讲究生活质量的人。在人们生活水平处于只能满足饱腹的水平时，人们缺少的营养是脂肪、蛋白质，那时的补品就是含蛋白质、脂肪高的食品；当人们已经能充分

满足“享受型”的水平时，身体中的蛋白质、脂肪、碳水化合物严重超标，随之而来的高血脂、高血压、高血糖以及肥胖症出现了，这时，人们迫切需要的特殊营养就不再是蛋白质、脂肪、淀粉糖，而且需要控制摄入量，在这种情况下，膳食纤维就是最重要的营养，比较这些因素，选择玉米食品是人们健康的需要。

三、玉米中膳食纤维含量高

常见粮食中膳食纤维的含量见表1-3。

表1-3　常见粮食膳食纤维含量比较（100g含量）

名称	玉米	黑米	大米	小麦	小米	糯米
膳食纤维（g）	10.5	2.8	0.6	2.8	1.6	0.8

1989年在东京召开了由美、日、英等国的食物纤维专家参加的国际会议，对膳食纤维的功能等做了广泛科学的研讨，认为它对于改变血清胆固醇，预防高血脂、高血压、糖尿病、肥胖症以及促使有毒物质的及时排除，对减少胃癌、直肠癌都有积极作用。所以，膳食纤维被世界称为第七大营养素。

四、在玉米中其他几种含量高的营养

玉米中的β胡萝卜素、维生素E、不饱和脂肪酸、卵磷脂、谷胱甘肽含量均高于普通粮食，而这些营养成分具有抗血管硬化、降低胆汁黏稠度和胆固醇的含量、抗衰老作用，都是当今人们餐桌上急需的营养。

第二节　改变落后的玉米粉加工方法

一、传统的玉米全粉加工法

传统的玉米加工法将玉米整粒干燥到含水量14%左右，清理后连皮带胚送入磨中研磨，直到把玉米粒全部磨成粉为止，细度大约40目，出粉率高达95%～98%。这种玉米全粉保持着玉米的全部营养，但口感极其粗糙，味道辛辣，特别是玉米的粗纤维全部存在，加之颗粒较大，刺激胃产生胃酸，极难消化，食用后，玉米的固有营养在胃中溶解率低，在小肠吸收的少。这种玉米粉存在虫卵，条件适宜容易生虫子，黄曲霉素无法去除并且极容易氧化出哈喇味，在三伏天时经常会发生霉变，作为商品周转运输受到限制，目前已没人食用这种玉米面粉了。

二、去皮提胚磨粉法

玉米的胚芽部分韧性很大，抗粉碎能力比胚乳强。人们认为口感粗糙主要原因是玉米皮所致，而味道辛辣主要是玉米胚芽所致，因此创造出去皮提胚磨粉法。这样磨出的玉米粉口感、口味有所改善，但是玉米中的特色营养也随之被去掉了。玉米中的膳食纤维主要

存在于玉米皮中，而玉米蛋白质、卵磷脂、维生素 E、不饱和脂肪酸主要存在于玉米胚芽中，显然这种加工方法也有不可接受的缺陷。

三、玉米干粉勾兑法

玉米干粉勾兑法加工出的面粉被称为玉米高筋粉或玉米饺子粉，其加工过程是将玉米脱皮、去胚后磨成 70 目的玉米粉待用；再将玉米碴用膨化机进行膨化后磨成 70 目的粉，和去胚粉合在一起，另添加谷朊粉、变性淀粉、海藻酸钠、氯化钙、乳化剂等添加剂，然后在和面搅拌机中进行拌粉，按下列配方进行勾兑。

（一）勾兑玉米面条粉的配方

玉米精制粉	45.0	玉米膨化粉	30.0
谷朊粉	8.0	高筋小麦粉	15.0
变性淀粉	2.0	海藻酸钠粉	0.3
氯化钙粉	0.2	乳化剂	0.4
食盐	1.2	食用碱	0.3

（二）勾兑玉米高筋水饺粉配方

玉米精粉	45.0	膨化粉	25.0
谷朊粉	15.0	高筋粉	25.0
变性淀粉	3.0	海藻酸钠	0.4
氯化钙	0.25	乳化剂	0.5

（三）勾兑玉米面包粉的配方

玉米粉	35.0	玉米膨化粉	28.0
谷朊粉	15.0	薯全粉	5.0
大豆粉（生）	5.0	高筋粉	10.0
海藻酸钠	0.5	氯化钙	0.4

其余的品种不再一一列举。从上述三个配方可以看到，这种干法面粉勾兑方法简单，设备投资较少，主要设备有脱皮脱胚机、磨粉机、筛分机、搅拌混合机。这种勾兑法的缺点，一是靠添加剂解决物理加工的延展性；二是添加量很大，食品安全难以保证；三是脱皮脱胚后，玉米的特色营养已不存在；四是生产出的食品口感依然粗糙，并且在速冻生产线上生产速冻饺子等产品容易冻裂，更主要的是没有解决玉米产胃酸、不好消化、不好吸收的缺陷。可以看到，目前市场上的玉米粉加工方法并不能兼顾保持玉米的特色营养和改善玉米食品口感，也正因为如此，改革开放以后，当大米和小麦粉能足量供应市场后，尽管玉米在三大农作物中营养比较均衡，还是从餐桌上“下岗了”。

第三节　改善我国玉米种植及深加工现状的需要

一、我国玉米生产现状

玉米是我国产量占前三位的粮食作物，20 世纪 90 年代开始其产量有较大的增长。

全世界玉米产量6.5亿t左右，我国玉米年产量在1.3亿t左右，产量高时接近2亿t，占世界产量的15%～20%，在世界排名第二。美国玉米年产量在2.3亿t左右，占世界年产量35%～38%，在世界排名第一。另外世界产玉米较多的国家或地区依次为巴西、欧盟、墨西哥、阿根廷、罗马尼亚、印度、南非等。我国玉米生产量超过1000万吨的省份有吉林省、黑龙江省、山东省、河北省、河南省。玉米不仅产量高，而且对自然环境中的温度、土壤、阳光等条件适应性极强，因此，我国玉米种植面积一直稳定在3亿亩以上。

为提高生产玉米大省的经济水平，国家扶持其发展玉米深加工，但是玉米深加工突破点在哪里，怎样的产品结构才适合我国国情，适合国际国内市场，彻底解决卖玉米难这一困扰政府、农民以及相关科技人员的难题，一直被全国上下关注着。

二、农民卖玉米难的状况

中国是有九亿农民的农业大国，玉米是传统的农作物，在20世纪70年代以前，曾经是餐桌上的主粮。自从农村实行了以“大包干”为标志的家庭联产承包责任制以来，玉米连年获得丰收，又出现了卖玉米难的问题。曾经在餐桌上唱主角的玉米食品，由于口感粗糙、味道辛辣，加之口感好的大米、白面满足了餐桌上的需求，从而使玉米食品“下岗了”，这样使得丰收后的玉米更难卖了。

1985年，吉林省第一次出现卖玉米难的情况，每公斤0.5元也卖不出去。时隔20多年，又出现了卖玉米难的局面，据国家粮食局统计，2013年玉米临储库存剔出移库之后还剩4967万t，2014年玉米临储库存剔出移库后还剩8029万t，两年的收储数量使2015年玉米库存达1.2亿t，2016年临储收购量已超过9366万t，库存总量达2.5亿t，未来去库存压力巨大。

玉米价格一路下跌，伤了无数种玉米农民的心，2016年玉米价格更低，国家在玉米供大于求的情况下，又取消了临储政策，更让农民束手无策，中国库存的2.5亿t玉米，到底应该卖给谁，中央政府也难。2016年初决定减种玉米5000万亩，也是无奈之举，解决问题的根本办法在于如何将玉米转化掉，将营养丰富的玉米转化到百姓餐桌上应是根本策略。

三、我国玉米转化状况

我国玉米可以生产许多产品，将其用途和生产产品的转化分为三种：第一种转化称为“过腹”转化，也就是用玉米做饲料，通过养殖畜禽转化成肉、蛋、奶；第二种转化为工业转化，主要是用玉米生产淀粉、变性淀粉、工业酒精、柠檬酸、味精、淀粉糖、山梨醇、低聚异麦芽糖、黄原胶、异维生素C钠等产品；第三种转化是向餐桌上转化，主要是生产玉米方便面、挂面、玉米饺子、馒头以及白酒等。

（一）“过腹”转化

在转化玉米的总量中，饲料转化所占的比例最大，多达70%左右，这是饲料加工企业和众多养殖户共同耗用的玉米。这种“过腹转化”在吉林省实施得比较成功。但作为一个行业而言，饲料的市场依靠养殖业的发展而发展，而养殖业的市场视肉、蛋、奶市场的发展而发展。中国的饮食习惯和西方的差异造成肉、蛋、奶市场发展迟缓。近年来，随着人们对生活质量的追求，肉、蛋市场在萎缩，奶业市场发展也不理想，市场空间不可能无限膨胀，因此这个市场竞争是十分激烈的，进而导致玉米在增加转化的量上受限。

（二） 工业转化

众所周知，玉米淀粉行业的市场发展也是相对有限的，从全球市场需求来看，这是个典型的竞争性行业，玉米淀粉市场的发展取决于淀粉应用市场的发展。在我国以玉米淀粉为原料的主要工业深加工产品，按转化玉米数量排次，味精占首位，其次是淀粉糖、变性淀粉，最后是其他发酵产品。

我国味精的生产和消费发展速度较快，到目前为止，已占世界消费量的50%，接近饱和，很多小味精厂处于停产倒闭状态。全国味精企业从20世纪90年代初的150多家到目前能维持生产的只有40多家，当然也有集团化和环保问题。总之，味精行业消耗玉米淀粉量逐渐下降，特别是味精企业为降低成本，采用了小麦淀粉制造味精。莲花味精已经用小麦淀粉做原料了，这意味着消耗玉米淀粉的最大行业抛弃了玉米淀粉原料，这对玉米淀粉市场来说是雪上加霜，对转化玉米是不利的。

淀粉糖工业也是消耗玉米淀粉量较大的行业。但是我国的国情决定，食用糖消费水平较低，人均年消耗不到7kg，是美国人均年消费量的11%。1998年至1999年，全国食糖产量为880万t，年人均8kg，立即出现供大于求的滞销局面。每年产麦芽糖和葡萄糖浆50万t左右，年耗玉米淀粉只有60万t左右。媒体宣传，吃糖发胖容易得糖尿病，糖的消耗量仍在降低。因此，从糖加工业上转化更多的玉米，短期内是不可能的。

变性淀粉是用玉米原淀粉经过化学或物理方法处理过的淀粉。全世界有变性淀粉生产能力300多万t，美国约占2/3，用于造纸工业的有60万t。我国已有60多万t生产能力，并且还在扩大，但是急于上马扩产的企业众多，而变性淀粉应用研究工作滞后，且应用开发周期较长，短时间很难与产量同步，也影响变性淀粉产量的提升，转化玉米的能力也是有限的。

玉米酒精在食品、化工、医药行业上用途广泛，前些年发展较快，1985年全国产量为78万t，1990年126万t，1995年170万t，1996年240万t，1997年突然滑落到170万t，此后便处于徘徊状态。

玉米白酒每年产量在100万t左右，耗用玉米约200万t，白酒和酒精每年耗用玉米400万t左右。随着人们对生活质量和健康的追求，喝白酒的人数总量在递减，对白酒的度数要求降低，因此，白酒的市场只能缩减，不可能有发展。

燃料酒精在转化玉米方面，耗用玉米量较大，3.5kg玉米生产1kg酒精，成本居高不下，没有利润，要靠政府补贴。从市场经济角度看，违反经济运作规律，难以承担转化玉米的重任。

从以上分析中不难看出，转化玉米仅靠饲料和工业转化还不能解决卖玉米难的问题，还必须走第三条转化道路，即向百姓餐桌上转化。

（三） 餐桌转化

第三种转化就是利用玉米营养丰富这一特点，将其加工成主食及各种功能食品，满足人们健康主食的需要。在这方面，政府及食品科研工作者都做了不懈的努力，也曾经加工出玉米营养粥（糊）、玉米方便面、玉米挂面、玉米冷面、玉米快餐粉、玉米饺子、玉米窝头等。但是，这些品种的开发，只停留在粗放加工水平上，只是产品的几何形状变化，没有把玉米食品加工成像小麦面粉食品一样的口感，因而没有更好的市场。而玉米特强粉生产技术的问世，使粗粮和细粮失去了口感上的差距，宣告了玉米食品必将和大米、小麦粉在百姓的餐桌上形成三足鼎立的局面，为大量的玉米转化开辟了一条切实可行的科技之路。若百姓消费玉米特强粉的量占小麦面粉的十分之一，仅中国就需 1000 万 t，可转化玉米 1600 万 t，可以有效地去除库存，逐步缓解卖玉米难的现状。若生产 1000 万 t 玉米特强粉，按现行价计算，潜在的产值为 1400 亿元，可创造直接就业岗位 20 万个。

四、玉米种植加工的新思维

我国的玉米质量低、价格高，美国的玉米产量高、质量高，正常年景运到我国港口后，比我国农民手中的玉米便宜 10%～20%，甚至更多。中国的玉米怎么办，中国种玉米的农民怎么办，这是全国上下共同关注的问题。当今世界发展的一个鲜明特征是技术进步，已成为经济发展和结构调整的主要动力。随着经济全球化的发展，我国玉米深加工业也将在更广泛的领域，更大范围地参与国际竞争，没有核心技术就难以提高综合素质和竞争力，没有技术创新就难以在国际竞争中立足。中国的玉米经济发展目标必须立足于市场需求，闯出一条切实可行的科技之路。美国的玉米产量高是因其大面积种植转基因品种、大面积机械化作业，所以成本低。说其质量高是针对工业转化而言，如用美国的玉米进行食品转化，因其转基因品种而成为劣势，这就是中国玉米特有的生态优势。我们可以利用自然品种，种植非转基因玉米、种植绿色玉米、无公害玉米、生态玉米，甚至是有机玉米。用这些玉米做原料，利用玉米特强粉加工的世界领先技术，大量生产可以和小麦面粉比口感且有丰富的特色营养的玉米特强粉（玉米水饺粉、玉米面条粉、玉米面包粉），做成“一带一路”标志性食品，占领国内国外市场，可以说是商机无限、市场空间无限。当全世界人食用小麦粉量的 1/10 的玉米特强粉时，我们就有 8000 万 t 的市场。

将玉米做成好吃的食品，附加值很高，对玉米原粮价格包容能力很强，根本不需要压价，农民种玉米既增产又增收。

五、发展大健康产业的需要

（一） 中医认为玉米的功效

（1）健脾益胃：玉米在北方是粗粮，在南方则是饲料，但从药食同源角度来说，玉米性味甘平，归胃、膀胱经，有健脾益胃、利水利湿作用。

（2）抗衰老：玉米以其成分多样而著称，是粮食中的营养之王。例如玉米含有维生素 A 和维生素 E 及谷氨酸，动物实验证明这些成分有抗衰老作用。

（3）防止便秘、防止动脉硬化：玉米含有丰富的纤维素，不但可以刺激胃肠蠕动，防止便秘，还可以促进胆固醇的代谢，加速肠内毒素的排出。玉米胚芽中含有大量的不饱和脂肪酸，其中亚油酸占 60%，可清除血液中有害的胆固醇，防止动脉硬化。

（4）防癌：玉米含有丰富的维生素和营养成分，其中胡萝卜素的含量是大豆的 5 倍多，也有益于抑制致癌物质的发生。

（5）保护皮肤：玉米中含有赖氨酸和微量元素硒，其抗氧化作用有益于预防肿瘤，同时玉米还含有丰富的维生素 B_1、B_2、B_6 等，对保护神经传导，维护皮肤健美有好处。

（6）降糖功效：玉米须有一定的利胆、利尿、降血糖的作用，民间多用以利尿和清热解毒。如用干燥的玉米须 50～60g，文火煎开，每天分 3 次口服对血糖高的人群十分有益，只是作用迟缓。

（7）预防肿瘤：玉米中含有赖氨酸、微量元素硒，有预防肿瘤作用。

（8）抗眼睛老化：玉米中含有黄体素、玉米黄质，可以有效地防止眼睛老化。

（二）中国大健康产业

以发达国家相关产业作为参考，我们对中国保健品行业容量进行预测：在经历了优胜劣汰的产业大洗牌后，行业逐步向着稳健的方向发展，自 2003 年以后，行业年均增长达 23%，2011 年中国保健品行业的市场规模达到 1260 亿元，到 2016 年达到 3323 亿元。

按照世界银行标准，中国已成为中等收入水平的国家，居民消费将从满足生存需求转向生活质量需求。保健品兼具医疗和消费品两种属性，直接受益于我国居民生活水平及健康意识提高的人群，会有更多消费者将保健品从可选消费转为必需消费品。

目前正是健康产业转型、升级的拐点时期，行业正逐步从走以往靠宣传换销量的套路改为走向靠产品、技术取胜的新阶段，健康行业将在内因和外因共同作用下，实现跨越式发展，是消费升级浪潮中最受益的行业之一。

内因：

1. 人均可支配收入增加带来购买力的提升；

2. 人口老龄化带动需求量的加大；

3. 自我保健意识的提升。

外因：

自 20 世纪 70 年代起，保健品的监管在消费者和生产企业的博弈中逐渐放宽，模式从上市前审批逐渐后移成为上市后监管，1994 年《膳食补充剂健康与教育法令》的出台，规定健康食品只需备案就可上市，成就了保健食品的快速发展。

新兴市场正处在行业的高速发展期，购买力的提升对于保健品行业的增长具有决定性的作用。随着收入提高，人们会越来越倾向于购买传统意义上的非必需品，保健品与主食品融合的产品将成为其中的重要选项。我国国内保健品蕴藏巨大市场，特别是国家已把大健康产业列为国家发展战略，使健康产品前景更加广阔。

在此背景下，具有丰富营养的玉米大有可为。

第四节　玉米特强粉生产技术创新点

玉米营养价值高于大米、白面，但是人们却不喜欢食用玉米面，归根到底是玉米粉的传统加工方法不科学，所获得的玉米粉加工食品口感不好，适口性差，味道辛辣，不易消化，产胃酸多（俗称“烧心”），只能做饲料和工业原料。要想玉米食品重新回到百姓的餐桌上，就必须在改善口感上下功夫，改变传统玉米粉的加工工艺。

一、传统加工玉米粉的缺点

传统加工玉米粉广泛采用的是干法磨粉。通常玉米中含有14%的水分时，运输保管才不易变质，称为安全水。含如此水分，加之玉米是非粉质型粮食，用干法粉碎设备难以获得像小麦粉一样的细度，这就是口感粗糙的主要原因之一。

传统加工玉米粉，为了口感好，首先是扒掉玉米皮，被世界称为第七大营养素的膳食纤维主要存在于玉米皮中，这种加工方法，把人们必需的膳食纤维浪费掉了。

传统加工玉米粉，为了口味好，通常都是脱胚。这种加工方法会把存在于胚芽中的卵磷脂、维生素E、不饱和脂肪酸等具有降血脂的营养物质全部剔除，实际提供给人们的玉米粉，主要成分是玉米淀粉。

传统加工的玉米粉，通常含水量在14%左右，加之粉中存在着不饱和脂肪酸，极易被氧化变质而发霉，尤其是在夏季更难以储存。

传统加工方法所获玉米粉，其淀粉分子排列处于β型的占主导地位，很少或者没有α型，因此，口感粗糙，欠缺加工的物理特性（延展性、延伸性），用工业化生产适口的水饺、面条非常困难。

传统加工方法所获玉米粉，分子应力难以消除，就是加进小麦面粉，或谷朊粉、变性淀粉勾兑出所谓“高筋玉米粉”，做出的速冻食品也难以克服工业化生产冻裂现象。

二、玉米特强粉生产的创新点

1. 整粒玉米在水中进行浸泡，在玉米尚有生理活性时，快速、充分吸水，使蛋白质、淀粉胚乳、玉米皮等体积迅速膨胀，此时玉米籽粒（包括碎颗粒）体积增加1倍左右。在体积变大到峰值时进行锉磨，颗粒变软，磨细所需物理的力变小，此时在水的冲击作用下很容易通过100目筛孔，那么100目的湿膨胀颗粒，再经过干燥体积收缩，就获得了干法磨粉得不到的细度，细度是小麦面粉的2倍左右。颗粒密度也有差异，干法玉米面0.67g/cm^3，玉米特强粉0.53g/cm^3。

2. 选用过碳酸钠，在黄曲霉含量高的时候应用，既可灭菌除黄曲霉，降解农药残留，又可调整pH值，并且无毒、无味、无残留。

3. 将生物法处理好的玉米用清水洗涤，很容易分离掉乳酸菌、过碳酸钠，面粉中没有任何残留，因此，产品是无公害、无污染、无添加、食用安全的玉米面粉。

4. 采用300℃瞬间高温干燥玉米粉，使得部分玉米粉降解α化，从而产生黏弹性，利用这种黏弹性，模拟小麦面粉中面筋的物理加工特性。

5. 清洗过的整粒玉米，一次磨成120～140目，将玉米皮中的膳食纤维也磨成细粉且吸附在面粉中，使得玉米特强粉中膳食纤维高达4.5%；同时，由于超细加工，使得玉米中100g含量为37μg的三价铬活性得以释放，和烟酸、谷胱甘肽形成铬合物，促进人体糖转化成脂肪的能力；膳食纤维能提高胰岛素对血糖的敏感度，因此，食用玉米特强粉系列食品，不会增加身体中的血糖量，可以为高血糖人群正常食用。

第二章 能生产玉米特强粉的玉米

第一节 玉米特强粉的质量标准

产品的质量首先取决于原料的质量，因此，在原料（玉米）选择上必须要做到科学、合理，玉米特强粉质量标准见表 2-1。

表 2-1 玉米特强粉质量标准（GB/T 10463—2008）

项 目	单 位	指 标	备 注
水分	%	≤14	—
细度		全部通过 CQ10 号筛	—
砂	%	≤0.05	呈淡黄色
砷	mg/kg	≤0.1	具有玉米特有的香气
铅	mg/kg	≤1	

第二节 玉米特强粉生产的原、辅料

一、玉米的选择

1. 玉米的分类。

（1）按籽粒形态结构分类：按其籽粒外部形态和内部结构的不同，可分为硬粒型、马齿型、半马齿型、粉质型、爆裂型、糯质型。

1）硬粒型：也称为角质型。果穗多为锥形，籽粒为圆形，顶部成弧形轮廓，籽粒外表透明有光泽。顶部和四周的胚乳为角质，仅中心近胚部为粉质，故质地坚硬，品质良好，食味比较好。

2）马齿型：又称大马牙。果穗多为圆柱形，形体特点穗前后端粗细变化不明显，籽粒扁长，中部至顶部均为粉质，胚乳两侧为角质，马齿型玉米食用品质较差，但产量较高。

3）半马齿型：又称中间型，是马齿型和硬粒型的杂交品种。籽粒顶部的粉质部分较马齿少，比硬粒多，顶部的凹陷较浅，品质介于硬粒型和马齿型中间。

4）粉质型：又称软质型。胚乳全部为粉质，组织松软，容重低，籽粒外形同硬粒型，但无光泽，是生产淀粉和酿酒的优良原料。

5）爆裂型：籽粒小而坚硬，胚也近乎全部为角质，仅中心有少许粉质，果穗与籽粒均小，籽粒品质好，加热时爆裂性强，爆出的玉米花产花体积大。

6）糯质型：也称蜡质型，是糯性玉米。籽粒胚乳全部为角质，断面是蜡状，淀粉全部是支链淀粉，遇碘呈红褐色，品质较好。

以上这些类型玉米中，能做玉米特强粉原料的首选是硬粒型，其次是半马齿型、马齿型、粉质型、糯质型，爆裂型一般不适合作玉米特强粉原料。

（2）按用途分类：可分为高蛋白质玉米、高直链淀粉玉米、高油玉米、甜玉米、糯玉米等。

1）高蛋白质玉米，又称高赖氨酸玉米。赖氨酸是人体必需的氨基酸之一，而普通玉米的蛋白质中恰恰缺少这种氨基酸，人体自身又不能合成。

高蛋白质玉米亦称优质蛋白质玉米。优质蛋白质玉米平均含淀粉72％，蛋白质平均含量为9.6％，脂肪4.9％，纤维素1.92％，糖1.58％，无机盐1.56％，水分8.44％。这些成分中，脂肪主要存在于玉米籽粒的胚芽中，其他成分大部分存在于胚乳中。由于蛋白质中有1/2是醇溶蛋白质，又称玉米胶蛋白。这类蛋白质含有的赖氨酸、色氨酸非常少，因此，玉米蛋白质的品质不优；而优质蛋白质玉米，虽然蛋白质总量没有大幅度提高，但其中蛋白质相互间的比例发生了变化，醇溶蛋白质减少了1/2，富含赖氨酸、色氨酸的谷蛋白含量增加了，使得赖氨酸、色氨酸的含量提高了1倍，因而使玉米中蛋白质的品质得以提升。这种蛋白质品质可与牛奶蛋白相比。

高赖氨酸玉米的胚乳是软质的，或者说是软粒的，表现为不透明，没有普通玉米的颜色，籽粒重量也相对轻些，很容易与普通玉米粒相区分。

2）高直链淀粉玉米：普通玉米平均含有大约26.5％的直链淀粉和73.5％的支链淀粉，通过对隐性突变基因的轮回选择技术，可使直链淀粉含量高达80％以上。高直链玉米淀粉在工业上应用十分广泛，最有发展的工业应用方向是利用这种淀粉取代聚苯乙烯生产可降解塑料，减少白色污染，保护环境。

3）高油玉米：高油玉米的突出特点就是含油量高。普通玉米含油4％～4.5％，而高油玉米含油量可达7％～9％。玉米油含有高比例的不饱和脂肪酸和维生素E等具有软化血管及降血压作用，具有显著的保健功能，同时高油玉米也相应地提高了必需氨基酸中的赖氨酸、色氨酸的含量。食用油品质的优劣，主要看油中各种脂肪酸含量的多少，所占的比例大小。植物油中含有的主要的脂肪酸有软脂酸、硬脂酸、油酸、亚油酸、亚麻酸、芥酸等。一般认为含有油酸、亚油酸比例高的食用油为优质油，特别是亚油酸含量高的更佳。这是因为亚油酸具有降低血液中胆固醇含量和软化血管的功能，对预防和治疗心血管疾病有重要作用。此外，维生素E是溶于脂肪中的维生素，有防衰老、软化血管、活跃体能的功效。在各种植物油中所含比例以每100g油中毫克数来比较，玉米油为93.8，棉油68.2，大豆油49.2，花生油44.4，菜籽油44.1。可见玉米油无论从亚油酸含量，还是从维生素E的含量来衡量，都是一种优质食用油。

4）甜玉米：甜玉米是以其籽粒在乳熟期含糖量高而得名，品种的差异使其籽粒在乳熟期含糖量在10％～24％，其特点是胚乳淀粉中有1/3左右是具有支链的小分子量的水溶性多糖，这种碳水化合物的分子量比较小，可溶于水中，具有糯性，容易被人体吸收，它含有的蛋白质、油分和各种维生素也高。

5）糯玉米：又称黏玉米。糯玉米的胚乳淀粉几乎全由支链淀粉组成，这种淀粉的分子量比直链淀粉小10多倍，食用消化率比普通玉米高20%以上，黏滞性和适口性高。加温处理后其膨胀力是普通淀粉的2.7倍，而且透明性好。普通玉米中有两类淀粉：一类是支链淀粉，占淀粉总量的73%；另一类是直链淀粉，占淀粉总量的27%。而糯玉米胚乳中的淀粉100%为支链淀粉，在糯玉米胚乳切口处，用碘和碘化钾溶液染色，呈现红棕色，而普通玉米胚乳切口处则染成蓝色。而且糯玉米淀粉比普通玉米淀粉易于消化。

以上几种类型能做玉米特强粉原料的，首选是优质蛋白质玉米，其次是高油玉米。而高直链淀粉玉米、甜玉米、糯玉米不能作为生产玉米特强粉的原料。

2. 推荐用于生产玉米特强粉的玉米品种。

大量的生产实践证明，以下玉米品种均可以用做玉米特强粉的生产原料：

龙单7号、龙单8号、龙单9号、龙单10号、龙单11号、龙单12号、龙单13号、龙单14号、龙辐玉3号、吉单118、龙单156、吉单180、吉单197、吉单304、吉单303、桂顶4号、玉米单交种“睛三”、滇玉3号、滇玉4号、滇玉5号、黔单7号、川单11号、川单10号、川单9号、川农三交2号、四单16号、四单19号、四早6号、丹玉13号、成单8号、成单9号、成单11号、成单12号、成单13号、陕单902、陕单911、陕8410、豫玉18号、豫玉4号、豫玉3号、豫玉2号、晋单32号、长早6号、晋单31号、晋单30号、掖单13号、鲁玉11号、科单102、农大1236、农大58号、中单8号、中单32号、中单14号、沈单7号、丹玉16号、丹玉18号、丹玉20号、丹玉21号。

3. 转基因玉米不适合做玉米特强粉。

2015年2月15日，农业部在其官网发布农办科〔2015〕5号文件，正式向全国各省、自治区、直辖市农业（农牧、农村经济）厅（局委）及新疆生产建设兵团农业局印发《农业部2015年农业转基因生物安全监管工作方案》。

党中央、国务院提出的积极研究、慎重推广的转基因工作要求为指导农业部中心工作，按照体系工作法，认真落实转基因生物安全监管职责，坚持属地化管理制度和研发者“第一责任人”责任的落实，坚持抓主抓量、严控源头，以转基因水稻、玉米为重点，加强对重点区域、重点单位和重点环节的监管，坚持齐抓共管，严格执法，严查未经安全评价和品种审定转基因产品的非法扩散，确保将2015年农业转基因生物安全监管任务落实到位，保障我国农业转基因生物产业健康发展。

对科研教学单位和企业逐一摸底，对参加区域玉米开展转基因成分检测，一经发现，立即终止试验并按规定严肃处理，加强转基因研发实验室的监管，严防活体废弃物进入环境。严格实施转基因材料转移合同制度，防范随意分发、转让、扩散转基因材料的行为，开展市场监测。组织开展2015年市场监测，瞄准关键环节和敏感区域，兼顾定点监测和长期监测。对水稻和玉米种植田抽样监测，防范非法种植，开展种子生产、加工和销售环节转基因成分抽检，开展重点地区水稻和玉米农产品的转基因成分抽检。充分利用试纸条等快速检测方法（见附件），降低成本，扩大监测范围。加大查处力度。组织基层农技人员和农业行政执法人员明察暗访，根据转基因成分检测结果以及其他渠道获得的信息，通过追根溯源，查清流向，查明责任，严肃处理，严厉打击转基因非法扩散行为。

在我国东北地区曾经发现大面积非法转基因玉米，据报道在辽宁省5个县市发现大面积非法种植转基因玉米，面积达600万亩。由于转基因食品的安全性在中国还没有定论，在辽宁发现的转基因玉米都属于违法种植，大量的转基因玉米非法进入流通环节，侵犯了公众的知情权并带来健康风险。

加工好吃的玉米特强粉是为了提高消费者健康水平，因此在转基因玉米食用安全性没有定论前，不选用转基因玉米做原料。

4. 玉米的化学成分。玉米的化学成分是生产玉米特强粉工艺确定的依据，而各种化学成分的含量，又随品种和生长条件而不同。生产玉米特强粉的目的就是使其口感变好，且能保留有价值的营养成分。玉米粒及其各部分的化学成分见表2-2。

表2-2 玉米粒及其各部分的化学成分（%平均值）

成分含量	淀粉	糖	蛋白质	脂肪	灰分
整　粒	72.00	1.58	9.60	4.90	1.56
种　皮	7.3	0.34	3.70	1.00	0.84
胚　乳	86.4	0.64	9.40	0.80	0.45
胚	8.2	10.81	18.80	34.50	10.10
根　帽	5.3	1.61	9.10	3.80	1.09

（1）水分：玉米质量的国家标准规定；一般地区安全水分为14%，在冬季东北、新疆、内蒙古可以为18%。玉米水分大，对生产玉米特强粉工艺过程没有障碍，玉米水分大可以降低浸泡时间，节省热能，增加设备利用率。但是对于大规模生产来说，增加运输量，特别是增加了存放难度，容易变质，必须增加干燥投入。

（2）碳水化合物：碳水化合物包括淀粉、糖和纤维。淀粉主要含在胚乳的细胞中，在胚里含的甚少。玉米淀粉颗粒较小，仅比大米淀粉稍大，比大麦、小麦淀粉的颗粒小。胚乳中也含有灰分。纤维中的半纤维素、木质素等，在超细研磨过程中，膳食纤维被吸附到面粉中，成为宝贵的主食营养，部分粗纤维被分离出用作粗饲料。

（3）蛋白质：玉米蛋白质的含量一般为6.8%～13.0%，仅次于小麦和小米，但是玉米所含的蛋白质，缺少小麦中含有的麦胶蛋白、麦溶蛋白，所以玉米面粉没有面筋。玉米粒中的蛋白质主要是醇溶蛋白和谷蛋白，分别占40%左右，而白蛋白、球蛋白只有8%和9%。

（4）脂肪：玉米所含脂肪是一般为4.6%左右，超过其他谷物。脂肪主要分布在胚中，胚的脂肪含量高达34%～47%，而且脂肪的平均消化率极高。但脂肪中含有44.8%～45.1%的不饱和脂肪酸，极易氧化变质。这是玉米原粮和不提胚玉米粉不易保管的主要原因。

（5）灰分：灰分是玉米完全燃烧后剩下的灰烬。玉米的灰分一般为1.0%～1.5%，玉米灰分组成比较复杂，大都以氧化物形态存在。主要是氧化钾、五氧化二磷、氧化锰等，主要分布在胚芽和玉米皮中，在生产玉米特强粉浸泡中，有很少部分溶解在浸泡水中。

（6）玉米皮的化学成分：玉米皮指的是玉米籽粒的表皮部分，在湿法加工玉米特强粉时，部分被筛分出来，由于破碎分离过程不可能完全彻底，所以其中夹着淀粉。一般占玉米质量的12%～18%，其中淀粉占筛上物20%左右，半纤维素35%，纤维素11%，蛋白质11.8%，灰分1.2%，这部分玉米皮在生产玉米特强粉后，通常被加工成饲料。目前已将其研究成可食玉米粗纤维，经过浸泡及过碳酸钠处理后的玉米粗纤维粉，去掉了草酸、植酸，食用时不刺激胃肠，从根本上改善了粗纤维的适口性。

二、生产用水

1. 生产玉米特强粉水质应满足用水标准（GB 5749—2006）。

生产玉米特强粉的水质标准见表 2-3，若生产用水质量满足不了饮用水的标准，需要净化处理，采用沉淀、过滤和消毒措施，保证生产用水的品质。无论从工艺要求还是经济要求方面，水作为生产玉米特强粉副原料是不可忽视的。水在生产玉米特强粉过程中的作用仅次于玉米，生产每吨成品需 5t～8t 水，生产工艺水设计成循环使用，约降低60％～80％的用水量，水的质量直接影响玉米特强粉的质量。

表 2-3　生产玉米特强粉的水质标准

项　目	指　标	项　目	指　标
色　泽	不超过 15	氟化物	1.0mg/L
浑浊度	不超过 3	硝酸盐	20mg/L
气　味	无异味	硫酸盐	250mg/L
烷基苯碳酸盐	0.3mg/L	锌	1.0mg/L
砷	0.05mg/L	铁	0.3mg/L
硒	0.01mg/L	锰	0.1mg/L
汞	0.001mg/L	铜	1.0mg/L
镉	0.01mg/L	溶解固体合计	1000mg/L
铅	0.05mg/L	酸	0.002mg/L
银	0.05mg/L	钡	1.0mg/L
铬	0.05mg/L	大肠杆菌群	3 个/L
氰化物	0.05mg/L		

2. 水在生产玉米特强粉中的作用。

（1）使玉米籽粒中的各种成分吸水膨胀，从而使组织变软便于磨细；

（2）作为传热的介质；

（3）作为菌和酶的介质；

（4）作为输送面、玉米原粮籽粒的载体。

3. 水与玉米特强粉质量的关系。

水分为软水与硬水两类：软水缺乏可溶性矿物质或矿物质溶解量很少；而硬水含有相当量的钙盐、镁盐及各类矿物质。硬水又分为暂时硬水和永久硬水两种，水的硬度高低指水中溶解的碳酸盐多少以度来表示，1L 水中含有 10mg 氧化钙为 1 度，水的软硬分类如表 2-4 所示。

表 2-4　水的软硬分类标准

硬度类别	极软	软	中软	硬软	硬	极硬
硬度值（度）	0～4	4～8	8～12	12～18	18～30	＞30

在实际使用过程中，将水的硬度分为碳酸盐硬度和非碳酸盐硬度两种。前者煮沸后分解，并使矿物质沉淀，硬水可变成软水，称为暂时硬水。后者煮沸也不易改变硬度，称为永久硬水。我国北方多使用地下水，水质较硬，南方多使用河水、湖水等地面水，水质相对较软。水对制面工艺的影响如下：

（1）硬度高的水具有碱性，有利于消除黄曲霉，剔除玉米的辛辣气味及腐败蛋白质味，但在工艺后部分生产时，容易产生植酸钙、植酸镁或者与过碳酸钠反应生成沉淀碳酸钙，使得面粉中矿物质增加，导致成品面粉中灰分过高，影响产品质量。

（2）水质过硬，容易和玉米中的硬质酸形成皂化物而浮在面浆上边，增加过滤负荷，其皂化物容易堵塞滤布。

（3）水质过硬，不利于乳酸菌的生存。

（4）水质过硬，会使 1，4-α-D-葡聚糖水解酶失活，因为该酶的最适 pH 值为 5～6。但是，钙、镁离子有助于提高 α-淀粉酶的稳定性。

三、乳酸菌

乳酸杆菌属为革兰氏染色阳性菌，通常为细长的杆菌，大小为（0.5～1.0）μm×（2～10）μm，有的形成长丝，单生或成链，少数有双歧分枝或原始分枝。根据它利用葡萄糖进行同型发酵或异型发酵的特性，将本属分为两群，即同型发酵群和异型发酵群。同型发酵群中可根据生长最适温度的高温（37～45℃）、低温（28～32℃）分为两群。异型发酵群生长适宜温度均为 28～32℃，多数可发酵乳糖，都不利用乳酸，发酵后可使 pH 值下降至 6 以下，在 pH 值 5.5 条件下生长良好，一般不产生色素，偶有黄、橙或锈红色素，无过氧化氢酶，不还原硝酸盐。异型发酵菌有多种形态，不抗酸，在无糖或无酵母膏的培养基上，生长较差或不生长。在有上述成分的固体培养基上，菌落较小或生长较慢，分解蛋白质的能力极弱，不分解脂肪，它们存在于乳制品、发酵植物性食品（如泡菜、酸菜等）、青贮饲料及人的肠道中。纺织工业、乳酸生产用高温发酵菌，一般食品工业多用低温发酵菌和乳酸球菌。在玉米特强粉的生产工艺中，就是利用乳酸菌代谢活动完成玉米特强粉不刺激胃、不产生胃酸且易消化这一工艺目标。

第三章 玉米特强粉生产工艺与设备

第一节 玉米特强粉的生产原理与工艺流程

一、玉米特强粉的生产原理

玉米特强粉的生产原理是将整粒玉米和部分玉米碴在水中进行浸泡，在一定温度和pH值范围内，通过所选用的乳酸菌产生乳酸，作用于玉米皮，使其软化，作用于淀粉组织中，使其颗粒膨胀。随着乳酸菌的增加，pH值降低，使得黄曲霉无法生存，使得农药残留得以降解。通过特种设备锉磨磨浆，一次性使其达到140目的细度。在高温干燥条件下，使其部分淀粉分子由β型转化为α型，由此产生黏弹性，用这种黏弹性模拟小麦面粉中面筋的物理加工特性，使玉米特强粉面团具有小麦面粉面团一样的延展性、延伸性，可以像小麦面粉一样加工成任意几何形状的食品。特别是改善了玉米的粗糙口感以及产生胃酸（俗称“烧心”）等缺陷，保留了玉米中50%以上的粗纤维，为克服“三高一胖”，克服便秘提供了优良的主食。

二、 玉米特强粉的生产工艺流程

商品玉米运进厂区，经计量及检验合格后，到卸料站台卸料，由输送机或斗式提升机输送到初清筛，清理的杂物用作工艺垃圾，初清理分离出来的碎玉米和渣皮集中后送到饲料车间。初清的玉米再由斗式提升机或螺旋输送机输送到玉米干燥机，干燥后输送到玉米立筒库，再根据生产需要将玉米进一步处理，通过砂石处理机分离砂石及磁性物质。经过处理的玉米直接输送到浸泡罐中，加菌调温，待浸泡到终点后，分离出浸泡水，反复用清水洗涤达到工艺要求后，再进入下一道工序中磨浆，磨出的面浆通过三维振动筛或其他分离设备分离出没磨细的大块粗玉米皮，输送到饲料车间。再将玉米面浆输送到高位槽，以高压泵打入压滤机，分离出面饼和清水，清水循环再用。含水量37%的面饼输送到瞬间干燥塔上，通过300℃热风进行换热干燥，干燥后的面粉用旋风捕捉，再进行包装入库。

三、 玉米特强粉生产工艺流程简图（见图 3-1）

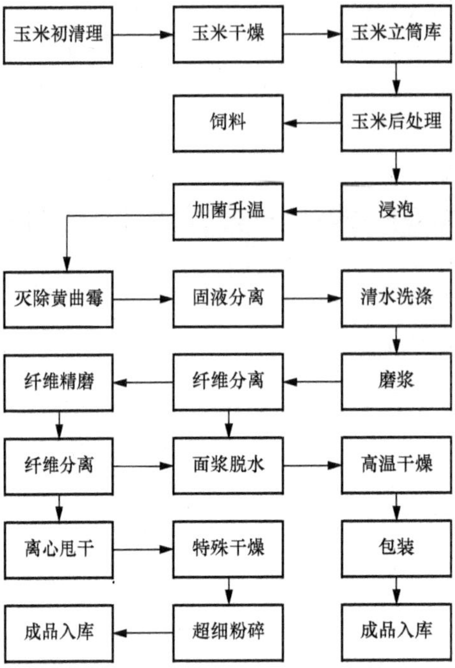

玉米初清理 → 玉米干燥 → 玉米立筒库
玉米立筒库 → 玉米后处理 → 饲料
玉米后处理 → 浸泡 → 加菌升温
加菌升温 → 灭除黄曲霉 → 固液分离 → 清水洗涤
清水洗涤 → 磨浆 → 纤维分离 → 纤维精磨
纤维分离 → 面浆脱水；纤维精磨 → 纤维分离 → 面浆脱水 → 高温干燥
纤维分离 → 离心甩干 → 特殊干燥 → 超细粉碎 → 成品入库
高温干燥 → 包装 → 成品入库

图 3-1 工艺流程简图

第二节 玉米特强粉的工艺创新技术

玉米营养价值高于大米白面，但是人们为什么不像喜欢大米白面那样喜欢玉米面呢?归根到底是传统加工方法所获得的玉米粉加工成食品口感不好，适口性差，味道辛辣（玉米杂花面味)，不易消化，产胃酸（俗称“烧心”)。改革开放以后，从温饱环境中解脱出来的人们，追求粗粮营养，但也不喜欢食用粗糙的玉米食品，所以含有人体迫切需要特色营养的玉米，只能做饲料和工业原料。要想玉米食品重新回到百姓的餐桌上，就必须在口感上达到或超过小麦面粉食品，使玉米面粉加工成食品的加工性能上也要赶超小麦面粉，出路在于改变传统玉米粉的加工工艺，创造新的工艺路线。

一、传统加工玉米粉的工艺方法

1. 传统加工玉米粉广泛采用的是干法磨粉。通常只有玉米中含有 14%以下的水，才能在运输保管时不易变质，因此称为安全水。含安全水分的玉米具有一定韧性，脆性不足，加之玉米是角质型粮食，不是粉质型粮食，用干法设备粉碎难以获得小麦粉一样的细度，这就是口感粗糙的主要因素之一。

2. 传统加工玉米粉，为了口感好些，首先是扒掉玉米皮。被世界称为第七大营养素的膳食纤维主要存在于玉米皮中，这种加工方法，把人们必需的膳食纤维和粗纤维都剔除了，结果是人类必需的营养成分都给动物吃了。

3. 传统加工玉米粉，为了口感好些，通常都是脱胚。这种加工方法把存在于胚芽中的卵磷脂、维生素E、不饱和脂肪酸等具有降血脂的营养物质全部剔除了。实际提供给人们的玉米粉，主要成分是玉米淀粉（又称碳水化合物，淀粉糖）。

4. 传统加工的玉米粉，通常含水量在14%左右，加之粉中存在着不饱和脂肪酸，极易被氧化变质而发霉，很容易增生黄曲霉，在海上运输，尤其是夏季保存受到了相当大的限制。

5. 传统加工方法所获玉米粉，其淀粉分子排列β型占主导地位，很少或者没有α型，因此口感没有筋感，且欠缺加工的物理特性（延展性、延伸性）。工业化生产适口的水饺、面条有困难，一些厂家向小麦粉中添加3%～5%的玉米粉也称是玉米食品，如“玉米挂面”、“玉米馒头”、“玉米窝头”等是不准确的，对食品的命名原则是以食品中配料成分超出50%的物料名称命名。

6. 用传统加工方法所获玉米粉，分子应力难以消除，就是加进小麦面粉、土豆全粉、谷朊粉、变性淀粉勾兑出所谓“高筋玉米粉”，做出的成品也难以克服工业化生产冻裂现象，更重要的是没有好的口感。

二、玉米特强粉的工艺创新技术

1. 整粒玉米在水中进行浸泡，通过乳酸菌产生的乳酸，作用于玉米皮，使其软化；作用于淀粉组织中，使其充分膨胀，为超细加工创造了必需的条件。

2. 选用过碳酸钠，可灭除黄曲霉降解部分农药残留，选用乳酸菌可降解部分农药残留，有助于消除粗涩口感，提高人体吸收率。

3. 将生物法处理好的玉米用清水洗涤，很容易消除掉乳酸菌、过碳酸钠，使面粉中没有任何残留。贡献给消费者的产品是无公害的、无污染的食用安全的玉米面粉。

4. 采用300℃瞬间高温干燥玉米粉，使得部分玉米粉中淀粉降解α化，从而产生黏弹性，利用这种黏弹性，模拟了小麦面粉中面筋的物理加工特性，这也是重大创新点。

5. 清洗过的整粒玉米，一次磨成140目，将玉米皮中的膳食纤维提出且吸附在面粉中，使得玉米特强粉中膳食纤维高达4.5%。同时由于超细加工，使得玉米中37μg的三价铬活性得以释放，与烟酸和谷胱甘肽形成络合物，有促进葡萄糖转变为脂肪的作用，能够有效地刺激人体分泌胰岛素。加之，膳食纤维能提高胰岛素对血糖的敏感度，食用玉米特强粉系列食品，不会使身体中血糖量迅速升高。

6. 用锉磨取代了传统的磨，能一次性将玉米粒磨成细度是小麦面粉2倍的玉米特强粉。

三、设备创新技术

1. 设计了300℃瞬间高温干燥机，用以干燥玉米湿粉这样的热敏物料非常成功。玉米湿粉中含有蛋白、脂肪、纤维、半纤维、糖类、α淀粉，属于具有黏性的热敏物料。用通常的干燥设备无法干燥，应用该套设备干燥玉米全粉属国内首创，材质选用不锈钢的，设备高达16.2m，单台设备年干燥能力为5000t。含水量可以控制到5%～10%，大大提高了玉米面粉在任何恶劣环境中的储运适应能力，同时杀灭了虫卵，提升了卫生标准。

用该套设备干燥玉米粉的另一收获，是使得玉米粉干燥过程中产生爆玉米的香气，干燥过程中挥发掉了玉米粉辛辣气味及乳酸气味。

2. 与瞬间高温干燥机配套的面粉捕捉设备，是用特制的不带布袋的旋风分离设备收集玉米粉，使其尾气中没有粉尘。创新点在于，在干燥过程中将超细的粉体聚合成较大的颗粒。从表观上看，极近似传统的 40～50 目玉米面，使消费者减少陌生感容易接受。表面细度在 40～50 目，加水和面以后立即散开，恢复 140 目。这一特点为打开市场提供了很多便利，若以 140 目的细度展现给消费者，会误认为是淀粉，是很难令其相信是玉米粉，这是设备上的又一创新。

3. 原有的水法（如淀粉生产）生产中的磨玉米设备，分成粗磨、细磨，只能将玉米当中的淀粉成分磨细，而对湿润的玉米皮是无能为力的，无法获得膳食纤维和玉米全粉。研制者自行设计的磨浆机和锉磨机，可以一次性将整粒玉米磨细，并可获得 4.5%左右的粗纤维，所以磨浆机也是重要的创新。

第三节　原料的预处理

一、玉米的干法清理

玉米干法清理就是在不用水的情况下用各种方法及其清理设备去除原粮玉米粒中所含各种杂质的工序，年产 10 万 t 玉米特强粉生产线原料预处理工艺图如图 3-2 所示。

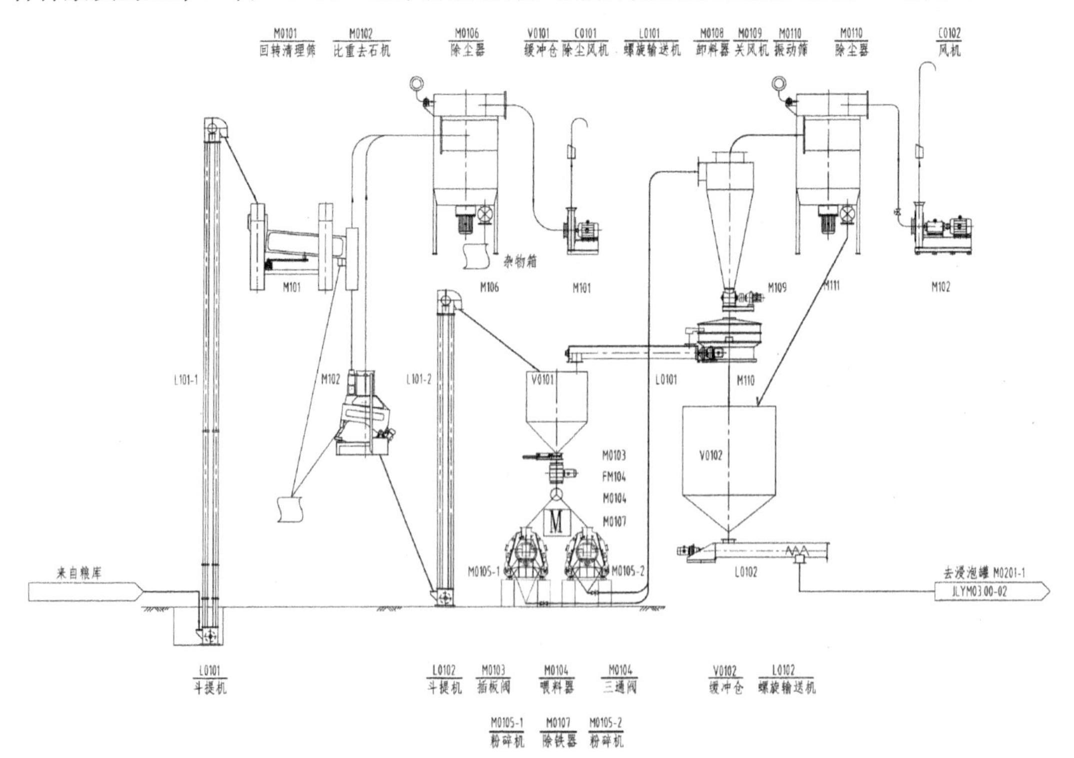

图 3-2　年产 10 万 t 玉米特强粉生产线原料预处理工艺图

（一）杂质来源

玉米在脱粒过程中可能出现的杂质有玉米蕊棒，有混入玉米粒中的断裂碎碴，玉米花丝（俗称苞米胡子），以及脱粒所用场地不洁净，将砂石、泥土在装袋时混入玉米中，其中也可能有小的砖瓦碎块、煤灰渣、金属碎粒片，这些杂质必须彻底清理后才能进入生产工序。

（二）杂质的种类

1. 硬体杂质：硬体杂质包括玉米中的砂石、煤渣、砖瓦碎片、玻璃碎片、金属物及其他硬类物质。

2. 软体杂质：软体杂质包括绳线头、毛发、植物皮叶、玉米根须、玉米花丝等。

3. 大颗粒杂质：大颗粒杂质一般指在 10mm 以上的杂质。

4. 并肩颗粒杂质：并肩颗粒杂质是指和玉米粒的外形尺寸几何形状相近的杂质，一般在 3～10mm，其中比较难清理的是和玉米粒度相近，同时相对密度、散落性能、千粒重、悬浮速度相近的杂石，俗称并肩石。

5. 小杂质：一般指杂质颗粒在 3mm 以下的杂质。

6. 重杂质：一般指相对密度比玉米粒密度大的杂质。

7. 轻杂质：一般指相对密度比玉米粒密度小的杂质。

（三）干玉米的清理方法

1. 筛选法：根据玉米和杂质的颗粒大小进行分离时常采用筛选法。清除大杂质采用筛眼在 13～15mm 的筛子，清除小杂质一般采用筛眼在 2～3mm 的筛子。筛子可选用滚筒筛、往复运动筛、三维振动筛或三层筛。

2. 风选法：在筛选过程中，有些杂质利用筛选法是不可能被清理出去的，这时可以根据这类杂质与玉米的相对密度的明显差别，采用风选法进行分离。

玉米粒和并肩石虽然外形大小相似，但其悬浮速度不同。利用玉米和杂质在气流中悬浮速度不同进行分离杂质的方法叫风选法。按照气流的运动方向，风选形式可分为三种，垂直气流风选、水平气流风选和倾斜气流风选。具体选购使用吹式或吸式比重去石机。

3. 磁选法：玉米中的金属杂质，除少数铜铝外，绝大多数是磁性金属物，它们有较强的导磁性，而玉米则没有导磁性。利用这一磁性明显差异的特点通过磁选机来清除玉米中金属杂质的方法叫磁选法。通常选用马蹄形磁钢清除，使用时，将许多磁钢排列在自流管中，也可使用永磁滚筒磁选机。

二、干法清理工艺流程

玉米干法清理对于安全贮存，减少工艺中用水量，提高工序效率和产品质量有着非常重要的意义。在玉米特强粉生产过程中，当玉米进厂后，首先是通过筛子去掉大杂质，这叫初清理。然后进行筛选去掉轻杂、大杂、小杂，风选去掉并肩石和灰尘土，再进行磁选去掉金属杂质后称重进入下道工序，如图 3-3 所示。

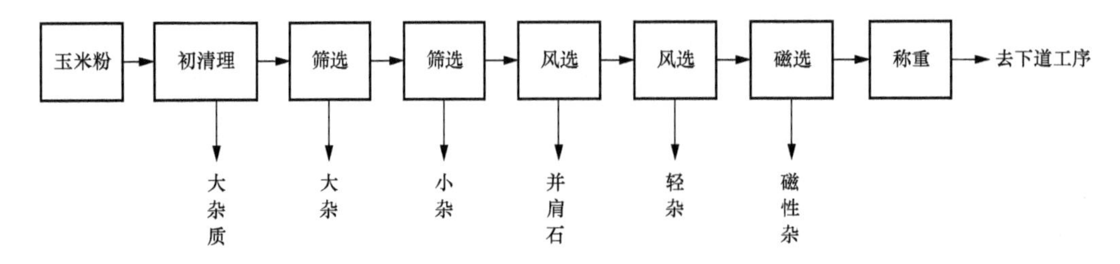

图 3-3 干法清理工序图

三、 玉米的水分及干燥

（一） 玉米中的水分

玉米中所含的水可分为游离水和安全水。游离水是指脱下的玉米粒在没有人为的晾晒和干燥情况下，水占玉米重量减掉安全水的重量的百分数。安全水是指人为晾晒或干燥后使水分达到贮藏不坏的水分所占玉米重量的百分比。在粮食中安全水通常是14%，安全水也被认为是结合水。

玉米中所含的水又可分为游离水与结合水。游离水又称是自由水，是在一般干燥时能被蒸发，冷冻时能被冻结的水分。玉米中水溶性成分可溶于游离水内，游离水在玉米干燥时蒸发，在0℃以下时结冰。微生物的繁殖都必须有游离水存在，存放玉米变质与游离水存在有关。结合水是指与玉米中的淀粉和蛋白质结合的水，在零下的温度中也不冻结。一般来说，游离水是靠附着力、润着力与玉米结合，结合水是靠范德华分子力结合。无论干燥蒸发还是降温冻结，结合水都比游离水需要的能量大。与游离水相比，结合水不易蒸发，不易冻结，不具有溶解作用。由于不具有溶剂溶解的作用，所以不会被微生物繁殖所利用。在玉米干燥时，如果强行使结合水蒸发，则会使蛋白质变性，淀粉糊化，会影响下道工序的正常操作，影响产品的品质和收率。

（二） 玉米的干燥

据统计，北方的玉米占全国玉米产量的60%～70%。一般情况下，北方的玉米都在11月份收割，农民的玉米在11月下旬就可上市，受贮藏条件等因素影响，12月份是每年卖玉米的高峰期，此间也是全年价位最低时，所以企业就必须在此时准备全年的生产所用原料玉米，而这段时间又是玉米含水量最高时期，一般在22%～30%。要想安全存放必须干燥。如采用自然晾晒，一般都在4月份，需安排大量人力、运输工具及场地，一般企业不便安排，加工企业主要以机器干燥为主，玉米烘干工艺流程如图3-4所示。

机器干燥设备很多，如滚筒干燥机、隧道干燥机、流化床干燥机、塔式干燥机（见图3-5）等，从工艺需求来说，都是可行的。值得注意的是，干燥温度不宜过高，一般认为静态干燥不能超过60℃时，动态干燥温度可提高，但需要提高风速或缩短干燥时间。静态干燥超出60℃时，玉米中的淀粉将有糊化趋势，蛋白质将有变性的可能，将严重影响后部工序工艺质量、终端收率及产品品质。

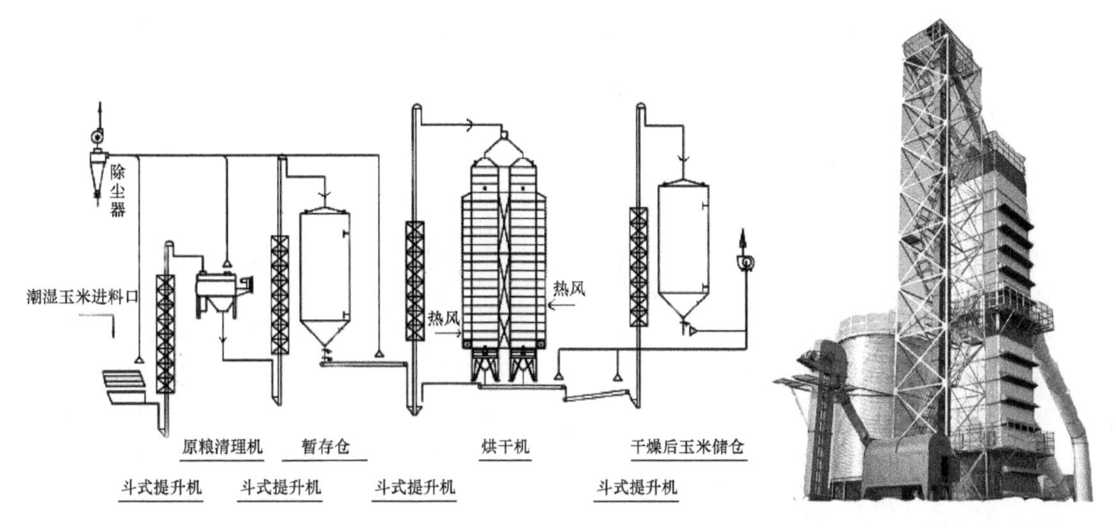

图 3-4 玉米烘干工艺流程图　　图 3-5 塔式干燥机

第四节 玉米碴生产技术

玉米特强粉生产的关键工序是浸泡。浸泡的原料应当有 2/3 是玉米粒原粮，1/3 是玉米碴。“玉米碴”是将整粒玉米破碎后具有不定几何形状颗粒状的角质部分。因为全部用玉米粒，口感难以达到最佳状态，并且颜色偏白，玉米碴也有调色作用。而全部用玉米碴，浸泡之初，在玉米生理活性不存在的情况下，浸泡的时间会延长 10 倍以上。因此，采用如上比例，玉米碴的生产也是不可缺少的工艺过程。

一、原料玉米的选择

应选择角质高的玉米。角质高的玉米，胚乳结构紧密，强度大，剥皮时不易碎，宜于制玉米碴。而粉质高的玉米，胚乳结构较松散，强度较小，剥皮制碴时易碎。玉米籽粒的大小对制碴也有影响，同一批玉米中，若玉米粒大小不整齐，粒大的剥皮效率高，而粒小的剥皮效率低，同时小粒大多数是不成熟的玉米粒，容易破碎。选择的办法是把大小不一的玉米粒进行筛分，把颗粒基本相同的分成几个等级，然后分别进行扒皮加工。玉米水分偏高（>18%），玉米加工成碴子时容易被压成粒饼，因此要通过烘干降低含水量。但玉米水分低于 13%时则剥皮困难，玉米的正常加工水分以 14%～16%为宜。

二、玉米碴的生产技术

（一）润水、润气

玉米润水的目的是有利于脱皮，降低胚在脱皮过程中的破碎率。润水主要是使玉米颗粒外皮吸水后韧性增加，减少皮层和胚的结合能力，以利于脱皮。另外通过润水使胚吸水膨胀，质地变韧，在机械力作用下不易破碎。润气的目的是提高温度，加速水分向皮层和胚的渗透速度，并控制水分不向胚乳内部渗透。润水后的玉米水分一般掌握在15%～17%。如作业环境温度在20℃以上时，可不必润气；作业环境温度低时则需润气，润气使水温达到50℃左右，用以加快润水的速度。润水时间要根据玉米的工艺品质而定，如玉米角质率在80%以下，润水时间可控制在5～8min。润水、润气的设备采用简易气调机，由螺旋输送机、润水管、润气管三部分组成。润水管和润气管分别由水阀、气阀控制水量和蒸汽量。进料口装散料盘，使玉米粒均匀散开，压住气流，防止气流穿过料层，保证均匀润气。气流是从润气管尾端周围的小孔喷向料层的。

经加水、加气后的玉米进入润玉米仓进行润料。由于润水时间较短，润玉米仓体积不宜太大。玉米润水后散落性差，出仓时，仓中心的玉米常先行流出，靠近仓壁的玉米滞后流出，造成润水时间长短不一，影响生产效果。润水时间长的玉米，胚乳组织松弛，脱皮时产生碎粒多；润水时间短的玉米，脱皮和脱胚时，胚的损伤大。为了解决以上问题，润玉米采用圆形仓比方形仓更好，最好设计同样规格的两个圆形仓切换使用。

玉米润水后流动性差，仓底部分应做成漏斗形，尖底与水平角度为60°～65°。

（二）脱皮生产技术

脱皮通常采用模式金刚砂脱皮机，主要技术特征见表3-1。

表3-1 模式金刚砂脱皮机主要技术特征

序号	项目		单位	数据
1	螺旋推进器	直径	mm	220
		长度	mm	140
		螺距	mm	60
		槽深	mm	32
2	砂辊	直径	mm	215
		长度	mm	867
3	排料铁辊	直径	mm	210
		长度	mm	55
4	筛板	筛孔	mm	1.5×12（1.2×12）
		片数	片	6
5	进料口规格（长×宽）		mm	120×100
6	出料口规格（长×宽）		mm	100×95
7	产量		t/h	3～4
8	转速		5/min	1300～1500
9	配备动力		kW	22～28

（三）破碴脱胚

对破碴脱胚工序的要求是：破碎后的玉米碴最好接近正方形，并破碎成3～5粒；破碴率要达到70%，减少返回整粒数量，脱胚率应在80%以上，且保持胚的完整，破碎中尽量减少产生玉米粉。

破碴采用模式破碴脱胚机效果最好，其主要技术特征见表 3-2。

表 3-2　模式破碴脱胚机主要技术特征（mm）

序　　号	项　　目		数　　据
1	螺旋推进器	直　径	220
		长　度	140
		螺　距	70
		槽　深	30
2	铁　辊	直　径	220
		长　度	261
3	砂　辊	直　径	215
		长　度	289
4	阻　刀	长×宽×厚	233×26×40
5	进料口	长×宽	120×90
		长×宽	100×90
6	产　量		3～4t/h
7	转　速		1450r/min
8	配备动力		20kW

玉米从进料斗经流量调节机构进入机内，由螺旋推进器推向破碴脱胚铁辊。整个辊体的外围是一圆形铁筒，筒内壁与辊面留有 22.5mm 的间隙，组成破碴脱胚室。在铁辊下部的圆形铁筒内壁上装有铁阻刀，铁阻刀与垂线成夹角 $\pi/6$，可以通过人工调节铁阻刀与铁辊的间隙，用以控制破碴脱胚程度。玉米在破碴脱胚铁辊和铁阻刀的作用下被破碎，再经磨光砂辊磨光，通过排料铁辊推进到出料口排出。出料口设有压力门，控制破碴室的压力。

（四）提碴和提胚

经破碎后的物料可分为整粒、大碎粒、大碴、中碴、小碴、粗玉米粉、玉米皮、玉米胚等 8 种。提碴提胚时，要求将碴、胚、皮 3 种物料分离成两种，即碴和胚皮，同时根据碴的大小进行分级，这是玉米特强粉生产工艺决定的。

碴中提胚，可根据它们在悬浮速度、相对密度等方面的差异加以分离。一般胚的悬浮速度为 7～8m/s，相对密度为 0.7～1.0；碴的悬浮速度为 11～14m/s，相对密度为 1.3～1.4；皮的悬浮速度为 2～4m/s。

用于提碴提胚的设备有振动筛、圆筛、平筛、高方筛、吸风分离器、重力分级机等。

用振动筛提碴时要防止筛孔堵塞，筛孔的第一层可采用 4.5 孔/25.4mm，选用整粒和大碎粒，回机重新破碴，其他筛面的筛眼可根据分碴的要求配备。另外，提碴后的物料用于饲料生产。用平筛或高方筛提碴，可同时考虑碴的分级。

筛出的粉粒中，可进一步分出小碴粒和玉米粉，小碴粒用于下道工序，玉米粉将和胚芽在一起磨粉，和后边工序下来的玉米皮混合一起成为含蛋白质 13.5%的优质饲料。

吸风分离器用于分离玉米皮时，吸口风速为4～5m/s，流量按吸口宽度计算，处理物料约40kg/(h·/m^2)。吸风分离器用于碴胚分离时，吸口风速为8～10m/s，即大于胚的悬浮速度，小于碴的悬浮速度。

第五节 玉米的浸泡

一、浸泡

以1/3上道工序制成的玉米碴子和2/3预处理合格的整粒玉米共同投入到浸泡罐中进行浸泡。浸泡液是经过处理符合饮用标准的水。玉米特强粉生产过程中浸泡工序的质量直接关系到后道工序的生产，影响到玉米特强粉的质量和产量。玉米浸泡的目的是降低玉米粒的强度，使其果皮软化，部分降解为半纤维素，使淀粉颗粒充分膨胀，在乳酸菌的作用下产生乳酸，抑制其他微生物的生长，从而使玉米便于超细加工，产生黏弹性，适口性，改变其产胃酸、刺激胃的劣性。

玉米作为食品原料夹带着很多霉菌，这些霉菌有许多有益菌，如乳酸菌、酵母菌，也有些有害霉菌，如黄曲霉。黄曲霉的某些菌系可产生黄曲霉毒素，特别是暴露在空气中发酵的玉米容易形成，能引起人中毒死亡。从前在东北农村的泡玉米酸汤使人中毒就是黄曲霉毒素所为。为了防止这类污染，国家有关部门已决定停止在食品生产中使用黄曲霉3.870号，而改用3.951号菌株。玉米原料中还有其他杂菌，因此在浸泡前必须去除。

具体做法是在浸泡液中加入万分之五的过碳酸钠同时保持pH值为7.5～8.0，保持10min，就达到杀灭黄曲霉和杂菌的目的。若罐的容积较大，必须用泵对浸泡液打循环，不留死角。过碳酸钠灭菌作用是因为含有结合过氧化氢，具有与过氧化氢相同的灭菌原理，也就是在水中能离解出具有氧化能力的原子氧。

二、浸泡的理论基础

浸泡过程中重点利用乳酸菌的特性来完成。图3-6为浸泡使用的浸泡罐。

用过碳酸钠处理过的玉米及玉米碴进入发酵罐后，将水温调至34℃，然后向罐内投入乳酸将pH值调到6.5，同时加入乳酸菌。此时玉米粒还有旺盛的生理活性，水分多由根帽进入籽粒，借毛细管作用通过果皮上的微孔很快吸水进入，水分渗入胚乳和胚芽都遵循渗透定律。水分在籽粒四周迅速进入，通过凹陷区进入有孔的粉质胚乳。胚芽附近的糊层很薄，又没有种皮，因此水分能很快进入。6h后胚芽变湿，8h胚乳变湿。

发酵初始阶段，玉米及玉米碴用过碳酸钠处理后，表面杂菌基本被消灭，加上乳酸的作用，一些菌活动受到了限制。从玉米碴断面溶下来的淀粉，产生一些糊精、葡萄糖、麦芽糖、果糖等，为乳酸菌提供了极好的生长条件。乳酸菌作用于糊精，还原糖产生乳酸，使 pH 值继续下降，此时玉米及玉米碴的吸水及其可溶物溶出同时进行着。

图 3-6　浸泡罐

虽然大量水分进入籽粒各部分，但完全软化纤维性组分的水化速度是慢的。原料玉米、玉米碴浸入水中是一种含有多种无机与有机分子的复杂溶液，其主要成分有各种氨基酸、乳酸以及各种阳离子，如钾离子、镁离子、氢离子。在浸泡过程中乳酸菌所产生的乳酸盐缓冲并稳定了浸泡液的 pH 值为 5～6，20h 内乳酸随水进入籽粒，降低了内部的 pH 值，与温度的合力杀死了胚芽内的所有活细胞，其结果是细胞膜成为多孔的物质，可溶性糖类、部分氨基酸、蛋白质、矿物质也可以沥滤进入浸泡水中。

浸泡时发生的物理化学过程改变着玉米的成分，约 70％的无机盐类（灰分）、40％的可溶性碳水化合物及 15％的可溶性蛋白质从玉米籽粒中向浸泡水中转移，但玉米里的淀粉、脂肪、纤维素没有明显的变化。

根据溶解度不同，玉米中的蛋白质可分为白蛋白、球蛋白、玉米醇溶蛋白和谷蛋白四部分，各种白蛋白和球蛋白的一部分在浸泡中很快溶解，玉米醇溶蛋白以球状体形式出现，埋在谷蛋白的基质之中。

乳酸菌的作用：

在 34℃±2℃的温度范围内浸泡有利于乳酸菌的发育，产生的乳酸降低了介质的 pH 值，从而限制了其他微生物的生长。乳酸菌生长所依赖的基质是溶解出的糖类。每分子单糖几乎完全转化为两分子的乳酸，并释放出菌体生长所需的能量。以葡萄糖为例，随着浸泡水对玉米浸泡程度的增加，浸泡水中乳酸的浓度也增加。乳酸菌除能产生酸以外，也能促进玉米蛋白质的软化及膨胀，还能使可溶蛋白质发生水解。乳酸不挥发，能较好地保持浸泡溶液中的镁、钙离子，正常情况下，浸泡液中的乳酸含量在 0.8％～1.6％为宜。

三、浸泡玉米工艺流程（见图3-7）

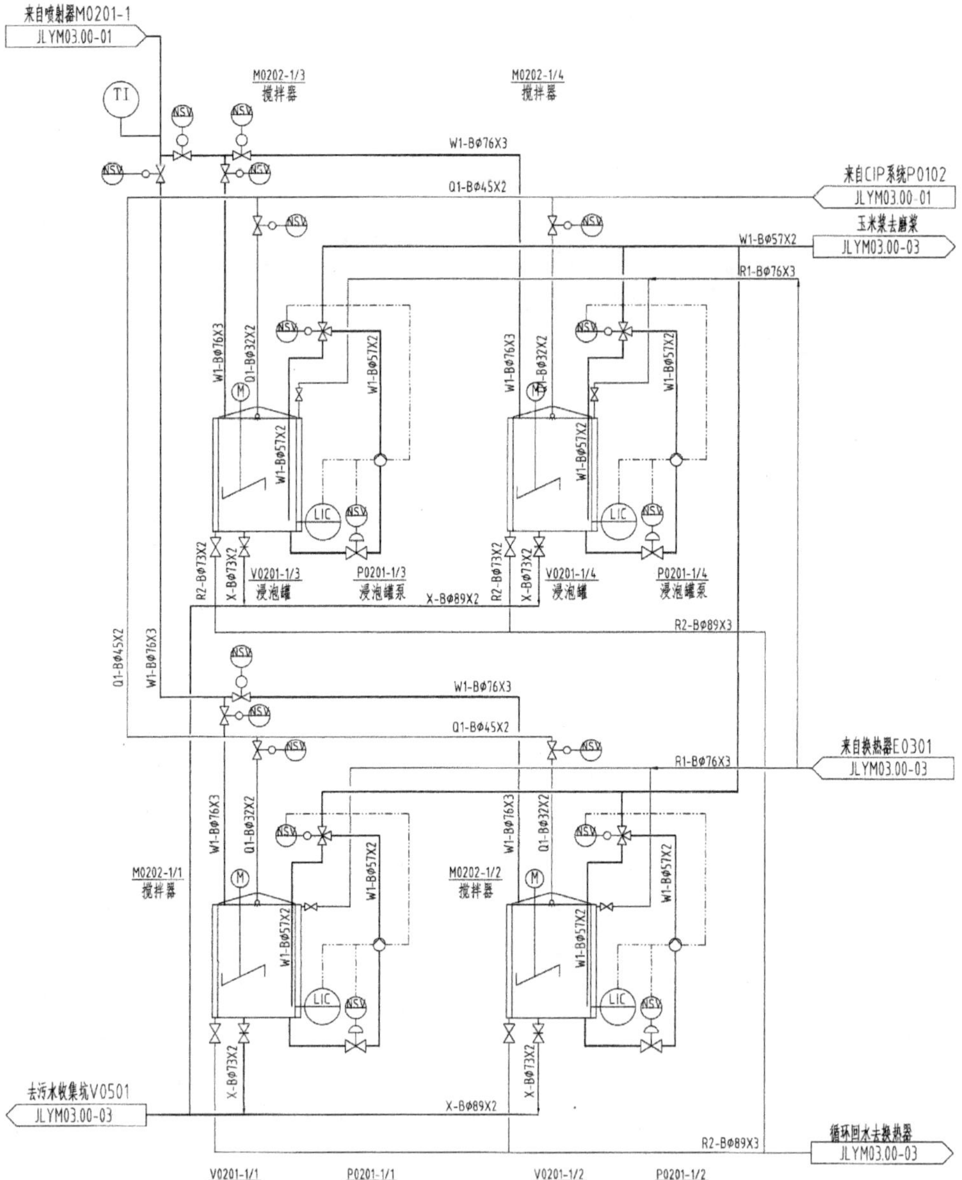

图3-7 年产10万t浸泡玉米工段工艺流程图

为防止浸泡时玉米粒、玉米碴体积增大胀坏浸泡罐，在入料之前先向罐中输入相当罐体积30%的水，然后再向罐内输送玉米粒、玉米碴。玉米入罐一般采用水力输送，水力输送能保持最低灰尘，同时对玉米也是一次清洗。输送用水一般按1∶2.5～1∶3.0加水。

玉米浸泡根据投资能力和设备情况分静态、动态循环两种方法。

1. 静态浸泡法：静态浸泡法属于用单罐装玉米粒、玉米碴浸泡，各罐之间浸泡液不流通。静态浸泡是在温水中加入乳酸菌的水溶液浸泡罐中的玉米，在浸泡过程中不停地用离心泵在罐中循环浸泡液，浸泡结束后把这些液体用泵排出，浸泡水中可溶性物质的浓度在 0.5%～1.0%，用这种浸泡方法，玉米的可溶性物质在最初阶段能很快地转移到浸泡水中，因为只有在这个阶段，玉米与浸泡水中含有的可溶性物质的浓度差达到最大值。随着浸泡的进行，这个浓度差逐渐缩小，至浸泡终点时浓度差更小，可溶性物质的转移速度也变得最慢。此方法浸泡玉米后排出的浸泡水中干物质浓度较低，适合小规模化生产作业。

2. 动态循环浸泡法：把若干个浸泡罐、泵和管道串联起来，将新浸泡水打入浸泡玉米粒、玉米碴时间最长的罐，再用泵将浸泡液打入浸泡玉米粒、玉米碴时间最短的罐，依次打入另一个罐，一直到泡玉米时间最长的罐，并形成循环。这样对于平衡整体浸泡质量以及浸泡水的排放时间、排放浓度很有意义，这种浸泡方法比较适宜大规模生产连续化作业。

四、浸泡的工艺条件

影响浸泡的因素有玉米的类型、水质及 pH 值、浸泡温度以及浸泡时间。

（一） 玉米的类型及品质

不同品种的玉米吸水膨胀能力不同，粉质品种的玉米吸收水分的强度及数量比角质玉米都大，通过经验值得知，玉米吸足水分以后，粉质玉米体积可以增大 50%～65%，角质玉米体积一般能增大 50%～55%，而玉米碴只能增大到 40%～50%。同种玉米品种，较小的颗粒和未成熟的玉米籽粒吸收水分多，膨胀速度快，自然干燥的玉米比强化干燥的玉米吸收水分快而多，新鲜玉米比陈化玉米吸收水分快而多。

贮存期间发霉或高温干燥的玉米，在籽粒内吸水扩散缓慢，可能是蛋白质变性，或凝固原因造成。

选择玉米浸泡，可以用发芽试验法检测玉米的活性，一般来说玉米活性高的吸水速度快。

（二） 浸泡水及 pH 值的影响

浸泡水应严格按照饮用水标准。在浸泡预处理过程中，玉米籽粒和玉米碴经过碳酸钠做过处理后，也起到苛化玉米皮的作用，为进一步浸泡创造了有利条件。浸泡的不同阶段对 pH 值的要求不同，起初要求是 pH 值 6.5～6，随着菌的加入，温度的升高，要求 pH 值在 6～5 之间，越接近终点 pH 值越要靠近 5。对于 pH 值也不是越低越好。一般说来，若 pH 值明显低于 5，后期工序中的清水洗涤难度加大，洗涤不彻底，面中残留乳酸过多，会影响面的风味及口感。

浸泡好的玉米，平均含水量在 45%～50%。

（三） 浸泡温度的影响

乳酸菌所能耐受的最高温度为 38℃，发酵温度低于 30℃酵母菌就会大量生长，将糖分解为二氧化碳和乙醇，这将与所要求的工艺目标背道而驰，而乳酸菌生长的环境温度是 34℃～38℃为最佳温区，因此浸泡罐内温度要求 36℃±2℃。

温度与玉米膨胀速度关系很大，随温度升高膨胀速度加快，但是温度超过 55℃时，玉米中的淀粉趋近糊化，将使浸泡液黏稠度急剧增加。

（四） 浸泡时间的影响

质量正常的玉米，如在满足各种工艺条件下应在 48～24h 完成浸泡。新鲜玉米自然水含量在 20%～30%的玉米应在 36～24h，含水量在 14%～20%的自然水玉米应在 48～36h 完成，干燥的玉米含水量在 14%以下的应在 60～48h 完成。含水量相同而品种不同的玉米浸泡时间有 15%的差异，角质型玉米比粉质型玉米多耗用 15%的浸泡时间。

第六节 洗 涤

一、浸泡终点的判定

浸泡到终点直观判定：用牙齿轻轻咬可切断，无明显障碍，有淡淡的乳酸味；以手用力可捏扁；放在水泥地上，用脚可碾碎成粉，且没有硬心；将两块 $8cm^2$ 的金属板中间夹一粒泡好的玉米粒，放在平面上，然后向上位的金属板上施加 50kg 的重力，玉米粒可被压扁。

二、清水洗涤

若玉米浸泡已到终点，将停止浸泡，用离心泵将浸泡水卸出，然后打入清水，用泵循环，根据罐的体积大小确定循环时间，一般在 30～60min。循环到时间后，卸掉清水，再检查玉米粒内部是否含酸，若含酸明显，需向罐内注入含 1‰的过碳酸钠水溶液再循环 20～30min。若含酸不明显，可直接用清水再洗一次。用过碳酸钠水溶液清洗以后，还要用清水洗涤一次，洗涤合格的玉米粒再磨浆后没有任何酸味和异味。洗涤后的玉米用 WL 型液下泵送入砂石捕捉器。

第七节 砂石捕捉

图3-8 SPX-36型砂石捕集器

原料清理后，还含有几何形状尺寸与玉米颗粒或玉米碴相差不多的砂石粒（俗称并肩石），在玉米浸泡清洗后，必须清除并肩石，有效地保证产品质量。SPX-36 型砂石捕集旋流器（见图 3-8）用于清理并肩石。

一、SPX-36 型砂石捕集器主要技术规格和技术参数

分离圆筒直径：360mm　　处理量：150t/d（玉米）

进料口工作压力：0.1MPa　　反冲水压力：>0.1MPa

外形尺寸：580mm×430mm×1520mm　　设备重量：60kg

二、主要结构特点

SPX-36型砂石捕集器主要结构由分离室和集石室组成。分离室内主要零部件为涡流芯管和耐磨锥件，在工作时，玉米与水的混合物切向进入分离室的圆柱筒部分形成下旋涡流，由于离心力的作用，较重的砂石及金属物移向锥体内壁，经锥体出口进入集石室，而液体与较轻的玉米则移向中心形成反向涡流向上运动经溢流口由导向管排出，从而使玉米与较重的砂石或金属物分离。由于锥体底部进行直接排放，集石室内充满了水。在集石室下部装有反冲水切向进口，其压力与上部压力接近，这样在耐磨锥体出口处顶住玉米而只让较重的物质（砂石金属物）落进集石室，在集石下部只排较重的砂石，而不排出玉米。

三、操作与使用要求

（1）首先在捕集器内充满水，然后进料。

（2）调节玉米、水混合物的流量与反冲水的流量。

（3）在运行中如发现集石室中有较多的玉米，可调节加大反冲水的流量，使反冲水压力略大于进料压力。

（4）根据去石效果与砂石的体积大小，锥体小端可选用不同的直径。若较重的固体杂质太小，使用 ϕ20mm 的锥体；若固体杂质太大，使用 ϕ40mm 的锥体。

（5）运行中，当集石的砂石量达到集石室体积的1/3时，应及时打开球阀排放砂石。

第八节　磨浆工序

浸泡好的玉米要排出浸泡液，用35～38℃的温水经WL液下泵先送到砂石捕集旋流器去除砂石，然后通过曲筛分出输送水循环使用，玉米进入玉米料斗中进行磨浆。

一、FZ-24B型磨浆机

（一）磨浆的基本原理

玉米经过浸泡后，其物理特性发生了变化。浸泡后玉米的水分在45%～50%，体积增大55%～60%。玉米特强粉的生产和玉米淀粉生产的不同之处在于，淀粉生产目的是把蛋白质、脂肪、玉米纤维分离开，获得纯淀粉；而玉米特强粉生产要获得包括玉米蛋白质、脂肪在内的玉米全粉，并且还要获取粗纤维和膳食纤维。玉米特强粉生产工艺要求必须把整粒玉米全部磨细，以获取玉米的全部营养，这和玉米淀粉生产的两次破碎完全不同，所用的磨浆设备也不同。

（二）磨浆机的主要参数

玉米特强粉年生产3000t以下规模中磨浆设备采用FZ-24B型磨浆机。

1. 主要参数。

配套动力（kW）：　　　　11

外形尺寸（mm）： 965×480×640

主轴转速（r/min）： 850

磨头大端直径（mm）： 240

磨头锥度： π/30

2. 磨浆机工作性能。

泡好玉米原粮水分45%，筛子规格为80目，产量1500kg/h。

3. 机器安装。

先把磨浆机和电动机用螺栓固定在两条滑轨上，调好三角带的松紧度，拧紧螺栓，然后再平放在平台上，平台安装高度要便于操作。

4. 使用方法。

机器使用之前，认真检查紧固件是否牢固，特别是拨面筒上的螺钉和螺圈上的螺母不允许松动，否则会脱落造成机件损坏。磨浆时，先将物料装满料斗，再启动机器，转动手轮使动定磨头缩小间隙，以调整粗细。

5. 注意保养事项。

（1）每隔三个月拆机清洗注油一次。

（2）每加工10万t更换一次新磨头。

（3）长期停机贮藏时，拆开动、定磨头清洗，刷净涂油，放置在干燥通风的室内妥善保管。

6. 一般故障及排除方法见表3-3。

表3-3 一般故障及排除方法表

故障情况	故障原因	排除方法
手轮转动不灵活	螺纹内积有杂物	除去杂物
	前轴承套内中积有面浆	除去杂物
试车不出面浆	主轴转向不对	改变主轴旋转方向
生产效率低	主轴转数低于规定转数	调至规定转数
	电动机功率不够	更换电动机
出面浆速度慢	磨头间隙过小	调大磨头间隙

7. 电机使用说明。

本系列电机满足下列条件时，能连续输出额定工作能。

振动加速度： 不超过7g（g——重力加速度）

环境温度（℃）： 不超过40

海拔（m）： 不超过1000

电源频率（Hz）： 50

电压（V）： 380

（三）磨浆工艺条件的调整

影响玉米磨浆的因素如下：

（1）玉米的品种：和同等条件浸泡出的粉质型玉米比较，硬粒型的玉米磨细难度增大。

(2) 浸泡质量：玉米浸泡得好，玉米碴、玉米粒充分膨胀，容易磨细。

(3) 磨浆机工作质量：磨浆机额定电机配置为7.5kW，如若连续长时间工作，可以匹配10～11kW电动机。磨浆过程物料是流动液体，机器不会过热升温。

(4) 进料固液比：进入磨浆机的物料应含有一定量的固体、液体，固液比为1∶2.5为宜。液体水不足，物料的黏稠度增高，会降低物料流出速度，会阻碍下料速度，甚至导致面浆回返到下料斗内。若水分太多流速加快，使物料在磨头中停留时间太短，细度受影响，也浪费水资源，增加下道工序负荷。如果液固比控制得当，一次可以完成玉米粒、玉米碴的磨浆工作。但是这种磨浆机产量小，适合规模在年产3000t以下的生产线。

二、锉磨机

FZ-24B型磨浆机，对于浸泡好的玉米整粒磨的效果很理想，尤其是能顺利将玉米皮磨细，可以获得4.5%的纤维留在玉米特强粉中，最多可达到5.28%；不足之处是产量小，噪声偏高，在大型生产线配置多台，不易操作维护，噪声也是不好控制的。经多年反复试验，在年产3000t以上的生产线上应用锉磨机，获得了成功。锉磨机结造紧凑，占地面积小，运行平稳，产量高，对纤维的粉碎利用率比FZ-24B磨浆机更高，见图3-9。

图3-9　玉米锉磨机

（一）玉米锉磨机的作用

玉米粒锉磨的目的，是将玉米粒细胞壁尽可能地全部撕碎破裂，包括玉米粒皮部分，并从中释放出各种成分的细微颗粒混合物，这种混合物是由破裂的和未破裂的植物细胞、细胞液汁及各种颗粒物组成，这种混合物在本书中称为玉米面浆料。玉米粉浆料中残留在未破裂细胞壁中的淀粉，在生产中是无法提取的，只能与剩余大颗粒皮渣混在一起排掉。浸泡好的玉米籽粒被锉碎时，细胞壁被破坏释放出淀粉、蛋白质等颗粒同时也释放出细胞液汁，细胞液汁中含有溶于水的蛋白质，包括含氮物质、糖物质、果胶物质、酸物质、矿物质、维生素及其他物质。

（二）玉米锉磨机设备结构及原理

1. 500型高效锉磨机结构组成如图3-10所示。

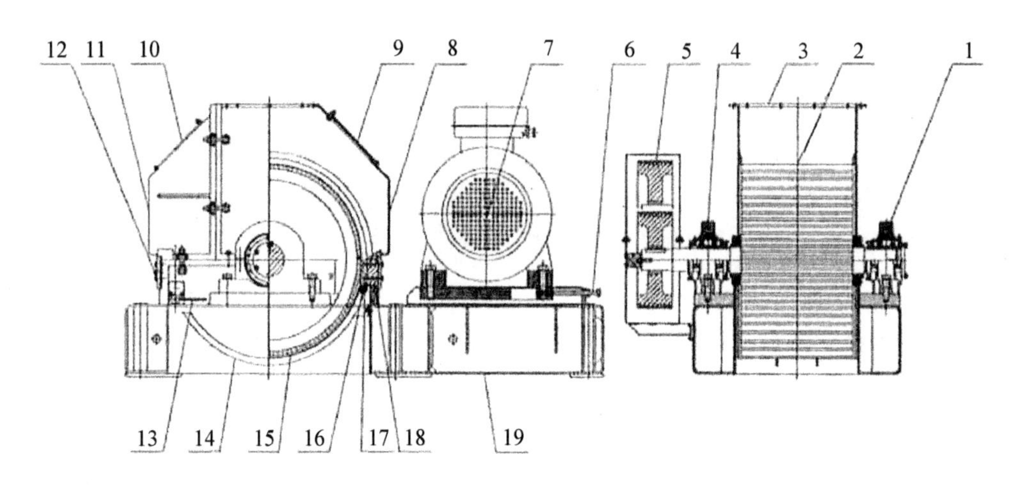

图3-10 500型高效锉磨机结构

1-轴承座及轴承； 2-带刀槽的转子； 3-进料连接法兰； 4-主动轴承座及轴承； 5-电机皮带轮；6-皮带调整螺栓； 7-电动机； 8-主壳体； 9-后故障排出孔； 10-前故障排出孔；11-检修前壳体；12-前锉刀头及调整压板； 13-筛板压紧手柄； 14-带孔的筛板； 15-转子夹持条槽；16-筛板轨道槽； 17-后锉刀； 18-调整压板； 19-锉磨机机座

2. 500型高效锉磨机工作原理。锉磨机转子在电动机皮带驱动下，转子转速达到2100r/min，产生离心力，刀片组件在离心力1727.8N作用下，将安装有刀片（锯条）的夹持条组件从槽内向外甩出，卡紧在转子内槽斜面固定。同时刀片的齿尖也高出转子表面3mm，锉刀与转子表面间距4.8～5.0mm，刀片齿尖及锉刀之间的间隙调整为1.8～2.0mm。经调整喂料螺旋输送机送来的玉米粒自流喂入锉磨机壳体内，由装有刀片的转子将玉米粒带入前端狭小区域与锉刀接触进行刨丝，简称刨丝过程。被拉成丝的浆料由转子带入锉刀下部，在转子与栅孔板之间进行再次磨碎，并且将颗粒状细胞壁磨碎到0.02～0.08mm细小粒径。使细胞壁尽可能的破裂，释放出各种成分的颗粒。锉磨机原理如图3-11所示，磨碎后的浆料通过栅孔板（1.0mm宽×1.5mm长）的孔径自流到锉磨机下部带有坡度溜槽，再自流到浆料池，没有通过栅孔板大于1.4mm以上片状物、块状物，由装有刀片的转子带到转子后端与锉刀接触后继续磨碎，最终磨碎达到能通过栅孔板孔径为止。这时玉米粒细胞壁基本被破裂，使各种颗粒释放出来。

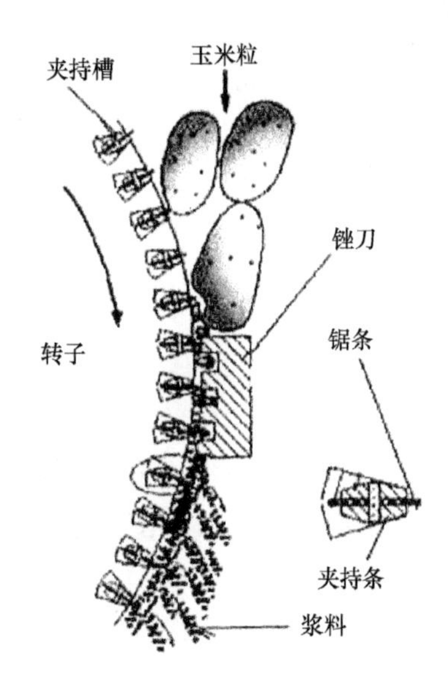

图3-11 玉米锉磨机原理图

第九节　筛分工序

从磨浆机或锉磨机下来的玉米浆，固性物含量约为20%，里面成分非常复杂，主要有玉米淀粉、玉米蛋白质、脂肪、无机盐、糖类、粗纤维、半纤维素、糊精、木质素等，液体比较黏稠。下一步就是要除去面浆中水分的70%左右，必须先筛分掉大粒玉米纤维。为了更好地筛分，首先要保证混合面浆不能沉淀。具体措施是将混合面浆用泵输送到高位槽，高位槽采用夹套保温装置，材质选用不锈钢，保温目的也是为防止沉淀。一般来说温度越高，溶解度越大。高位槽上边有电动机带动搅拌叶，搅拌叶以25r/min的速度不停地转动，就达到玉米面浆中具有疏水性的淀粉不沉淀，同时也有使物料浓度均衡的作用。高位槽里的面浆落到筛面上，压力平稳，有效地控制了筛面上跑浆、喷浆的现象，高位槽下端由阀门控制筛分的量，简易可行。

一、三维振动筛（见图3-12）

以上讨论了玉米面浆的黏稠特性，这种特性导致用常规筛无法完成玉米面浆的筛分工作，本技术实际应用了三维振动筛，在小型生产线上表现比较理想。

筛分以后的玉米面浆，用泵输送到带搅拌的高位槽，然后进入压滤分离工序，筛上面的玉米皮输送到另外车间去干燥以后制成可食粗纤维粉。

各型振动筛分过滤机有效面积对照表见表3-4。

图3-12　三维振动筛

表3-4　各型振动筛分过滤机有效面积对照表

型号	有效直径（mm）	有效面积（mm^2）	S-450	S-500	S-600	S-800	S-1000	S-1200	S-1500
S-300	270	0.0573	0.41	0.41	0.26	0.14	0.09	0.06	0.04
S-450	420	0.1385	1.00	1.00	0.63	0.34	0.22	0.15	0.09
S-500	420	0.1385	1.00	1.00	0.63	0.34	0.22	0.15	0.09
S-600	530	0.2205	1.59	1.59	1.00	0.54	0.35	0.24	0.15
S-800	720	0.4072	2.94	2.94	1.85	1.00	0.65	0.44	0.27
S-1000	890	0.6221	4.49	4.49	2.82	1.53	0.66	1.00	0.41
S-120	1090	0.9331	6.74	6.74	4.23	2.29	1.50	1.50	0.61
S-1500	1390	1.5175	10.96	10.96	6.88	3.73	2.44	2.44	1.00

三维振动筛的机械安装调整包括：

1. 机械安装：

当本机械被搬移到特定位置后，根据使用者需要决定是否把机械固定，但注意机械必须处在水平位置，否则可能会影响机械运转。

2. 试运转：

把少量需要筛分或过滤的玉米面浆料倒入筛网中心位置，视原料流动方向、角度、速率及处理等方面进行调试机械。

3. 下部重锤之调整方法：

依各种原料性质不同，为达到最佳筛分效果，可经由调整上下重锤相位角，以有效改变原料运动轨迹，延长或缩短原料在筛网上的时间。

调理重锤部分，基本上只是调整下部重锤，上部重锤不需要变动。

4. 换网：

(1) 换细网方法：

1) 先把束环螺丝松掉，卸下上框，把已破损的细网取下，代之以新的细网。

2) 把细网平铺在母网上，重新把上框放回原处，用手把四周细网拉紧。

3) 把四周突出框缘处细网除预留约 2cm 外，其余全部剪掉。

4) 束环重新套上，把束环螺丝钩好锁紧。

5) 用橡胶锤均匀敲打束环四周，再将铜螺母锁紧，换细网即告完成。

6) 如果在换网过程中，有把母网架及冲孔板取下，则装回时注意冲孔板必须确实嵌入网架底面之凸缘内。

(2) 换母网方法：

母网如破损，可自行修理，如果无法修理，送到机械生产厂家修理，宜多准备一组母网备用。

5. 故障排除见表 3-5。

表 3-5　电机一般故障排除方法

状　态	检验项目	对　策
电机运转不良	确认电源	打开开关
	电缆线长度不足，使接触不良	换电缆线
	电缆是否断烧掉	换电缆线
	单相运转而线圈烧掉	换电机
	注入润滑油	持续保持运转
异状声音	束环螺丝未锁紧	锁紧铜螺母
	冲孔板破裂	更换冲孔板
	冲孔板没有放正	调整冲孔板
	基台不稳定	稳定基台
	弹簧断掉	更换新弹簧
	机体与其他硬体接触	挪出空间约 10cm
	电机合金钢螺丝松脱	确定锁紧
	排料口与其他物接触	使其不接触
原料无法自动排出	电机运转方向错误	更换电源线接头
	上下重锤之夹角过大	使角度小于 90°
	上下重锤装置错误	重锤在上轻锤在下

续表 3-5

状　态	检验项目	对　策
细网易破损	原料直接撞击网面	改用缓衡器
	细网没有拉紧	调整压网圈重新更换
	粗网已破损	更换粗网
	橡皮胶垫脱落或磨薄	粘紧或更换
不锈钢框出口裂开	衔接过重之管或吊重物	使出口隔离
	束环没有均匀锁紧	锁紧束环

6. 机械保养。

(1) 日常保养。

启动前：

1) 检查粗网及细网有无破损；

2) 每一组束环是否锁紧。

启动时：

1) 注意声音有无异常；

2) 电流是否稳定；

3) 振动有无异状。

使用后：每次使用完毕即时清理干净。

(2) 定期保养：定期地检查粗网、细网和弹簧有无疲劳及破损，机身各部位是否因振动而产生损坏，需添加润滑油的部位必须加油润滑。

这些年的生产实践使我们清楚地认识到，三维振动筛在小型生产线上满足了产能要求，在大生产线上满足不了产能要求，经过数年的反复试验，在3000t以上的生产线，采用了如下筛分设备，收到了很好的效果。

二、离心筛（图3-13）

图3-13　离心筛

（一） 离心分离筛的结构组成及原理

（1）离心分离筛结构组成：离心分离筛主要由主轴、密封、外壳体、锥体筛篮、电动机、板式筛网、工艺水箱（或喷射水分配管）、分料盘、进料管、进料压力调整杆、喷嘴、自动反冲洗装置、V形皮带及带轮、轴承及支承座、纤维出口法兰、乳液出口法兰、底座、压力表、工艺管道及阀门等组件组成。离心分离筛下裙部制作了纤维浆料收集箱，纤维泵螺旋可叉入裙部收集箱壁安装，右侧设有筛下物液体出料口，与消沫离心泵的进口相连接。如图 3-14 所示，每台离心分离筛配装一台纤维泵和一台带有消泡功能的离心泵。

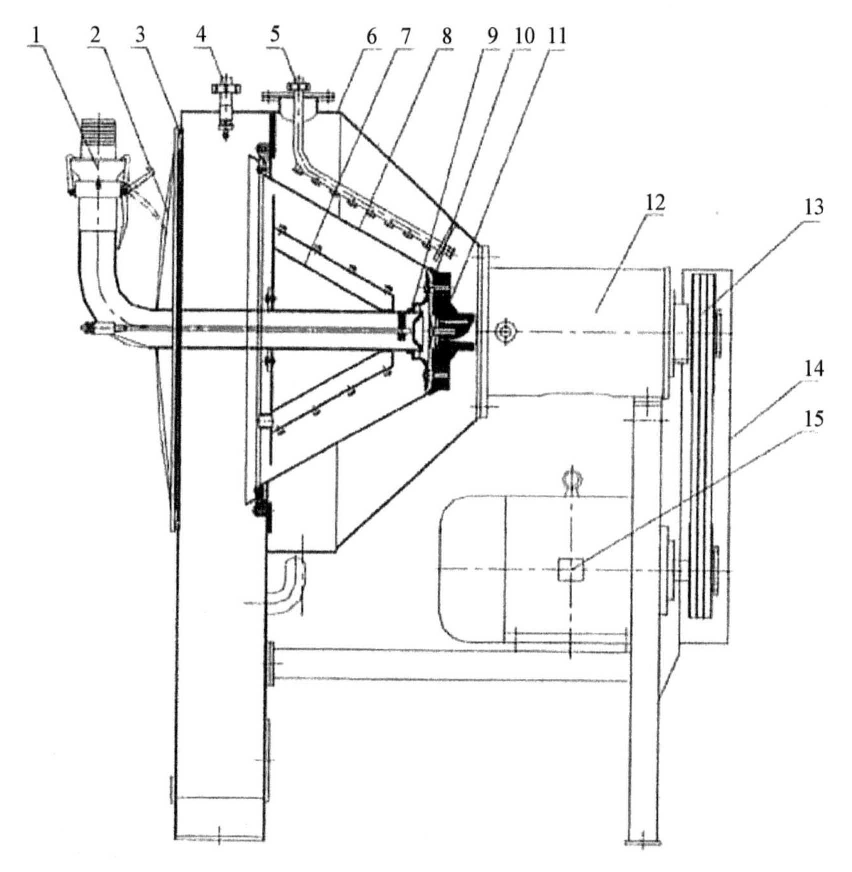

图 3-14 离心分离筛结构图

1-进料系统； 2-门体系统； 3-门体密封； 4-玉米皮渣稀释喷嘴； 5-反冲洗系统； 6-主壳体；
7-工艺水箱； 8-筛篮及筛网； 9-浆料密封圈； 10-分料盘； 11-筛篮承载盘； 12-轴承箱；
13-皮带； 14-皮带罩； 15-电动机

（2）离心分离筛工作原理：离心分离筛筛篮为锥形结构，筛篮的正面焊接板式筛网，当电机驱动筛篮高速转动时产生离心力，玉米面浆料经调整进料压力后，通过离心分离筛进料管进入分料盘，将玉米面浆料均匀地分布在筛网表面，使高速转动的筛网表面的玉米面浆料形成复杂的曲线和切线运动，玉米面浆料从筛篮锥体的小端移向锥体的大端。工艺喷射洗涤水从喷嘴喷出，形成扇形喷向筛网玉米面浆料中，尽可能地实现面浆与大粒纤维的分离。大量的玉米面浆料颗粒随洗涤水、细胞液水及可溶性物质通过筛网孔径自流到玉米面浆液收集箱，再经消沫离心泵输送到下一道工序，完成一级功能玉米粉大粒纤维洗涤分离。离心分离筛原理如图 3-15 所示。含有少量玉米浆的纤维浆沿着筛篮大截面的出口甩出，自流到下裙部收集箱，再通过纤维泵输送到下一个级别的离心分离筛再次洗涤分离玉米浆与纤维。为了玉米浆与纤维达到更好的分离效果，锥体筛篮的背面安装了 CIP 自动反冲洗筛网的喷嘴，每隔 30～40min 自动反冲洗一次，以保证筛网孔径畅通。

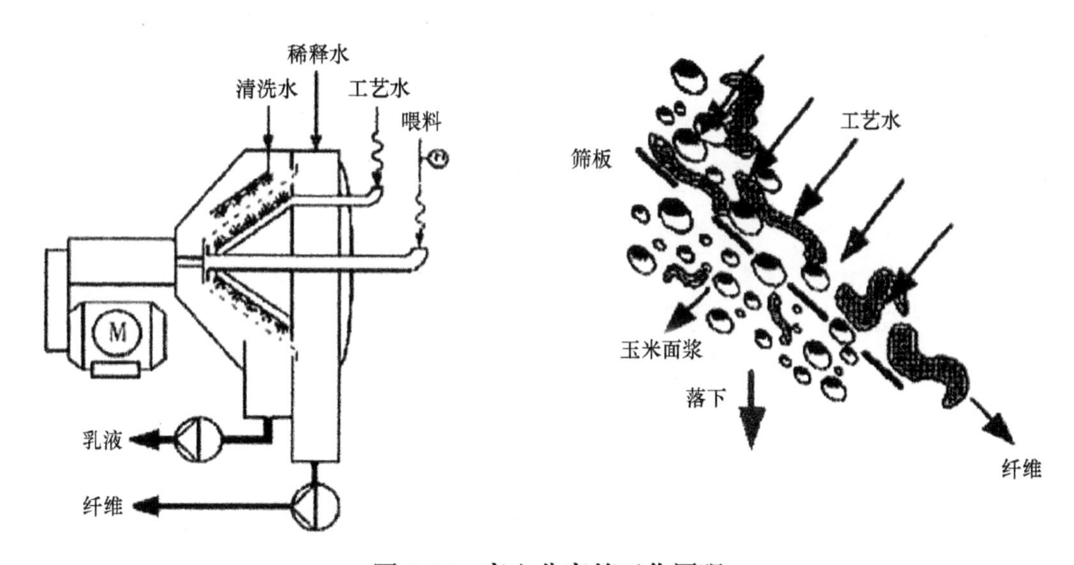

图 3-15　离心分离筛工作原理

（二）消沫离心泵的结构组成及原理

(1) 消沫离心泵的主要结构组成：消沫离心泵由泵壳、电机、联轴器、轴承箱、主轴、机械密封、带破泡板的筒式叶轮、开式叶轮、不锈钢底座等组件组成。液体流道均采用特种不锈钢制造，耐碱、耐酸（见图 3-16）。

(2) 消沫离心泵工作原理：消沫离心泵与普通离心泵有很大的差别，消沫离心泵是在一个壳体内，由中间隔板分为两个蜗壳体。由一根同轴驱动一个带破泡叶片的筒式叶轮和一个开式叶轮，输送两种不同性质的介质，消沫离心泵结构组成如图 3-16 所示。筒式叶轮起破泡沫及输送功能，开式叶轮起输送液体功能。它的蜗壳体和两个不同结构的叶轮，一般采用特种不锈钢制造，耐酸、耐碱。当电动机驱动泵轴和两个不同结构的叶轮做高速圆周运动时，液体被吸入筒式叶轮中心，在离心力作用下，由筒式叶轮的破泡板将液体中气泡打碎甩向筒的内壁，形成气液圆环向叶轮一侧出口抛出。此时，筒式叶轮中心产生低压，与吸入液体面的压力形成压力差，从泵的出口获得压力能和速度能。当液体经中间隔板通道继续被吸入到开式叶轮蜗壳中心到出口时，叶轮中心同时产生低压，与筒内液体形成压力差，当液体经开式叶轮中心抛向出口时，开式叶轮内液体速度能又转化为压力能。两个叶轮同方向连续转动时，液体连续被吸入，使液体连续从泵的出口抛出，带有空气的液体从另外一个出口抛出，以达到输送液体及破碎泡沫的目的。

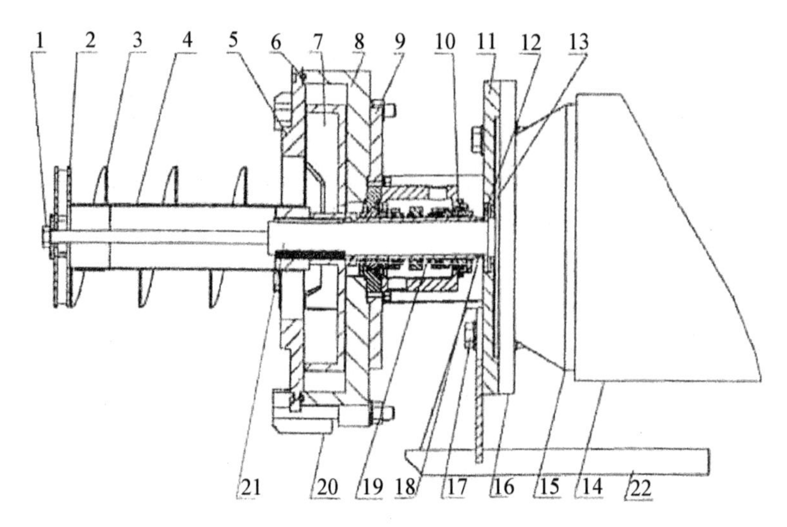

图 3-16 纤维浆料离心泵结构图

1-固定螺旋的穿心长螺栓； 2-螺旋平衡盘； 3-螺旋叶片； 4-螺旋空心轴； 5-前端盖； 6-O 型密封橡胶圈； 7-开式叶轮； 8-壳体； 9-中间盘； 10-机械密封胶体及压盖； 11-电机连接法兰盘； 12-固定密封圆盘； 13-O 型密封胶圈； 14-电动机罩； 15-电动机； 16-电动机连接法兰； 17-支脚架调整螺栓； 18-轴承； 19-机械密封； 20-法兰连接螺栓总成； 21-主轴； 22-可调整支脚

（三） 离心分离筛开机前检查

玉米浆与纤维分离单元开机前，按如下步骤逐项检查：

(1) 关闭每台离心筛电源开关、关闭断路器（电脑在关闭状态）。

(2) 检查离心筛底脚螺栓、电动机底脚螺栓、皮带调整螺栓是否有松动，传动皮带是否张紧，旋转方向是否与皮带罩上标示方向一致，如相反予以纠正，以便调整紧固。

(3) 打开离心筛筛门，检查筛网有无破裂，如有及时修补。筛篮的分料压盘螺母是否松动，如有则进行紧固。用手盘动离心筛筛篮 2～3 圈，检查壳体与筛篮之间是否摩擦，如有松开筛篮分料盘螺母，调整后对角紧固。检查水箱喷嘴是否堵塞，安装角度是否正确，如有及时调整紧固。检查纤维泵转动是否灵活，如卡死或转动困难，应及时排除。检查进料压力锥形分料头是否有堵塞，如有应及时排除。检查轴承是否缺油，如缺油加二硫化钼润滑脂（每周要求加两次）。检查筛门密封条是否安装在槽内，如有及时纠正。上述检查结束后关紧筛门，对角紧固离心筛筛门手柄螺母。

(4) 关闭每台离心筛、消沫泵、纤维泵、中间泵排料阀门，盘动该单元所有的泵转动 2～3 圈，发现有卡死或摩擦现象，及时排除故障。

(5) 检查压缩空气是否为 0.6MPa，检查中开启该单元所有压缩空气分管阀门。

(6) 检查消沫离心泵底脚螺栓是否松动，如有及时紧固，检查机油箱油位是否在玻璃视镜中线，如缺油及时加入。

(7) 检查玉米浆与纤维分离单元所有气动电磁调节是否在开和关的工艺设定位置。

(8) 检查玉米浆与纤维分离单元所有手动阀门是否在工艺要求的位置。

(9) 检查除渣单杆螺旋输送泵、除渣输送皮带是否正常。

(10) 检查工艺软水压力、生活水压力是否在要求范围。对上述检查工作确认无误后，准备开机。

（四）离心分离筛操作与故障判断

1. 合闭玉米浆与纤维分离单元每台离心筛及配套设备电源开关，合闭断路器（电脑控制在开启状态）。

2. 玉米浆与纤维分离单元开机顺序（第三步）：待铧磨机启动空运转正常后，启动玉米皮渣皮带输送机—启动第四级螺旋单杆泵—启动第四级消沫泵—启动第四级离心筛—启动第二级纤维泵—启动第二级消沫泵—启动第二级离心泵—启动第一级纤维泵—启动第一级消沫泵—启动第一级离心筛—打开除沙机控制阀门—启动铧磨机下部单杆螺旋泵（自动调压离心泵）—启动铧磨机上部喂料螺旋输送机，停机时，按照启动相反方向进行。

3. 检查该单元自动控制调节阀门是否都在所需要的设定值正常上下运动，在不正常的情况下，在电脑调整自控阀门是否都在所需要的设定值正常上下运动，在不正常的情况下，在电脑调整自控阀门，流量、压力等设定参数。再检查控制点自动控制阀门是否上下运动正常。并检查信号是否剧烈波动。如果波动点大，应调整自控阀门原设定参数，若调整自控阀门设定参数达到合理后，仍有波动，波动可能是由其他单元自动控制阀门（如手动和自动控制阀门）引起，需调整其他单元自动控阀门设定参数。

4. 常见机械故障：

（1）离心筛满负荷运转有振动。

故障判断及排除：

1）浆料太黏稠，纤维泵输送不畅，筛篮与浆料接触增加了阻力，需调整稀释水流量。

2）消沫泵输送不畅，离心筛裙部的玉米面浆液集箱已满，使物料与筛篮撞击产生抖动，铧磨后浆料配水太多，减少铧磨后浆料配水量。

3）电机、离心筛地脚螺母松动，及时紧固。

4）被动轴承严重损坏，停机更换。

（2）离心筛满负荷运转时，电机发热，电流高，易跳闸。

故障判断及排除：

1）玉米粒子铧磨量太大或浆料配水太多，降低铧磨量或减少配水量。

2）传动三角皮带张紧度不够，使皮带打滑传热，调整皮带张紧度。

3）工艺喷射洗涤水压太高，增加了筛篮旋转阻力，降低喷射洗涤水压力，减轻阻力。

（3）离心筛满负荷运转时易撕破筛网。

故障判断及排除：

1）消沫泵输送流量不够，玉米面浆液集料箱已满，物料与筛篮相互摩擦和撞击，易撕破筛网。

2）工艺喷射洗涤水压力太高。降低工艺喷射洗涤水压力。

3）筛网压边焊接错误，调整筛网压边焊接方向（按筛篮旋转方向，上层边压下层边8～10mm焊接）。

（4）离心筛满负荷运转时玉米面提取率降低，玉米皮渣中游离玉米面增多。

故障判断及排除：

1）板式筛网锥形孔小截面朝上，错误的焊接会造成纤维堵塞孔径，拆除重新焊接。

2）工艺喷射洗涤水压力太低，喷嘴安装角度错误，调整工艺喷射水压力或者调整喷嘴角度。

3）反冲洗装置不工作或反冲洗水压力太低，反冲洗间隔时间太长。缩短反冲洗间隔时间，并检查反冲洗装置。

（5）从离心筛的玉米面浆液中纤维增多。

故障判断及排除：

1）第一级离心筛筛网破裂，及时停机修补。

2）第一级离心筛安装筛网孔径太大（标准板式筛网 125μm），需更换标准板式筛网。

第十节　玉米面浆料的脱水

一、板框压滤机对玉米面浆料的脱水作用

图 3-17　板框压滤机图

板框压滤机（见图 3-17）原是化工用的单元设备，第一被我们用到玉米面浆过滤。化工里是保留滤液，扔掉滤饼；我们是保留滤饼，扔掉滤液。板框压滤机看似简单，但操作中影响因素很多，板框压滤机用到玉米面浆过滤，也属于创新应用，大家经验都不足，所以下边分别详细叙述：

经过筛分后的玉米面浆料，含固性物约 20%。玉米面浆料的成分十分复杂，里边有蛋白质、脂肪、粗纤维、半纤维素、膳食纤维、糖类、可溶性蛋白质等，是玉米特强粉的特征组分。里边的淀粉是疏水性物质，而玉米面浆料中，还含有很多亲水性物质（料），显得黏稠，这些物质和 80%的水混合形成悬浮液。为了获得玉米特强粉，必须将玉米面浆料中的水和面分离开。

在过滤操作中通常称悬浮液为滤浆。滤浆中被隔离堆积在过滤介质上的固体称为滤饼，通过滤板和过滤介质的澄清液称为滤液。

（一）玉米面浆料过滤速度及影响因素

过滤速度与滤饼（玉米面饼）特性、过滤推动力、玉米滤饼厚度和玉米面浆黏度相关。

（1）玉米面饼的特性：所谓的玉米面饼就是从玉米面浆中分离出来的固性物，这种玉米滤饼是可压缩的，是由无定形颗粒组成，在过滤过程中颗粒之间的孔隙随压强的增加而变小，其中糊化及胶体物质易堵塞滤布孔道。所以玉米面饼过滤速度与过滤压强不成正比。

（2）过滤推动力（压强差）：过滤推动力是影响过滤速度的重要因素之一。它是作用在玉米面饼和滤布两侧的压强差，只要一侧压强高于大气压或真空，此时两侧的压强差用以克服玉米面饼和滤布所组成的阻力，使水由一侧进入另一侧，达到了分离的目的。在过滤中如压强差保持不变，则为恒压过滤。在过滤中如玉米面饼是不可压缩的，压强差越大，则过滤速度越大，而玉米面饼是可压缩的，因此压强差增大，过滤速度增加不大。

（3）滤饼厚度：过滤速度随玉米滤饼的厚度增加而减少，因为玉米滤饼厚度增加使过滤阻力增大。若玉米面饼过厚造成阻力过大，会中断过滤，为了控制过滤阻力，要控制玉

米滤饼厚度，须选择一合理的厚度，提高压滤机的生产能力。

(4) 过滤还与浓度有关：对于玉米面浆料来说，浓度太低生产效率低，一般控制在20%左右为宜。

(二) 主要技术参数 (见表3-6)

表3-6 过滤主要技术参数

名 称	单 位	参 数
最大过滤工作压力	MPa	1.2 (常压板为0.8MPa)
最大过滤工作温度	℃	120 (常温板为80℃)
最大液压保护压力	MPa	≤29
最高液压压紧工作压力	MPa	27
进料孔公称通径	mm	65
洗涤、出液孔公称通径	mm	40

(三) 结构与工作原理

压滤机是由五大部分组成的：机架部分、过滤部分（滤板与滤布）、自动拉板部分、液压部分和电器控制部分。

(1) 机架部分：机架部分是机器的基础，用以支撑过滤机构，连接其他部件，由止推板、压紧板、油缸体和主梁组成。机器工作时，油缸体内的活塞推动压紧板，将位于压紧板和止推板之间的滤板和滤布压紧，以保证带有工作压力的玉米面浆在滤室内进行加压过滤。

(2) 过滤部分：过滤部分是由以一定次序排列在主梁上的滤板和夹在它们中间的滤布组成。滤板和滤布的相间排列，形成了一个个的过滤单元称为滤室。过滤开始时，玉米面浆在进料泵的推动下，经止推板上的进料口进入各滤室，玉米面浆借进料泵产生的压力进行固液分离。由于滤布的作用，使固体留在滤室内形成玉米面滤饼，滤液由水嘴（明流）或出液阀（暗流）排出。若需要洗涤玉米面滤饼，可由止推板的洗涤口通入一定的洗涤水，对玉米面滤饼进行洗涤。同样，若需要较低含水率的滤饼，可以在洗涤口通入压缩空气，渗过滤饼层，带走玉米面滤饼中的一部分水分（适用于UK型压滤机)。

滤布的选择对过滤效果的好坏很重要，在压滤机使用过程中，滤布起着关键的作用，其性能的好坏，选型的正确与否直接影响着过滤效果。目前所使用的滤布中最常见的是合成纤维经纺织而成的滤布，根据其材质的不同可分为涤纶、维纶、丙纶、锦纶等几种，其性能特点可见表3-7。

表3-7 滤布材质、性能比较

性 能	涤 纶	锦 纶	丙 纶	维 纶
耐酸性	强	较差	良好	不耐酸
耐碱性	耐弱碱	良好	强	耐强碱
导电性	很差	较好	良好	一般
断裂伸长	30%～40%	18%～45%	大于涤纶	12%～25%
回复性	很好	在10%伸长时回复率90%以上	略好与涤纶	较差
耐磨性	很好	很好	好	较好
耐热性	170℃	130℃略收缩	90℃略收缩	100℃略收缩
软化点	230～240℃	180℃	140～150℃	200℃
熔化点	255～265℃	210～215℃	165～170℃	220℃

在滤布的选择上，除了需要参照上表以外，为了达到截留效果和过滤速度都比较理想，还需要根据物料的颗粒度、密度、黏度、化学成分和过滤的工艺条件来选择滤布。由于滤布在编织的材质、方法上的不同，其强度、伸长率、透气性、厚度等均有不同，从而影响了过滤效率。除此之外，过滤介质还包括棉纺布、无纺布、筛网、滤纸及微孔膜等，应根据现场试验，按实际过滤要求自定。

(3) 自动拉板部分：自动拉板机构由液压马达、拉板机构和手控箱等组成。液压马达带动拉板部分的链条，从而带动拉板器的运动，将滤板逐一拉开。推拉板器的自动换向是靠时间继电器设定的时间来定的。在拉板机构上还设置了手控箱，手控箱可随时控制拉板过程中的停、进动作，以保证卸料的顺利进行。

(4) 液压部分：液压部分是驱动压紧滤板和松开滤板的动力装置，配置了柱塞泵及各控制阀。压紧滤板时，将“操作/保压”开关拨到“操作”位置，按下“压紧”按钮，电机启动，电磁换向阀不动作，柱塞泵向油缸后腔供油。当油缸压上升到电接点压力表的上限值时，电接点压力表上限接通而停泵。此时，将“操作/保压”开关拨到“保压”位置，压滤机即进入自动保压状态。当油压降至电接点压力表调定的限值时，柱塞泵重新启动，继续向油缸内补充压力油，保证过滤所需工作压力在25MPa以下。回程时，将“操作/保压”开关拨到“操作”位置，按下“回程”按钮，电机启动，电磁换向阀换向，油泵向油缸前腔供油，活塞带动压紧板回程，滤板松开。拉板时，将“压滤/拉板”开关拨到“拉板”位置，按下“拉板”按钮，柱塞泵向摆线齿轮马达供油，拉板器自动往复拉板，当拉完最后一块板时，装在止推板端主梁上的行程开关被触发，拉板器自动回程，当拉板器回至起始位置时，触发行程开关而自动停止。

（四） 操作程序及使用方法

压滤机的操作程序按下列过程进行：

(1) 压紧滤板：将“操作/保压”开关拨到“操作”位置，按下“压紧”按钮，活塞杆前移，压紧滤板，达到标定上限压力后，电机自动关停。将“操作/保压”开关打至“保压”位置上，压滤机进入自动保压状态。

(2) 进料过滤：进入保压状态后，检查各管路阀门开闭状况，确认无误后启动进料泵，慢慢开启进料阀，玉米面浆即通过止推板上的进料孔自动进入各滤室，在标定压力下实现加压过滤，形成玉米面滤饼。

(3) 松开滤板：将“操作/保压”开关打至“操作”位置，按下“回程”按钮，活塞回程，滤板松开，活塞回退到位后按“停机”按钮，回程结束。

(4) 拉板卸饼：“压滤/拉板”开关拨到“拉板”位置，随后按下“拉板”按钮，拉板系统开始动作，将板逐一拉开，同时将滤饼卸掉。拉板时，可以停机，同时，拉板又有自己的控制系统即手控箱，控制拉板过程中的停、进，以保证卸料的顺利进行，当拉板全部完成后，拉板器会自动回退到油缸一端并停机。

(5) 清洗整理滤布：拉板卸饼以后，残留在滤布上的滤渣必须清理干净，及时用洗衣机清洗效果更好，滤布还要重新整理平整，开始下一个使用循环。当滤布的截留能力衰退，则需对滤布进行更换。

（五）机器的安装与调试

1. 机器的安装：

(1) 整机吊运：机组吊运时，先将液压站卸开（如果机组较大，可将全部可移动的滤板卸下，以减轻起吊重量，注意不可将滤板表面损伤，安装好后，滤板按原来顺序放回机架）。起吊用的钢丝绳应钩住主梁两端露出部分，然后进行起吊。吊运必须找准重心，钢丝绳选择合理，吊运时，钢丝绳与部件接触部位需用布或其他软质材料衬垫。

(2) 压滤机基础的安装：一般情况下，压滤机应水平地安装于混凝土基础结构架上，止推板端机座用 M20×300 的地脚螺栓固定，油缸座支脚不固定，以保证其在机架受力的状况下有一定的相对位移。基础应采用二次灌浆，基础平面需光滑，标高以卸渣操作水平为准，同时应考虑厂房下水地沟的开设。安装时，机架应进行水平及对角线校正，安装地点离处理物料场地越近越好，考虑到压滤机在卸料时便于操作，机架周围留 1m 左右的空间，整机的底座应比基础面高出一定的尺寸，以便机下放置集液盘，电气控制框应安装在与腐蚀气体隔离的操作室内，以避免电器元件受损，影响正常工作。

(3) 滤板的排列顺序应注意压紧板端的塑料墙板不得移至其他位置使用。滤布可用电烙铁等专用工具热烫切割，以免滤布切割边沿起毛掉入面饼中，滤布开孔大小应为板上孔径的 70%为宜，不得过大，以免漏玉米面浆。

(4) 进料泵压力和流量的选择应匹配，并在进料管安装回流管和压力表，以保证压力调节的需要。如机型为可洗的，洗涤泵的选择要求与进料泵相同，但洗涤水压力应略高于进料压力，最好在进料泵前安装粗过滤装置，以防止杂物进入泵和机内而损坏机件。进料时，慢慢旋转进料阀门，使压力逐渐升高，进料总阀门的安装应靠近止推板。

(5) 液压站安装的位置可根据用户实际场地而定，管道应尽可能地短。同时应避免其他料浆混入油箱中，影响动作的灵敏性或损坏液压元件。

(6) 管路系统的安装：

管道的安装可根据管道布置图及结合用户单位现场实际进行安装，但应注意管路的安装、使用及维修必须方便，管道不得接错，管线应尽量短。

进料泵的选择，可根据用户要求，按流量大小、颗粒度、黏度等要求而定，但压力不超过 1.2MPa。

2. 机器的调试：

(1) 检查整机：

1) 将液压站、电控箱擦干净，油箱内部用煤油清洗干净，检查电源以及压紧、回程油管是否安装正确，电接点压力表（DY）上限压力调定是否合适，电源布线是否安全合理。

2) 将机架、滤板、活塞杆擦干净，检查滤板排列是否整齐、正确，检查滤布安装有折叠现象必须展平。

3) 检查进料、水洗、吹干等，检查管路、阀门的配置是否正确、合理。

(2) 电控液压调试：

1) 当以上所需检查的各项目确认无误后，向油箱内注入过滤清洁的液压油至规定油位，将电气箱面板上的转换开关转到“操作”位置，接通电源，点动“回程”按钮，观察电机（D）是否沿顺时针方向正转。然后，逆时针方向旋松高压溢流阀（YL），按“压紧”

按钮，调整高压溢流阀（YL）至2MPa左右，然后使活塞反复走动数次，以排尽油缸内空气。

2）首先根据进料压力选择合适的高压溢流阀（YL）锁定压力及电接点压力表（DY）上下限值。调节时，紧闭高压溢流阀（YL），逆时针打开安全阀（YA），在压紧状态下，缓慢地顺时针转动安全阀（YA），使电接点压力表（DY）压力达到29MPa，锁定即可。随后按“回程”按钮，卸完油缸内的压力，打开高压溢流阀（YL），在压紧状态下，缓慢顺时针转动高压溢流阀（YL），使压力上升至27MPa时锁定。再按“回程”按钮，卸压，最后调定电接点压力表（DY）的压力范围，安全阀（YA）、高压溢流阀（YL）、电接点压力表（DY）出厂前均已调好，一般不需要用户调节。

3）重新让活塞杆带动压紧板来回走动二次，查看油压上升至电接点压力表（DY）上限时是否会自动停机。然后选择旋钮开关旋至“保压”位置，观察油压下降情况，在第一次上压时，压力下降速度≤3MPa/10min为正常，当压力降至电接点压力表（DY）下限后，电机（D）自动启动，上压，第二次压降速度≤2MPa/10min属正常。

（3）过滤部分调试：

1）压紧滤板并保压。

2）打开所有出液阀门，关闭水洗阀门，进料阀门打开1/4左右，启动进料泵，观察滤液及进料压力变化，如压力超高，需打开回流管的阀门进行调节（由于滤布的毛细现象，刚开始过滤时，滤液稍许混浊属正常），一般明流机型等过滤5～10min暗流为10～20min后可将进料阀门逐渐开大。

（六）滤布加工与安装方法

（1）加工安装方法：

1）首先用三层胶合板或其他材料制作模板一块，圆孔的周围用铁片包好，以防电烙铁工作时烫坏模板。

2）将缩过水的滤布裁成880mm×900mm作为滤布片，裁成350mm×60mm作为滤布套中间连接圈。

3）将滤布片三边翻起宽度10mm左右，并用工业缝纫机缝好（滤布边上双层加固，注意滤布为长方形），缝好后滤布片注意核对尺寸。

4）在滤布上烫孔直径5mm左右（可根据电烙铁头部直径的大小），烫在单层滤布上。

5）将模板放在滤布上，用电烙铁烫出中间孔及水洗孔。

6）拿一块滤布和一块中间连接布，先将中间连接布在滤面布片中间孔上缝一周，直径大约为110mm左右，然后逐渐向孔内缝3～4圈，直至内圈直径为85mm。接着再缝好中间连接圈两头连接处。最后以同样方法将中间连接圈与另一块滤布片缝合在一起。

7）滤布安装时，将其中的一面滤布卷成圆筒状，然后穿过滤板中间孔，再展开抚平，同一块滤板上端的滤布用尼龙绳扎紧在一起。

（2）注意事项：

1）电烙铁可采用500W。

2）烫滤布时要小心滤布过滤部分不要烫伤。滤布上有小孔，物料很容易穿过滤布，造成出液浑浊及两边压力差不一样，严重时会损坏滤板。

3）滤布接口要缝好，否则使用一段时间后，容易造成缝合处裂开，生产时出滤液浑浊。

4）滤布片上穿绳子的小孔应避开手柄及水嘴位置，且保证滤布平整地包在滤板外面。

5）用户在滤布开孔前，必须进行缩水处理，开孔大小为滤板的70%左右，安装滤布时，需注意滤布孔与滤板孔要对准，不得有折叠现象，以免造成泄露，滤布左右每边大于滤板30mm为好，滤布使用一段时间后要变硬，其截留性能下降，为此滤布要定期检查。若有变硬现象，则用相应的低浓度弱酸，或弱碱去中和（浸泡24h）恢复其性能。

（七）注意事项

（1）厢式800自动拉板压滤机在压紧后，通入玉米面浆开始工作，进料压力必须控制在出厂标牌上标定的压力1.2MPa以下（用压力表显示），否则将会影响机架的正常使用。

（2）电接点压力表（DY）指针的上、下限出厂前已调好，用户一般不用动，若用户要调节压力，则下限以不漏液为准，上限不能超27MPa。

（3）过滤开始时，进料阀应缓慢开启，起初滤液往往较为浑浊，然后转清，属正常。

（4）在冲洗滤布和滤板时，注意不要让水溅到油箱的电源上。

（5）由于滤布的纤维毛细作用，有清液渗漏属正常。

（6）高压溢流阀（YL）在出厂前已调到27MPa，若用户要自行调节油缸公称压力，则应把高压溢流阀（YL）全部调松，然后启动柱塞泵（B），慢慢地调整高压溢流阀（YL）到需要的压力，但切勿超过27MPa。

（7）安全溢流阀（YA）在出厂前已调到29MPa，用户切不可随意调动。

（8）搬运、更换滤板时，用力要适当，防止碰撞损坏，严禁摔打、撞击，以免断裂。滤板的位置切不可放错，过滤时切不可擅自拿下滤板，以免油缸行程不够而发生意外，滤板破裂后，应及时更换，不可继续使用，否则会引起其他滤板破裂。在压紧滤板前，务必将滤板排列整齐，且靠近止推板端，平行于止推板放置，避免因滤板放置不正而引起主梁弯曲变形。

（9）料浆泵及进料阀，洗涤水泵及进水阀、进气阀在同一时间内只许开启其中之一。

（10）液压油（20#～30#机械油、合成锭子油）应通过滤清器充入油箱，必须达到规定油面，并要防止水进入油箱，以免液压元件生锈、堵塞。

（11）各压力表、电磁阀线圈，以及各个电器要定期检验，确保机器正常工作。

（12）油箱、油缸、油泵溢流阀等液压元件需定期进行清洗，在一般工作环境下压滤机每六个月清洗一次，工作油的过滤精度为20μm。新机在工作1～2周后，需要换液压油，换油时将脏油放净，并把油箱擦洗干净；第二次换油周期为一个月，以后每三个月左右换油一次（根据环境情况而定）。

（13）对于暗流机型的管道安装时，出液管道不应高于压滤机出液口的位置，以减少过滤时的出液阻力，影响过滤效果。

（八）保养及故障排除

（1）保养：厢式压滤机在使用过程中，需要对运动部位（如活塞杆、推拉板器等）进行润滑，有些自动控制系统的反馈信号装置（如电接点压力表）动作的准确性和可靠性必须得到保证。

1）使用时做好运行记录，对设备的运转情况及所出现的情况记录备案，并应及时对设备的故障进行维修。

2）保护各配合部位的清洁并补充适量的润滑油以保证其润滑性能，活塞杆应经常清洗。

3）对电控系统，要进行绝缘性试验和动作可靠性试验，对动作不灵活或动作准确度差的元件一经发现，及时进行修理或更换。

4）经常检查滤板的密封面，保证其光洁、干净，检查滤布是否折叠、破损，保证其平整、完好。

5）液压系统的保养，主要是对油箱液面、液压元件及各个连接口密封性的检查和保养，并保证液压油的清洁度。

6）如长期不使用，应将滤板清洗干净，滤布清洗后晾干，活塞杆的外露部分及集成块应涂以黄油。

（2）压滤机的故障排除见表 3-8。

表 3-8　压滤机的故障产生原因及排除方法

序号	故障现象	产生原因	排除方法
1	滤板之间跑料	油压不足	参见序号 3
		滤板密封面夹有杂物	清理密封面
		滤布不平整、折叠	整理滤布
		低温板用于高温物料，造成滤板变形	更换滤板
		进料泵压力流量超高	重新调整
2	滤液不清	滤布破损	检查并更换滤布
		滤布选择不当	重做实验，更换合适滤布
		滤布开孔过大	更换滤布
		滤布袋缝合处开线	重新缝合
3	油压不足	球溢流阀调整不当或损坏	重新调整或更换
		阀内漏油	调整或更换
		油缸密封圈磨损	更换密封圈
		管路外泄漏	修补或更换
		电磁换向阀未到位	清洗或更换
		柱塞泵损坏	更换
		油位不够	加油
4	滤板向上抬起	安装基础不准	重新修正地基
		滤板上部除渣不净	除渣
		半挡圈内球垫偏移	调节半挡圈下部调节螺钉
5	拉板装置动作失灵	传动系统被卡	清理调整
		时间断电器失灵	参见序号 6
		拉板系统电器失灵	检修或更换
		电磁阀故障	检修或更换

续表 3-8

序号	故障现象	产生原因	排除方法
6	时间计时器失灵	控制时间调整不当	重新调整时间
		电器线路故障	检修或更换
		时间计时器损坏	更换
7	主梁弯曲	油缸端地基粗糙自由度不够	重新安装
		滤板排列不齐	排列滤板
8	滤板破裂	过滤进料压力过高	调整进料压力
		进料温度过高	换高温板或过滤前冷却
		滤板进料孔堵塞	疏通进料孔
		进料速度过快	降低进料速度
		滤布破损	更换滤布
9	保压不灵	油路有泄漏	检查油路
		活塞密封圈磨损	更换
		液控单向阀失灵	用煤油清洗或更换
		安全阀泄漏	用煤油清洗或更换
10	压紧、回程无动作	油位不够	加油
		柱塞泵损坏	更换
		电磁阀无动作	如属电路故障需重接导线中属阀体需清洗更换
		加程溢流阀弹簧松弛	更换弹簧

（九） 玉米特强粉面浆过滤的工艺要求

（1）滤出的滤液水要清澈，程度要求做到放在 500mL 广口瓶中沉淀 12h 后瓶底无明显面浆沉淀出。

（2）滤面饼含水量达到 37%。

（3）各点的面饼含水量误差不超过 1%。

（十） 与压滤机配套泵的选择

（1）结构说明：

W 旋涡泵（见图 3-18）的主要零件有泵体、泵盖、叶轮、轴、爪型弹性联轴器部件、托架结合部、托架结合部件，如图 3-19 所示。

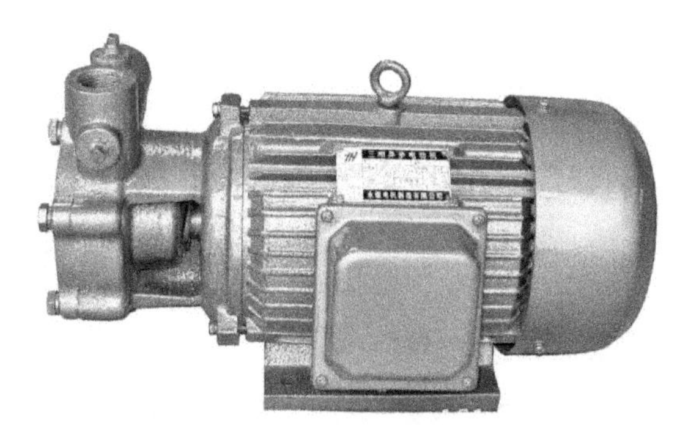

图 3-18　W 型旋涡泵

W型旋涡泵和电机合装在同一底座上，泵的进出口方向为斜上方，经过接管变为向上的。叶轮在轴上，轴向是可以自由移动的，以保证叶轮与泵体泵盖之间的凸间隙两侧相等。允许用纸垫来调整间隙，但纸垫必须放在泵盖止口垫的后面。

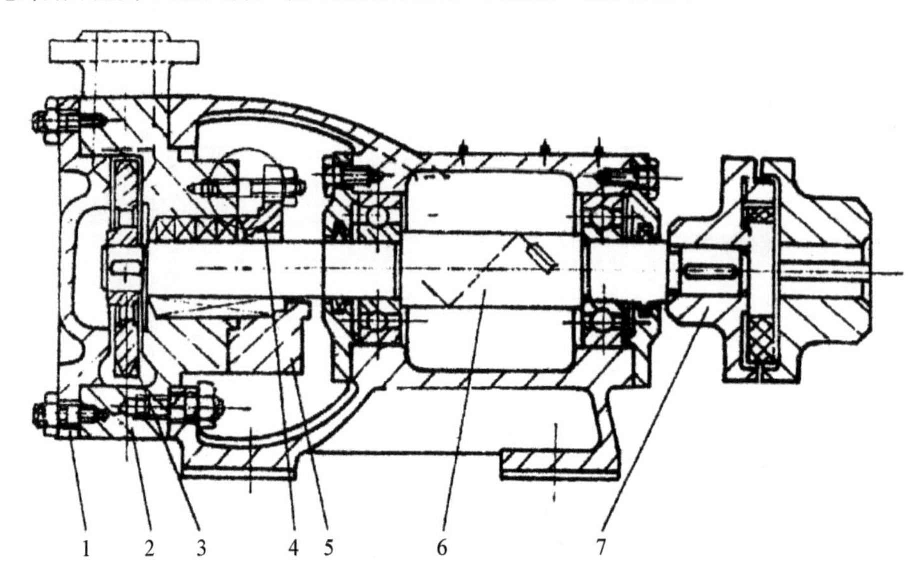

图3-19 W型旋涡泵结构图

1-泵盖；2-泵体；3-叶轮；4-填料压盖；5-机械密封压盖；6-托架结合部；7-爪型联轴器部件

（2）性能参数表见表3-9。

表3-9 性能参数表

项目 型号	流量 (m^3/h)	扬程 (m)	转数 (r/min)	轴功率 (kW)	配带电机 (kW)	电压 (V)	效率 (%)
50WL-8	35	8	1450	1.36	1.5	380	40
80WL-10	50	10	1450	2.72	3.0	380	56
100WL-10	70	10	1450	3.00	4.0	380	58

项目 型号	长度		出水口径 (mm)	重量 (kg)
	带电机	不带电机		
50WL-8	1600	1315	50	65
80WL-10	1700	1382	80	90
100WL-10	1800	1460	100	116

（3）使用及保养：

1）使用前应检查泵轴转动是否灵活，电源电压不得低于360V和高于400V。

2）注意旋转方向是否和泵上标志的方向一致。

3）注意保护电机，防止电机潮湿。

4）泵轴承每半年必须加油保养。

（4）故障排除见表3-10。

表 3-10　与压滤机配套泵的故障产生及排除方法

故　障	产 生 原 因	排 除 方 法
泵不转	电源未接通	接通电源
	电源电压低	调正电压
	泵运转部件卡死	排除卡死现象
流量不足	叶轮磨损严重	更换叶轮
	进水口堵塞	排除堵塞
泵振动	泵安装不牢固	安装牢固
	叶轮和流道堵塞	排除堵塞物

（5）与板框配套泵的选择原则：

用板框过滤机过滤玉米面浆，必须选用特种泵。曾有厂家因选泵不合适，致使板压滤机达不到工艺要求，这是因为玉米面浆的特性：

1）混合物，具有明显的黏性。

2）密度大，细度高，面浆中含有很多可食粗纤维，看不见，摸不着，但增加了过滤难度。

3）具有可压缩性。

因此，需要泵具有大扬程，小流量，阻力大时自行少进料，阻力小时自行多进料，经过很长时间的试验，选择试验，选用 W 型旋涡泵可以满足其工艺要求。

（6）可能发生的故障及解决方法见表 3-11。

表 3-11　与板框机配套泵的故障产生及排除方法

故　障	原　因	排 除 方 法
流量不足或不出液体	管路阻力太大或者堵死	清理管路
	叶轮与泵体、泵盖之间的间隙太大	减少泵盖上的止口垫的厚度使间隙达到设计要求
扬程不够	叶轮与泵体、泵盖之间的间隙太大	减少泵盖上的止口垫的厚度使间隙达到设计要求
泄漏量大	填料磨损、密封面磨损	增加填料，重新研磨密封面或更换零件
功率过大电机发热	扬程高、功率大	如果是管路阻力大，清理管路，如是超出使用范围调整压出管路闸阀，在使用范围内运转
	泵内有杂物使流道塞住	清除杂物重新修整叶轮泵体，泵盖
轴承发热	轴的同心度不好	检修联轴器的同心度，并调正
	无干油或油中有杂物	检修泵，并加黄干油

（7）装卸、安装、启动、停止、运转：

1）拆卸顺序：

①拆下泵盖，叶轮上有四个均衡孔，其中两个带螺纹，拆下叶轮取出键。

②拆下泵体，先将紧填料压盖（或单端面密封端盖）的螺丝松开，即可拆下泵体，对单端面密封部件，应先退松两个紧固螺钉，将密封档套，单端面密封部件和单端面密封端盖一起从轴上拿下来。

③拆下联轴器，再拆下两个轴承端盖，即可将两滚动轴承与轴一起从托架上拆下。

2）安装：

①泵本身不承受任何管道重量，吸入管道应尽量短而直。

②安装后应检查泵轴和电机轴的同心度，两联轴器外圆上下左右偏差不得超过0.1mm，两联轴器端面间隙偏差不得超过0.3mm。

3）启动停止：

①检查泵轴承内是否有黄油。

②转动联轴器证实转子部分转动轻松均匀后，再检查电机转向，然后泵、电机连接。

③打开吸入管路闸阀，引液体到泵内关闭压出管路压力表。

④启动电机的同时，打开夺出管路闸阀，开压力表，调整压出管路闸阀到需要的位置。

⑤停车时先关压力表，停止电机迅速关闭压出管路的闸阀及吸入管路。

⑥短时间停车，如环境温度低于液体凝固点，要放空液体。长期停车，应将泵拆卸，清洗，重装后妥善保管。

4）运转：

①轴承温度不得超过75℃。

②发现故障应立即停车进行检查。

板框压滤机在玉米面浆料的过滤中效果很好，最终含水量能达到36.5%，滤液也十分理想，但不足之处是间歇式无法连续生产，换洗滤布麻烦，劳动强度大，在年产3000t以上生产线上采用的是真空转鼓脱水机，实际效果很好。

二、真空转鼓脱水机对玉米面浆料的脱水作用

（一）吸管式真空转鼓脱水机结构及原理

(1) 吸管式真空转鼓脱水机（见图3-20）结构组成：它由可调整水平的不锈钢机架、电动机及减速机、轴承座及轴承、O型密封圈、弧形液位槽、往复式拉杆搅拌机、转鼓机组（含空心主轴）、转鼓内真空吸管系统、进退刀机构、自动清洗装置、过滤网及支撑网、液位槽、物料分配管等组件组成。

图3-20 真空转鼓脱水机

（2）吸管式真空转鼓脱水机特点：它的转鼓内壁与空心主轴外壁均匀布置很多吸真空管，吸真空管把转鼓内壁与空心主轴外壁连接成为一体，形成完整的吸真空系统，使气体、液体混合在同一个管道中，被水环式真空泵吸出，再经滤液罐（气液分离器）将气体、液体分离。转鼓安装在不锈钢机架上，并由与主轴连接的轴承承担荷载。主轴一端与减速机连接，驱动真空转鼓转动，轴的另一端为空心结构，起着吸真空作用。转鼓外表安装不锈钢支撑网，在支撑网的外表面包一层 53～63μm 的（相当 250～270 目）不锈钢编织过滤网，刮刀刀刃朝上安装。这种吸管式真空转鼓机设计制造工艺复杂，消耗不锈钢材料也较多，脱水效果好，操作控制简单，使用稳定。

（3）吸管式真空转鼓脱水机工作原理：吸管式真空转鼓脱水机分为物料区、脱水区、卸料区三个阶段，连续性实现固液分离。在真空泵的吸力作用下，使空心轴和连接管道系统内产生真空，滤网外表则产生负压，转鼓顺时针运转到没有物料阻力时，吸管系统内产生的真空较低。转鼓运转到物料区（液位槽），乳液能淹到转鼓滤网表面时，开始吸附玉米面浆料液，在负压吸力下，物料区的玉米面浆料液被吸附到转鼓外滤网表面形成湿粉滤饼层。转鼓运转进入脱水区时，连接管道系统内真空持续上升，被吸附在转鼓滤网表面玉米面浆液中的游离水，则通过玉米粉颗粒相互之间的缝隙被吸入管道系统内，使液体、气体混合经空心轴被吸入滤液罐，再经滤液罐将气体、液体分离。液体被一台滤液离心泵吸出，输送到所需要的单元做工艺用水。经滤液罐分离的气体由真空泵吸出，排入大气中。玉米粉颗粒粒径大于水和气体，不能通过滤网而相互摞起，形成滤饼。当转鼓运转到卸料区，被刮刀刮下湿玉米粉，含水量38%左右。真空泵连续工作，转鼓运转到物料区，连续吸入料液中游离水，转鼓运转到卸料区时，则被刮刀连续刮下湿玉米粉，并且形成松软的雪花状物。湿玉米粉经封闭式平板皮带输送到干燥车间进行干燥。吸管式真空转鼓脱水机原理如图 3-21 所示。

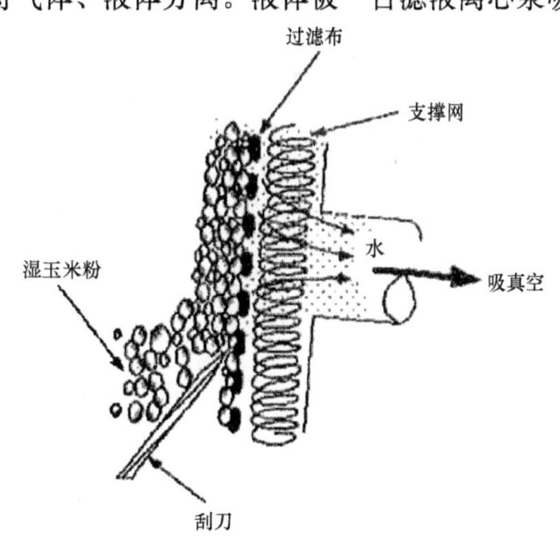

图 3-21　吸管式真空转鼓脱水机工作原理

（二）全真空转鼓脱水机结构及原理

（1）全真空转鼓脱水机结构组成：可调整水平的不锈钢机架、电动机及减速器、轴承座及轴承、O 形密封圈、弧形液位槽、往复式拉杆搅拌机、转鼓机组、进退刀机构、自动清洗装置、过滤网及支撑网、液位槽物料分配管等组件。

（2）全真空转鼓脱水机特点：全真空转鼓脱水机与吸管式真空转鼓脱水机相比，它的转鼓内没有主轴和真空吸水管系统装置。转鼓内只有加强筋和液体分流隔板，主动轴与两侧面壳体相连接。整个转鼓安装在不锈钢机架上，由与主轴连接的轴承承担转鼓的荷载。主轴一端与减速机连接，驱动真空转鼓旋转，轴的另一端为空心结构，起着吸真空作用，并且在被动空心轴插入一根自吸液体管，一直延伸到转鼓内垂直底部约 3mm 深处，使气体和液体分别吸出。液体由一台多级卧式侧通道自吸旋涡泵吸出，气体则由水环式真空泵通过气水分离器吸出，排入大气中，实现固液分离。

（3）全真空转鼓脱水机工作原理：全真空转鼓脱水机也分为物料区、脱水区、卸料区三个阶段，连续性实现固液分离。在真空泵吸力作用下，转鼓内所有的区域都产生真空，转鼓外滤网则产生负压，转鼓顺时针转动到没有物料阻力时，真空泵可将转鼓外大气通过滤网吸入到转鼓内再排出，这个时间段转鼓内产生的真空负压较低。当物料区玉米面浆液上升到能淹到转鼓滤网表面时，开始吸附玉米面浆液。在真空负压吸力作用下，物料区玉米面浆液被吸附到转鼓滤网表面，使滤网外表形成玉米浆滤饼。当转鼓运转离开物料区、进入脱水区时，转鼓内真空负压持续上升，被吸附转鼓滤网表面玉米面浆液中游离水，则通过玉米粉颗粒相互之间缝隙吸入到转鼓内。游离水经分流隔板自流到转鼓底部，在真空状态下由一台多级卧式自吸侧通道旋涡泵将转鼓内的液体吸出，输送到所需要的单元做工艺用水。而真空泵则通过气水分离器吸出空气，排入大气中。玉米粉颗粒由于粒径大，不能通过滤网而相互摞起形成滤饼，在转鼓运转到卸料区时，被刮刀刮下成为湿玉米粉。真空泵连续工作，转鼓再次运转到物料区连续吸附玉米面浆液，转鼓运转到脱水区连续吸入浆液中的游离水，转鼓运转到卸料区则被刮刀连续刮下，形成松软的雪花状湿玉米粉，然后通过皮带输送机送到干燥车间进行干燥。全真空转鼓脱水机工作原理如图 3-22 所示。

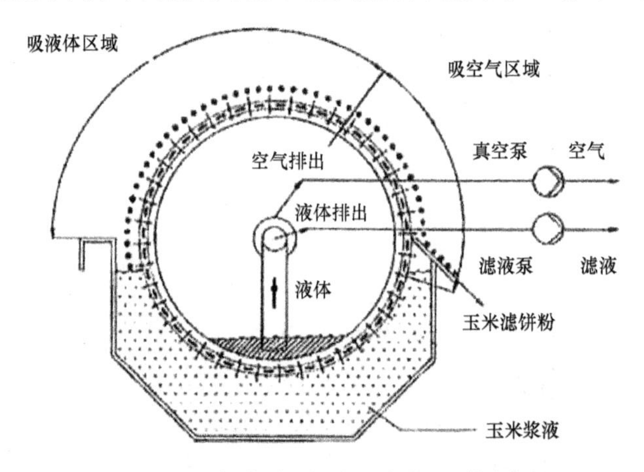

图 3-22　全真空转鼓脱水机工作原理

第十一节　干燥工序

一、概述

干燥是利用热能除去玉米滤饼中游离水的操作工序。湿玉米特强粉的物料特性决定用瞬间高温干燥方式，即利用高速的热气流撞击分散物料，又能同高温的热气流充分接触，达到换热干燥之目的。特别是二次高温热风，使物料部分 α 化，对玉米特强粉和面产生的黏弹性，作用是不可缺少的。

瞬间高温干燥塔的特点是：

（1）干燥强度大，这是因为干燥时物料在热风中呈悬浮状态，每个颗粒都被热空气所包围，而使物料最大限度地与热空气接触。除接触面积大外，由于气流速度较高，空气涡流的高速搅动使气、固边界层的气膜不断受冲刷，减少了传热和传质的阻力。在干燥塔底部用送料器粉碎，效果也是突出的。

（2）干燥器本身保温状态好，热损失小，热效率高。

（3）干燥时间短，只需 0.5～1.0s，这种并流传热适合玉米特强粉的干燥。

（4）采用超高温度的热风，热推动力大，缩短了干燥时间。

（5）在干燥器出口处，二次加 300℃热风，使部分物料 α 化的效果十分显著。

二、干燥基本原理

干燥进行的必要条件是物料表面水汽的压强大于热空气中水蒸气的分压，两者的压强差愈大，干燥进行得愈快。所以干燥介质应及时地将气化的水气带走，以便保持一定的传质推动力。若压强差为零，干燥也就停止了。由此可见，干燥是传热和传质相结合的过程，干燥速率同时被传热速率和传质速率所支配。

当颗粒最初进入干燥时，其上升速度等于零，气体与颗粒间有最大的相对速度。然后，颗粒被上升气流不断加速，二者的相对速度随之减小，当热气流与颗粒间的相对速度等于颗粒在气流中的沉降速度时，颗粒不再被加速而进入等速运动阶段，直至到达气流干燥器出口。也就是说，颗粒在气流干燥器中的运动，可分为开始加速运动阶段和随后的等速运动阶段。在等速运动阶段，由于相对速度不变，颗粒的干燥与气流的绝对速度关系很小，故等速运动阶段的对流传热系数是不大的。此外，该阶段传热温差也小。因为以上原因，此阶段的传热速度并不大。但在加速运动阶段，因为颗粒本身运动速度低，颗粒与气体的相对速度大，因而对流传热系数以及温差均大，所以在此阶段的传热和传质速率均较大。

实际测定的结果，干燥器在加热口以上 800mm 左右的阶段干燥效率最大，此时从气体传到颗粒的热量可达整个传热过程传热量的 50％～75％。

三、玉米特强粉干燥的工艺流程（见图 3-23）

玉米特强粉的干燥器过程可分为三个阶段：底部为流化段，中间部分为干燥段，上部为分级段。热空气由入口管径底部环缝隙切线进入搅拌粉碎流化段，产生螺旋上升气流，形成较强的离心力。湿的玉米特强粉在旋转气流和离心力的作用下甩向器壁，被给料器打碎的玉米面滤饼粉湿块粒受到碰撞、摩擦、剪切而被微粒化，在干燥器下部设有高速旋转刮料搅拌器，将大块玉米面滤饼粉的湿物料及时破碎，使湿物料与干燥介质的接触表面积增大，干燥器底部采用了内侧锥形体，与圆筒形成了上大下小的截面积，造成气流速度上小下大，热风与湿玉米面滤饼粉物料充分接触，增加了热交换频率，减少了湿物料下沉的机会，并使其颗粒表面积不断变化，颗粒湿物料断层不断暴露并和热风接触，湿物料迅速随气体上升到干燥器的中部继续干燥。干燥器的上部装有分级器，螺旋上升的气流经分级器使其速度突然增大，合格的粉粒经分级器后随气流带出，而颗粒较大、湿度较大的颗粒则被分级器所阻挡，落回干燥器底部继续被粉碎干燥，直至合格后随气流带出。分级器是一个开孔圆挡板，通过改变孔直径及其高度，从而改变气流速度，以达到控制离开干燥器颗粒大小和数量。离开干燥器的合格产品，进入α化加热器，这是串联在干燥器后部的一简单装置，由热风炉直供300℃左右的热风，对于干燥完毕的物料突然高温加热，就使得20％左右的玉米特强粉中的淀粉转为α型，这对增强面粉中的黏弹性以及物理加工特性作用是显著的，但要特别掌握好程度，因为控制不好可以炭化或在系统内着火。同时，在这种相对高温作用下，能杀死玉米特强粉中的虫卵，并且排除玉米中的辛酸气味，产生爆玉米香气。对于物料的粒度（颗粒团）控制在40～50目即可，因为粒度过细，就失去消费者记忆中原有玉米面的表现状态，便会怀疑该产品不是玉米粉而影响市场推广。

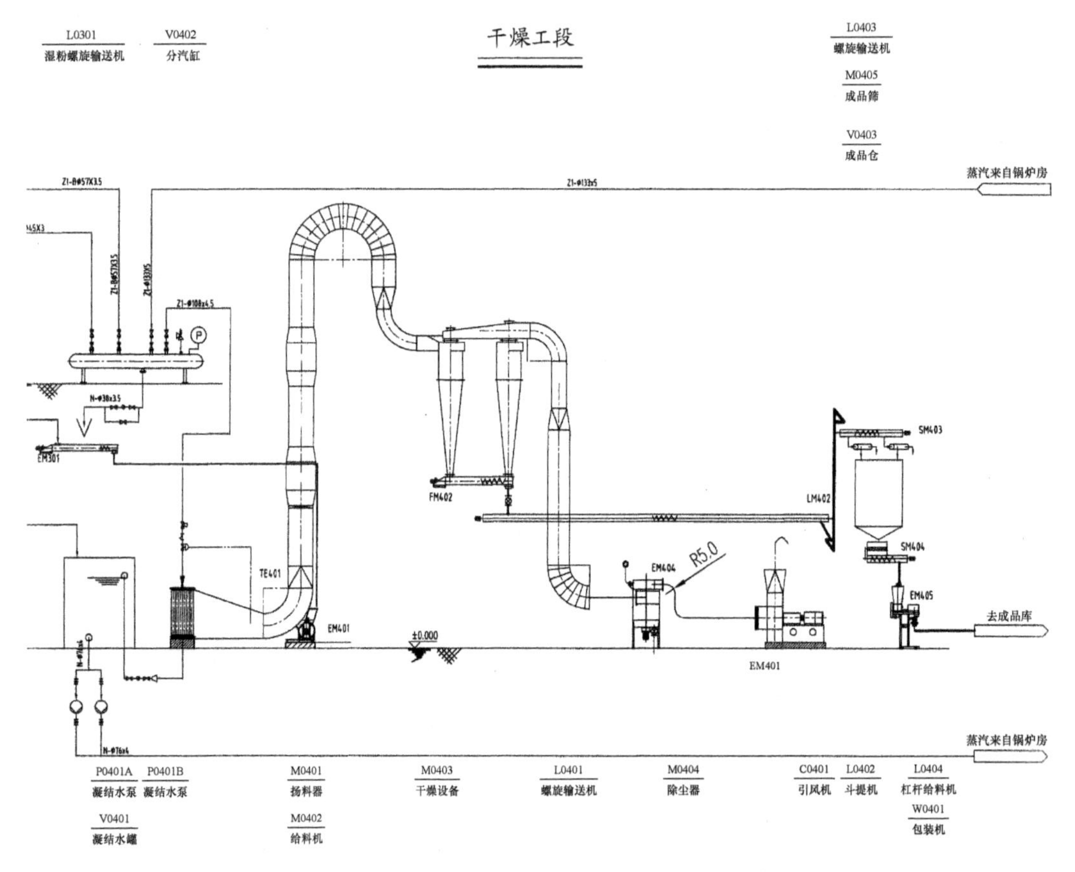

图3-23　年产10万t玉米粉干燥工段工艺流程图

四、加料器

加料器是瞬间高温干燥器正常运转不可缺少的配套设备，能把玉米湿滤饼状的物料变成连续、定量、可控制的料流。加料器由混合槽和螺旋输送器组成。混合槽中设有搅拌器，用以初步粉碎和压送湿玉米特强粉物料。搅拌器叶间设有一定间隙并与轴成一定角度，以防止物料在叶片上黏结及保证正常压送物料。螺旋输送器比一般输送器特殊，在圆筒内壁向径向均匀分布有数根阻力条，轴向的阻力条与螺旋叶片存在一定的径向间隙，保证物料连续，均匀加入干燥器内，其阻力条之内径与叶片外径间隙大小决定玉米特强粉的干燥品质。搅拌电机与输送器的电机转速可调，以方便控制进料量。生产玉米特强粉工艺中，湿滤饼的含水量控制在34％～37％时，环隙压强最小不低于3.5kPa，就可以保证生产合格产品。

五、玉米特强粉干燥工艺条件控制

(1) 玉米特强粉的湿料含水量：瞬间高温干燥设备对于玉米特强粉的湿料含水量的要求在36%～38%为最佳，含水量低可以降低干燥负荷，减少干燥时间，但在过程中不易达到，容易出现炭化点，影响产品的质量；水分含量高，可增加干燥负荷，受热空气作用，容易糊化挂粘在干燥器器壁上，并且易结“锅巴”，沉降到干燥器底端，堆积多时碰到破碎器翅片，能使电动机烧坏。

(2) 干燥温度：热风是从热风炉里输送出来，由于要求温度比较高，因此，对燃料的要求也相对高。干燥温度一般控制在300℃±20℃范围适宜。温度高容易出现炭化点，温度低了成品物料含水量达不到要求。温度在320℃时，也不会炭化。

(3) 干燥时间：本干燥工艺过程是前边设有鼓风，后边设有引风，物料速度相对较高，干燥时间一般在0.8s左右，最长不超过2s，特别是α化加热器，时间每延长0.1s，就有5%～8%的物料α化，α化是有程度限定的，α化度低的产品黏弹性不够。

(4) 风速：经验证明，此种干燥，风速在20～30m/s比较适宜。风速过低，物料不易击碎，风带不走物料，产品品质也易被破坏。风速过高，阻力加大，产品大颗粒易被糊化，成品粒度扩大，也影响产品质量。

第十二节 年产10万t玉米特强粉污水处理

玉米特强粉是经过在水中浸泡、锉磨过滤、脱水、烘干等主要工艺过程生产出来的。在浸泡过程中，灰尘、泥土、可溶性蛋白、糖类、膳食纤维等物质会进浸泡水及工艺水中，另有清洗罐体、设备设施、管道、地面、阴沟等下来的面粉等固性物，约占排放水量的1.0‰～1.5‰。虽然没有化学污染物，但是淀粉在一定温度下，由于乳酸菌的作用会产生酸味，可溶性蛋白质在一定温度下由于细菌作用会产生臭味，也会破坏空气环境，特别是这些物质不经过污水处理排放，会消耗水中的氧含量（简称为BOD），因此污水处理是必不可少的。

（一）年产10万t玉米特强粉污水处理的方案

每生产1t玉米特强粉，需要消耗10t的水，在本生产线设计中，特别加强了水的循环使用，这样每吨成品排出的废水量1～2t，所采用的污水处理情况如下：

1. 向废水池里排放水量及其指标如表3-12所示。

表3-12 废水池内排放水量及指标表

排水情况	水量 (m^3/d)	COD (mg/L)	BOD (mg/L)	TSS (mg/L)	TM (mg/L)	pH值
平均值	500	400	3000	500	400	5～7
放出水指标	500	200	70	70	35	6～9

2. 混合系统：从车间排出的水质水量有很多波动因素，设有调节池均质均量，确保后续生化处理系统稳定运行。

3. 厌氧反应器（UASB）：厌氧反应原理如下：

厌氧反应最终是将废水中的有机物转化为 CH_4 和 CO_2，反应过程主要分为以下三个阶段（见图 3-24）：

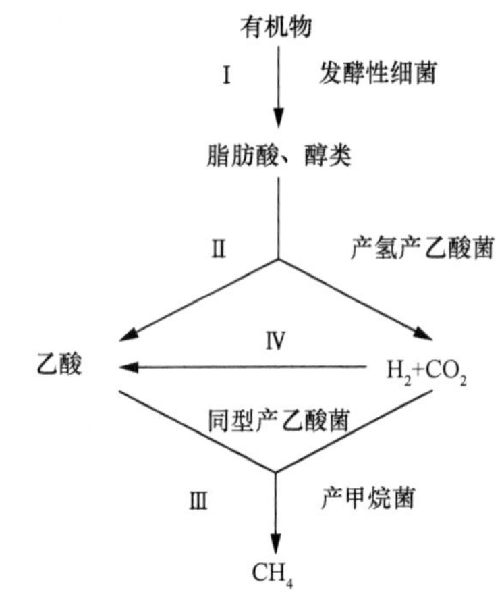

图 3-24 厌氧反应的三阶段

（1）水解、发酵阶段：在水解与发酵细菌作用下，使碳水化合物、蛋白质、脂肪水解与发酵，转化成单糖、氨基酸、脂肪酸、甘油及二氧化碳、氢等。

（2）产氢产乙酸阶段：产氢产乙酸菌将丙酸、丁酸等脂肪酸和乙醇等转化为乙酸、H_2 和 CO_2。

（3）产甲烷阶段：通过两组生理上不同的产甲烷菌的作用，一组把 H_2 和 CO_2 转化为 CH_4，另一组对乙酸脱羧产生 CH_4，一般认为，在厌氧生物处理过程中约有 70％的 CH_4 产自乙酸的分解，其余的则产自 H_2 和 CO_2。

UASB 反应器内部主体构成如下：

厌氧处理 UASB 反应器由三个功能区构成，即底部的布水区、中部的反应区、顶部的分离流出区，其中反应区为 UASB 反应器的工作主体。UASB 主体结构如图 3-25 所示。

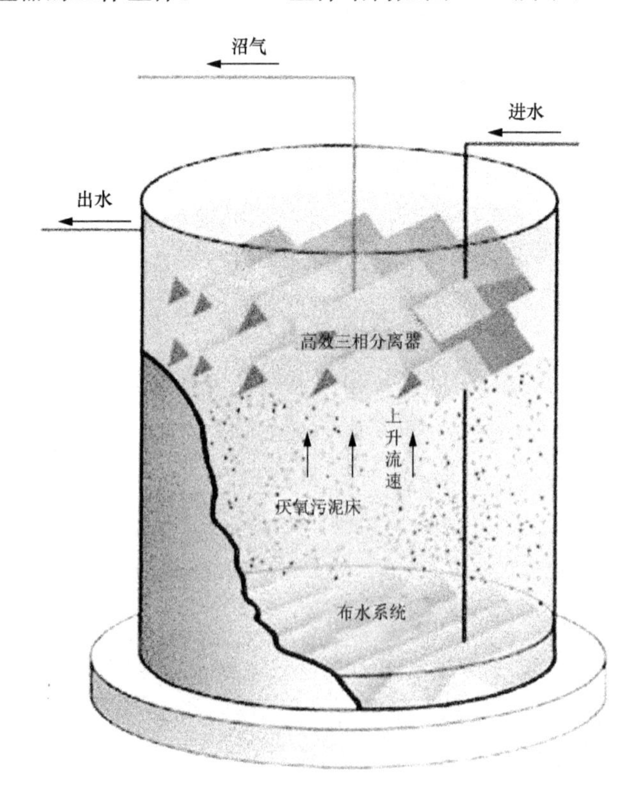

图 3-25 UASB 主体结构图

废水进入厌氧处理UASB反应器，布水区的功能是将待处理的废水均匀地分布在反应区的横断面上，反应区则包括污泥床区和悬浮区。污泥床区位于反应器的最底部，其悬浮物质量浓度可高达60～80mg/L，具有良好的沉降性能和凝聚性能。废水进入反应器首先与该部分污泥混合，废水中的有机物被污泥中的微生物分解为沼气。由于甲烷不溶于水，形成微小气泡不断上升，在上升过程中相互碰撞结合成较大气泡，在这种气泡的碰撞、结合、上升的搅动作用下，污泥床区以上的污泥呈松散悬浮状态，并与废水充分混合接触。废水中的大部分有机物在这个区域被分解转化。此区域被称为反应区。

反应器的上部设有固、液、气三相分离器。含有大量气泡的混合液不断上升，到达三相分离器下部，首先将气体进行分离。被分离出来的气体进入气室，并由管道引出。固液混合液进入分离器，失去气泡搅动作用的污泥发生絮凝，颗粒逐渐增大，并在重力作用下沉淀至底部反应区。保持反应器内足够的生物量以去除废水中的有机物，分离出污泥的处理水进入澄清区。混合液中的污泥得到进一步分离，澄清水经溢流堰排出。在这个区域内发生泥、水、气的分离，得到澄清的处理水和高热值的沼气，因此将此区称为分离区。

UASB工艺已成功广泛应用于大量工程案例，包括垃圾渗滤液、酒精、淀粉、氨基酸、木糖、制药、酵母、酶制剂及乳制品等诸多行业。

（二）厌氧处理UASB厌氧反应器主要结构

1. 布水系统：布水系统是厌氧反应器的关键配置，对于形成污泥与进水间充分的接触、最大限度地利用反应器的污泥是十分重要的。布水系统兼有配水和水力搅动作用，为了保证这两个作用的实现，需要满足如下原则：

（1）进水装置的设计使分配到各点的流量相同。

（2）进水管不易堵塞。

（3）尽可能满足污泥床水力搅拌的需要，保证进水有机物与污泥迅速混合，防止局部产生酸化现象。

采用分区域多点布水方式，确保各区域布水均匀。在均匀进流的原水及回流水搅动下，厌氧反应器内形成一定高度的污泥膨胀区，在流化状态下，厌氧微生物与污水充分接触，降解水中的有机物，有效提高去除效率。

2. 三相分离器：三相分离器是厌氧反应器最具特色和最重要的装置，起到分离反应器内气、液、固体的作用，具有以下功能：

（1）能收集从分离器下的反应产生的沼气，沼气系统排气压3kPa～5kPa。

（2）使得在分离器之上的悬浮物沉淀下来。

（3）能够适应厌氧反应器高的上升流速，不影响气、液、固分离效果。

（4）保持厌氧反应器内高浓度的微生物，使得反应器的实际处理能力大大增高，抗冲击负荷增强，保证良好的运行稳定性能。

在三相分离器折流板作用下，使厌氧污泥沉降下来，确保反应器内高浓度的微生物量，三相分离器设气室分离收集沼气，实现气相、液相、固相有效分离。

3. 污水处理工作流程如图3-26所示。

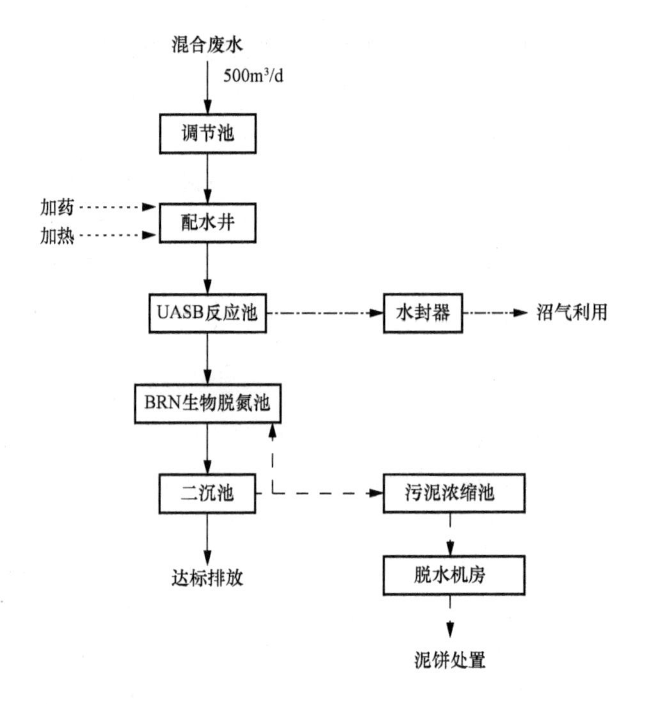

图 3-26 污水处理工艺流程图

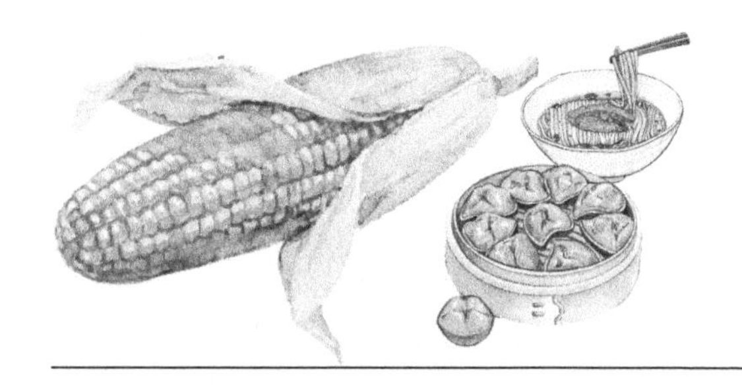

第四章 玉米特强粉的特色营养

第一节　玉米特强粉的命名与营养对照

1. 玉米特强粉的命名：

根据现行国家标准《小麦粉》GB 1355—86 对小麦面粉分级命名推导出来的。

小麦面粉的等级指标是：普通粉、标准粉、特制二等粉（上白粉）、特制一等粉（富强粉），其中最高级的小麦粉称为富强粉。据此，推导出玉米特强粉，也是说明它是玉米粉中特别高级的面粉。

2. 玉米特强粉和玉米的营养对照见表 4-1。

表 4-1　玉米特强粉和玉米的主要营养对照表（100g 含量）

名　称	蛋白质	脂肪	纤维	淀粉	B_1	B_2	烟酸	钙	铁
普通玉米	9.50	4.00	5.00	70.00	0.21	0.13	2.50	14.00	2.40
玉米特强粉	8.70	3.40	4.50	75.20	0.23	0.10	2.60	34.00	3.20

有些人担心水法生产玉米特强粉有些营养要流失，从本表中可以清楚看到，玉米特强粉和玉米比较，主要营养成分没有流失或者流失很少，均在可接受范围内。

3. 玉米特强粉和干法玉米面营养对照见表 4-2。

表 4-2　玉米特强粉和干法玉米面营养对照表（100g 含量）

名　称	蛋白质	脂肪	纤维	淀粉	B_1	B_2	烟酸	钙	铁	H_2O
玉米特强粉	8.70	3.40	4.50	75.20	0.23	0.10	2.60	34.00	3.20	8.00
干法玉米面	8.10	3.00	3.50	72.00	0.10	0.08	1.20	22.00	2.40	13.50

从本表中可以看出，玉米特强粉各种营养物质含量均超出干法加工的玉米粉。

4. 玉米特强粉和小麦特一粉营养对照见表 4-3。

表 4-3　玉米特强粉和小麦特一粉营养对照表（100g 含量）

名　称	蛋白质	脂肪	纤维	淀粉	B_1	B_2	烟酸	钙	铁
玉米特强粉	8.70	3.40	4.50	75.20	0.23	0.10	2.60	34.00	3.20
小麦特一粉	10.30	1.10	0.60	74.50	0.17	0.06	2.00	27.00	2.70

从本表可以看到玉米特强粉的特色营养普遍高于小麦特一粉。其中

维生素 B_1 高出 30%，维生素 B_2 高出 66%，烟酸高出 30%，钙高出 26%，铁高出 19%。纤维是全世界餐桌上普遍缺少的营养，缺少的原因是人们普遍以大米、小麦粉为餐桌主粮，这是从前大米小麦粉做成的食品口感好于对应的玉米食品造成的。而大米、小麦粉的生产国家质量标准都严格要求不得有麸皮残留，膳食纤维都被留存在麸皮当中，而将宝贵的纤维都分离掉了，使得全世界人普遍缺乏粗纤维营养，因此导致高血糖、高血脂、高血压、肥胖症及便秘人群迅速增加。而玉米特强粉粗纤维有如此高的含量，为人类获取膳食纤维提供了好的食材。

第二节　玉米特强粉的特点

一、玉米特强粉的特性营养

对玉米特强粉的特性营养的分析数据如表 4-4 所示。

表 4-4　玉米特强粉的特性营养分析数据

项　目	含　量	项　目	含　量
β-胡萝卜素	24.00μg	谷氨酸	1640mg
维生素 B_1	0.23mg	脯氨酸	606mg
维生素 B_2	0.10mg	丝氨酸	374mg
烟　　酸	2.60mg	异亮氨酸	329mg
铁	3.20mg	胱氨酸	258mg
钙	34.00mg	赖氨酸	296mg
锌	1.83mg	苏氨酸	306mg
镁	28.00mg	缬氨酸	462mg
铜	0.26mg	精氨酸	368mg
硒	1.62μg	组氨酸	226mg
铬	37.00μg	丙氨酸	680mg
蛋白质	8.70g	色氨酸	98mg
脂　　肪	3.40g	亮氨酸	1039mg
碳水化合物	75.20g	甘氨酸	381mg
膳食纤维	4.50g	苯丙氨酸	416mg
蛋白质消化率	92.30%	酪氨酸	283mg
蛋白质生物价	60.80%	蛋氨酸	185mg
蛋白质净利用率	92.30%	天冬氨酸	592mg

1. 膳食纤维的物化特性：

膳食纤维被当今世界称为第七大营养素。在玉米特强粉中，膳食纤维占 4.50%。小麦粉中的特制一等粉只含有 0.06%，特制二等粉为 0.35%。玉米特强粉中膳食纤维含量是特制一等小麦粉的 75 倍，是特制二等粉的 13 倍。

（1）具有相当高的吸水性：膳食纤维分子化学结构中含有很多亲水基团，因此具有很强的吸水性，吸水能力是自身重量6～30倍，所以玉米特强粉包饺子和面1000g面粉加700g水，而1000g小麦粉只能加480g水。膳食纤维的吸水性可以增加人体排便的体积和速度。

（2）对有机化合物有吸附螯合作用：由于膳食纤维表面带有很多活性基团，可以吸附螯合胆固醇和胆汁酸类有机分子，从而抑制了人体对它们的吸收，这是膳食纤维能够阻止体内胆固醇类物质吸收的主要原因。膳食纤维还能吸附肠道内的有毒物质，并促使它们排出体外。

（3）具有容积作用：膳食纤维的体积较大，吸水后体积更大，能在胃肠内产生容积作用，易引起饱腹感。同时由于膳食纤维的存在，限制了身体对食物的消化吸收，使人不易产生饥饿感，因此，膳食纤维对控制肥胖有实在的好处。

（4）膳食纤维与结肠癌和便秘的关系：结肠癌是有毒物质停留在结肠内时间过长，被结肠壁无选择地吸收而起的病变。若食物中膳食纤维含量高，就不会有结肠癌发生，结肠癌与人们长时间食用精大米（精大米中膳食纤维含量只有0.05%～0.15%）和细白面（小麦粉中特制一等粉中膳食纤维含量0.06%～0.32%）有关系。

（5）膳食纤维与冠心病的关系：膳食纤维能够阻止身体对脂肪的吸收。首先是因为它能缩短脂肪通过肠道的时间，其次它能吸附胆汁酸。胆汁酸是胆固醇的代谢物，为了补充胆汁酸，就需要更多的胆固醇进行代谢，所以体内的胆固醇含量迅速下降。在通常的膳食条件下，增加膳食纤维的摄入量就能减少对脂肪和胆固醇的吸收，从而达到预防与治疗动脉粥样硬化和冠心病。

（6）膳食纤维与糖尿病的关系：西方人糖尿病发病率高，膳食纤维摄入量不足是一个重要的原因。增加膳食纤维的含量可以改善末梢组织对胰岛素的感受性，降低对胰岛素的需求，从而达到调节糖尿病患者血糖水平的目的。

（7）人体对膳食纤维的日需求量：有数据表明每天每千克体重摄入0.35g膳食纤维，可以保证大便一次，经常便秘的人，每天每千克体重应保证0.45g膳食纤维，正常体重者每人每天应保证20g以上膳食纤维。中国营养学会建议每人每天吃30g膳食纤维，食用玉米特强粉200g就可获得9g膳食纤维。而普通玉米粉膳食纤维含量低且活性更低，原因是没有经过乳酸菌发酵工艺处理。特别是干法加工玉米粉时扒掉了玉米皮，把膳食纤维基本剔除掉了，膳食纤维主要含在玉米粒的皮中。大米、小麦粉膳食纤维含量低的原因也是如此，按国家标准生产的大米小麦粉其膳食纤维都是很低的。

2. 三价铬：

表4-1中显示在玉米特强粉中每100g含三价铬为37μg。食用玉米特强粉不增加人体血糖，首先是膳食纤维的作用，因为膳食纤维的增加，能明显改善神经末梢组织对胰岛素的感受性（敏感性），从而降低对胰岛素量的需求。用本书中介绍的工艺生产的玉米特强粉，在乳酸作用下超细加工，三价铬的活性得以充分释放，因三价铬能刺激胰岛素分泌。葡萄糖耐量因子是三价铬、尼克酸和谷胱甘肽的络合物，能增强葡萄糖的利用，使其转变成为脂肪，从而可控制血糖的增加，在有膳食纤维存在下，效果明显。在“糖尿病小鼠模型试验的报告”结论中，“判定该产品具有调节（降低）糖尿病小鼠血糖的

作用”。

3. 硒：

在痕量元素中，最近几年特别引起人们关注，硒是世界上公认的具有抗癌作用的元素。硒也是一种具有多种功能的人体必需的痕量元素，每 100g 玉米特强粉中含有 1.62μg 的硒。

在美国发现食物中含硒低的地区死于心脏病以及与高血压有关的疾病人数比例与含硒高的地区相比约高 3 倍。例如科罗拉多泉地区含硒多，死于心脏病的人数比全国平均值低 67%。而华盛顿地区含硒少，心脏病死亡率比全国平均值高 22%。虽然硒是怎样降低心脏病发病率还不明了，但已确认硒是一个能保护组织不被氧所降解的重要元素。

硒还能逆转镉的不利的生理效应。在有镉污染的地区如有锌的冶炼和加工厂，环境硒浓度增高，则心脏病的死亡率要低得多。这表明硒可以抵消镉对心脏病的影响。硒不仅对镉如此，而且还是多种重金属毒物如汞和甲基汞的特殊解毒剂。

根据对不同国家和地区人类癌症死亡率进行的分析，人们发现癌症的死亡率与硒的摄入量成反比。居民血液中含硒量较高或吃含硒较丰富的食物的地区，总的癌症死亡率要低于那些居民摄入硒少的地区。在 27 个国家和地区对乳房肿瘤、卵巢肿瘤、结肠肿瘤、直肠肿瘤、前列腺肿瘤及白血病进行的调查表明，癌症的死亡率与这些国家和地区的典型食谱中的硒含量成反比。另一项研究对从 17 个国家和地区的人身上抽取的血样进行了分析，结果表明乳房癌的发生率也是与血液中的硒量成反比的。在自然环境中如富含硒时，人类胃肠道癌发病率就低。美国人食物中含硒量仅为亚洲人的 1/4。硒是谷胱甘肽过氧化物酶的一个构成部分，这个酶能阻止不饱和脂肪酸的氧化，因此能阻止过氧化物和游离基的形成，而这两个物质都能诱发各种癌症。

在黑龙江省克山县发现的克山病，山西、陕西、宁夏和甘肃等地都有患者，现已知道，此病与土壤中缺硫、硒、镁等元素有关，可服亚硒酸钠治疗。如以含硒的化合物喷洒农作物，作物吸收硒，人吃了就可预防此病。

硒的浓度为 0.04～0.10ppm 时，对动物和人都是有益的。

4. 镁：

在每 100g 玉米特强粉中含有 28mg 的镁。虽然人们早已知道镁是人体中的一种宏量元素，且镁离子能激活人体中的许多酶，但长期以来没有引起人们的足够重视。

二价镁离子（Mg^{2+}）对于蛋白质的合成是至关重要的，一旦镁离子含量过低，蛋白质合成就会中断。

镁离子能激活磷酸葡萄糖变位酶、烯醇化酶、腺苷三磷酸酶、5-核苷酸酶，精氨酰琥珀酸合成酶，谷氨酰胺合成酶、黄素激酶、无机焦磷酸酶、碱性磷酸酶、肌酸磷酸激酶、醛脱氢酶等，并可抑制神经兴奋。镁离子至少能催化十多个生物化学反应，它在这些催化过程中虽然也是一种无机离子型的激活剂，但却有相当高的特异性，不能以同类的离子相互替换。

脱氧核糖核酸酶能裂解脱氧核糖核酸（DNA）的磷酸酯链，使其失去生物功能。在确保人体按照父母双亲传递遗传信息，使之有条不紊地高度有序进行自我复制与新陈代谢方面，脱氧核糖核酸酶是一个非常重要的酶。镁离子可以激活这种酶，可以说，镁离子对遗传过程有重要的作用。

在细胞内，葡萄糖被完全氧化（酶致氧化）为二氧化碳和水，同时释放出能量供应给机体。有人把这种糖氧化过程划分为六大步骤，其中有两个步骤需要镁离子来催化。

镁离子早已应用到医疗中，用作泻药、镇静剂和胆道括约肌扩张药。

有报道指出，“土壤中缺镁，可能是我国、波兰、苏联的一些地区食道癌发病率高的原因”。

综上所述，镁离子在人体中的功能实在不容忽视。

5. 软化血管物质：

玉米和大米、白面比较，营养优势就是富含维生素 E、β-胡萝卜素、不饱和脂肪酸、卵磷脂、谷胱甘肽，这些营养物质具有软化血管的作用。传统加工的玉米粉极其粗糙，玉米中有许多营养被包裹其中，在胃肠中没有释放出来，虽含如此多的营养但是未得到吸收，多数随粪便排出体外了。加工成玉米特强粉，其蛋白质的消化率明显地提升，已达到92.3%。这是一项十分重要的指标，有营养不能吸收和没有营养是一样的。同时食品的口感也是重要的，有营养的食物，如口感不好也会被“一票否决”。营养和口感的统一再加上容易消化吸收，人们才能获得健康实惠。

以上是玉米特强粉的主要特色营养，因为生产玉米特强粉的特殊工艺加工后，就已构成了保健食品的绝佳配方，其余的营养成分如蛋白质、氨基酸、维生素、矿物质，含量和大米、小麦粉相差不多。

6. 将成为降血糖的餐桌主食：

根据吉林大学“糖尿病小鼠模型”的试验结果，完全可能生产出高血糖人群的主食食品。据统计，在全国糖尿病人和血糖偏高人群共有 2 亿多人，全世界就更多了。目前这些人群，不知道主食该吃什么，也不知道吃多少合适，玉米特强粉血糖指数低因而不增加血糖，若进一步提高其膳食纤维的含量，进一步激发玉米中三价铬的活性，那么糖尿病人就可随意进食了，真正做到想吃就吃，想吃多少就吃多少。

二、降血糖试验之一（吉林大学）

样品名称：玉米特强粉	样品编号：030702B
样品数量：5kg	样品性状：粉状、黄色
检测项目：糖尿病小鼠模型试验	送样日期：2003.4.5
检测依据：保健食品功能学评价程序和检验方法（卫生部颁）	检测日期：2003.4.10～5.30
送样单位：吉林市双飙薪玉米深加工公司	报告日期：2003.7.7
地　　址：吉林市龙潭区江密峰 802 号	
邮　　编：132011	联系电话：0432-4083024

实验项目

1. 糖尿病小鼠模型试验。

2. 材料和方法。

(1) 药品与器材：

四氧嘧啶（Sigma），血糖试剂盒（北京中生生物科技公司），三氯化铬（上海化学试剂公司)，722 型分光光度计（上海分析仪器厂）。

（2）动物：

雄性昆明小鼠，体重 20g±2g，吉林大学实验动物中心提供。随机分成 5 组（每组 12 只)：正常对照组、实验对照组，饲以普通饲料。高、中、低剂量组，在普通饲料中分别按 20%、40%、60%比例掺入样品，各组小鼠均自由摄食、饮水，实验周期为 4 周。

（3）实验性糖尿病小鼠模型的建立：

除正常对照组外，其余各组禁食 24h，将四氧嘧啶按 200mg·kg^{-1}剂量左下腹腔内一次性注射。注射后第 5d 眼眶取血，葡萄糖氧化酶法测空腹血糖，其值大 10.00mmol·L^{-1}者为成功模型。

（4）统计分析：

本实验数据采用 t 检测分析。

3. 结果。

（1）Cr^{3+} 对糖尿病小鼠的饮食和体重的影响。

实验 2 周后，实验对照组及 3 个剂量组的食量和饮水量均明显高于正常对照组（$P<0.01$)，而 3 个剂量组饮水量低于实验对照组（$P<0.05$ 或 $P<0.01$)，食量未见明显差异，体重增长差异不显著。4 周后，实验对照组及 3 个剂量组饮水量仍高于对照组（$P<0.01$)，而 3 个剂量组饮水量明显低于实验对照组（$P<0.01$)，高剂量组饮水量又低于剂量组（$P<0.01$)。各组食量均与正常对照组有显著差异（$P<0.05$)，高、中剂量组又低于实验对照组（$P<0.01$)。实验对照组和中、低剂量组的体重增长明显低于正常对照组（$P<0.01$)，见表 4-5。

表 4-5　各级小鼠摄食、饮水量及体重增长（$x \pm s$）

周期	组　别	n	饮水量 (g·d^{-1}·10g^{-1})	摄食量 (g·d^{-1}·10g^{-1})	体重增长 (g)
2 周后	正常对照	12	2.27±0.26	1.48±0.17	6.67±0.99
	实验对照	11	5.22±0.48 **	2.22±0.17 **	6.24±2.00
	高剂量	12	4.42±0.13 ** △△	2.13±0.20 **	5.42±1.32
	中剂量	12	4.39±0.27 ** △△	1.93±0.15 **	5.90±1.81
	低剂量	11	4.58±0.38 ** △	2.20±0.15 **	5.59±1.21
4 周后	正常对照	12	1.86±0.12	1.72±0.07	6.05±0.69
	实验对照	10	5.78±0.23 **	2.68±0.25 **	3.33±1.17 **
	高剂量	12	2.47±0.36 ** △△	2.25±0.10 ** △	4.89±1.98
	中剂量	11	5.03±0.16 ** △△	2.30±0.12 ** △	3.50±0.77 **
	低剂量	10	4.95±0.27 ** △△	2.47±0.15 **	3.41±0.28 **

** $P<0.01$ 与正常对照组比较，△$P<0.05$，△△$P<0.01$ 与实验对照组比较；△△$P<0.01$ 与高剂量组比。

（2）Cr^{3+} 对糖尿病小鼠空腹血糖的影响。

实验开始时，注射四氧嘧啶的各组小鼠血糖较正常对照组有明显差异（$P<0.05$ 或 $P<0.01$)。4 周后，实验对照组血糖浓度未见改变，而高、中、低剂量组血糖水平较实验对照组均显著降低（$P<0.01$)。3 个剂量组之间无明显差异，见表 4-6。

表 4-6　各组小鼠血糖水平（$x \pm s$）

组　别	n	实验前（mmol·L⁻¹）	实验后（mmol·L⁻¹）
正常对照	12	6.64±1.20	4.83±1.31
实验对照	10	15.48±6.69*	15.49±2.60**
高剂量	12	17.48±5.51**	8.67±1.02**△△
中剂量	11	16.17±6.09**	9.33±1.89**△△
低剂量	10	16.14±5.36**	9.66±2.56**△△

*$P<0.05$，**$P<0.01$ 与正常对照组比较；△△$P<0.01$ 与实验对照组比较。

4. 结论。

本实验结果表明，高、中、低剂量组血糖水平较实验对照组均显著降低（$P<0.01$），可判定该样品具有调节（降低）糖尿病小鼠血糖的作用。

三、降血糖试验之二（北华大学）

玉米特强粉对实验性高血糖动物的影响

本实验通过建立糖尿病小鼠模型，观察吉林市双飙薪玉米深加工公司提供的玉米特强粉样品对实验性高血糖动物的影响，并依据中华人民共和国食品检测标准方法，测定玉米特强粉及玉米特强粉挂面中粗纤维和铬的含量。

实验材料及方法：

1. 实验材料：

小鼠：昆明种，雌雄各半，体重 18～22g，由长春高新医学动物实验研究中心实验动物部提供样品；吉林市双飙薪玉米深加工公司提供的玉米特强粉，玉米特强粉挂面，普通玉米粉；降糖灵片（山东省莒南制药厂）；四氧嘧啶（Aloxan）（Sigma 公司）；肾上腺素（福建省福州制药厂）；25%葡萄糖（吉林康乃尔药业有限公司）；葡萄糖氧化酶试剂盒（上海荣盛生物技术有限公司）；Model 680 酶标仪（Bio-Rad）；自动平衡微型离心机（Beckman coulter Allegra X-22）；微量移液器（Pipetman）。

2. 实验方法：

（1）玉米特强粉对葡萄糖耐量影响。

取昆明小鼠 30 只，雌雄各半，随机分为三组，即阴性对照组，玉米特强粉低剂量组（含量 20%），玉米特强粉高剂量组（含量 60%），连续给食 22d 后，禁食 24h，自由饮水，皮下注射 25%葡萄糖 10mL/kg，30min、90min、120min 分别于眶上缘取血，用葡萄糖氧化酶法在波长 490nm 处测血糖值，数据进行 t-test 统计学检验分析。

（2）玉米特强粉对肾上腺素性高血糖小鼠降糖作用实验。

取昆明小鼠 30 只，雌雄各半，随机分为三组，即阴性对照组，玉米特强粉低剂量组（含量 20%），玉米特强粉高剂量组（含量 60%），连续给食 21d 后，禁食 12h，自由饮水，背部皮下注射 0.1%肾上腺素 10mg/kg，90min 及 135min 分别于眶上缘取血，用葡萄糖氧化酶法在波长 490nm 处测血糖值，数据进行 t-test 统计学检验分析。

（3）玉米特强粉，玉米特强粉挂面对四氧嘧啶（Alloxan）诱发的高血糖降糖作用。

取昆明小鼠200只，随机取10只为无造型普通食料组，余下190只禁食5h，自由饮水，尾静脉注射四氧嘧啶75mg/kg（30s内推完），5d后，禁食12h，自由饮水，眶上缘取血，筛选小鼠，随机分为7组，使血糖值大于或等于180mg/dL，各组小鼠平均血糖值相差不大于20mg/dL，即普通食料组，普通玉米粉组，玉米特强粉低剂量组（含量20%），玉米特强粉高剂量组（含量60%），阳性组（降糖灵片/普通食料），玉米特强粉挂面低剂量组（含量20%），玉米特强粉挂面高剂量组（含量60%），连续给食30d后，禁食（不禁水）12h，于眶上缘取血，用葡萄糖氧化酶法在波长490nm处测血糖值，数据进行*t*-test统计学检验分析。

（4）利用中华人民共和国食品检验标准方法，测定玉米特强粉及玉米特强粉挂面中粗纤维和铬的含量。

3. 实验结果：

（1）玉米特强粉对葡萄糖耐量影响。

腹腔注射25%葡萄糖10mL/kg，30min、90min、120min分别于眶上缘取血，玉米特强粉低剂量组，玉米特强粉高剂量组与阴性对照组比较血糖值见表4-7～表4-9。

表4-7 腹腔注射25%葡萄糖30min小鼠血糖的影响（mmol/L）（$\bar{x}S$）

组　别	数量（只）	血糖值（mmol/L）
阴性对照组	10	9.529±0.122
玉米特强粉低剂量组	10	8.980±0.159
玉米特强粉高剂量组	10	8.465±0.149

表4-8 腹腔注射25%葡萄糖60min小鼠血糖的影响（mmol/L）（$\bar{x}S$）

组　别	数量（只）	血糖值（mmol/L）
阴性对照组	10	5.954±0.052
玉米特强粉低剂量组	10	5.130±0.037
玉米特强粉高剂量组	10	4.498±0.064

表4-9 腹腔注射25%葡萄糖120min小鼠血糖的影响（mmol/L）（$\bar{x}S$）

组　别	数量（只）	血糖值（mmol/L）
阴性对照组	10	3.943±0.043
玉米特强粉低剂量组	10	3.855±0.034
玉米特强粉高剂量组	10	2.449±0.014

（2）玉米特强粉对肾上腺素性高血糖小鼠血糖的影响实验。

背部皮下注射0.1%肾上腺素10mg/kg，90min及135min，玉米特强粉低剂量组（含量20%），玉米特强粉高剂量组（含量60%）与阴性对照组比较血糖值见表4-10、表4-11。

表4-10 皮下注射0.1%肾上腺素90min小鼠血糖的影响（mmol/L）（$\bar{x}S$）

组别	数量（只）	血糖值（mmol/L）
阴性对照组	10	5.318±0.075
玉米特强粉低剂量组	10	4.080±0.057
玉米特强粉高剂量组	10	3.462±0.073

表 4-11　皮下注射 0.1%肾上腺素 135min 小鼠血糖的影响（mmol/L）（$\bar{x}S$）

组别	数量（只）	血糖值（mmol/L）
阴性对照组	10	3.667±0.054
玉米特强粉低剂量组	10	3.499±0.060
玉米特强粉高剂量组	10	3.485±0.072

（3）玉米特强粉、玉米特强粉挂面对四氧嘧啶（Alloxan）诱发的高血糖降糖作用。

普通食料组，普通玉米粉组，玉米特强粉低剂量组，玉米特强粉高剂量组，阳性组（降糖灵片/普通食料），玉米特强粉挂面低剂量组，玉米特强粉挂面高剂量组，连续给食 30d 后，禁食（不禁水）4h，于眶上缘取血，用葡萄糖氧化酶法在波长 490nm 处测血糖值（见表 4-12）。

表 4-12　对四氧嘧啶诱发的高血糖小鼠血糖的影响（mmol/L）（$\bar{x}S$）

组别	数量（只）	血糖值（mmol/L）
阴性对照组	20	15.702±0.518
普通对照	20	12.086±0.179
玉米特强粉低剂量组	20	11.052±0.251
玉米特强粉高剂量组	20	8.669±0.258
阳性组（降糖灵片/普通食料）	20	4.729±0.047
玉米特强粉挂面低剂量	20	5.707±0.111
玉米特强粉挂面高剂量	20	5.144±0.075

4. 结论：

与阴性对照组比较，实验组未见显著差异，但随着食量增大，效应增强（降糖作用增强）。

四、玉米保健食品方案

1. 成为血糖偏高与糖尿病人的主食。

作为血糖偏高与糖尿病人的主食，就必须做到食用后不增加血糖，在大米、小麦、玉米三大农作物当中，玉米的血糖指数最低，在本书表 4-1 中可以看到玉米特强粉膳食纤维 100g 高达 4.5g，是小麦粉中的特制一等粉（含有 0.6g）的 7.5 倍；是特制二等粉（0.35g）的 13 倍。在本书表 4-4 中可以看到三价铬为 37μg，硒为 1.62μg，镁为 28mg，另外还有 β-胡萝卜素、维生素 E、维生素 B_1、维生素 B_2。此外，这种玉米面粉必须是在水中经过乳酸菌作用，使得丹宁等物质溶解出去，去掉玉米返胃酸的劣根性，同时增加吸收性。以上这些特质玉米特强粉全部具备，因此可以做血糖高人群的主食保健品，小白鼠血糖试验效果很好。

主食的品种：用这种面粉可以做成玉米方便面，玉米挂面（30～35℃）低温压延成型低温干燥的挂面，玉米饼干，玉米蒸面包，玉米窝头，玉米疙瘩汤等。

2. 成为减肥人群的产品。

将玉米特强粉加水做成颗粒状，再用微波隧道进行干燥，干燥后在颗粒内增加细微的孔洞，增加了复水性，这种产品纤粉含量可做到 10%左右，用水浸泡后成为减肥粥，体积可增加 4 倍以上，这种特性满足了减肥食品应有饱腹感的要求。

3. 保健品与食品的结合。

过去保健品多数都是制作成胶囊、冲剂或者片剂，本文提倡的是做成主食，成为药食同补，市场容量更大。全国糖尿病人数8000万到1个亿，血糖偏高人群还有1个多亿，2亿多人每人每年吃10kg，就是200万t，全世界各个国家都有糖尿病患者，如推广到全世界，需求量更大。

第三节　玉米特强粉的科技成果鉴定

2001年2月17日由国家轻工业局规划发展司主持，对吉林市飙薪食品工程技术研究所研制的玉米特强粉进行了鉴定，鉴定会在北京月坛宾馆举行，与会专家认真审查了资料，品尝了产品，具体鉴定意见如下：

1. 所提供的技术资料和样品齐全、准确、可信。

2. 吉林市飙薪食品工程技术研究所经过多年艰苦努力，采用生物技术和专门的粉碎、分离、干燥技术，使玉米加工成口感好的全玉米特强粉，为我国玉米深加工开拓了一条使玉米能够进入一日三餐的、具有广阔发展前景的新途径。玉米特强粉可制成饺子、面条、窝头、面包等面食，有筋道、柔软、有弹力，保留了玉米的香味，经在场专家品尝，均表示满意。现已形成600t以上的规模，属国内首创，国际上也未见相同技术的报道。

3. 玉米特强粉经吉林市技术监督部门检测结果为：

玉米黄色粉末：水分≤11%；砂≤0.03%；砷≤0.1ppm；铅≤0.1ppm。

符合企业产品质量标准和国家食品卫生通用标准要求。

4. 目前已有吉林、辽宁、北京等地办起了玉米特强粉专门食品店，很受经营者和消费者的欢迎，预期有极好的发展前景。

5. 建议：①进一步研究分离出来的残渣和工艺废水的合理利用；②有关方面应给予支持，尽快扩大生产，使更多的玉米进入一日三餐，更好地满足市场需求。

鉴定会以后，产品一上市就受到消费者、政府、新闻媒体的特别关注。2001年8月玉米特强粉获得了中国食品协会授予的食品科技进步奖。2002年7月，玉米特强粉被国家科学技术部、国家税务总局、国家对外贸易经济合作部、国家质量监督检验检疫总局、国家环境保护总局五部委联合认定为国家级重点新产品。产品在市场出现热销，全国已有300多家新闻媒体先后予以报道：中央电视台第二套在《金土地》栏目予以专题报道，主持人王小丫亲自品尝了部分玉米特强粉制作的食品；中央电视台第七套《致富经》栏目予以专题报道；《中国食品报》连续跟踪报道十次之多，其中有四次是头版头条；吉林卫视等其他新闻媒体，也都相继进行了专题报道。

第四节　玉米特强粉的优秀特性

1. 标志着粗粮和细粮失去了界限。

玉米的综合营养好于大米，好于小麦粉，这是通过科技手段检测的结果。在三年自然灾害的年代，是玉米拯救了东北百姓的生命；20 世纪六七十年代在北方玉米占据了百姓餐桌绝对主食位置，但是粗糙辛辣难以下咽的口感，吃伤了几代人。玉米是粮食当中的营养之王，全世界的高级动物没有喂食大米饭或小麦馒头的，都在吃玉米，动物不讲究口感，而人类对口感的需求则很强烈。由于玉米口感不好，在改革开放以后，大米、小麦粉能满足百姓需要了，玉米从餐桌上下岗了。多年来，人们将口感好的大米、小麦粉制作的食品称为细粮，把口感不好的玉米及杂粮称为粗粮。而在所有的粗杂粮中，口感最差的是玉米，玉米也是最难磨细的粗粮，如今把玉米的口感研发到超过全世界最好的小麦粉，玉米做食品口感的突破，意味着其他杂粮口感转化研究也不再是难题了，只是时间和经费的问题，因此说玉米特强粉生产技术可以使粗粮和细粮失去界限。

2. 米和面失去了界限。

利用玉米特强粉的专利生产技术，可以让玉米这样的粗粮变成细粮面粉，同时近期研究成果又告诉我们面也可以变成米，例如说大米可以变成大米饺子粉，大米面粉（包括玉米面粉）还可以变成米，将大米粉变成大米时，我们有能力、有办法、有机会将钙、铁、维生素 B_1、维生素 B_2、烟酸、叶酸，也可以是硒、碘、三价铬等微量元素强化到米里，也可以将粗纤维根据需要强化到米里边。这种推理可以延伸到生产燕麦米、荞麦米等，已有人成功地研究出玉米荞麦方便粥，就是先研究成好吃的饺子粉，再将饺子粉制成米，米里富含粗纤维、膳食纤维，具有优秀的复水性，用开水泡 8min，用温水泡 12min，用夏季室温矿泉水泡 20min 就可以成为一碗粗粮粥，这种技术的出现，就使米和面失去了界限，所有的米都可变成好吃的面，所有的面又可变成理想的米。

3. 口感具有决定权。

我们研究粗粮细做根本问题是要解决口感，口感不好具有“一票否决权”。胡萝卜营养平衡超出鸡蛋，但是居家百姓买鸡蛋用兜提，买胡萝卜只能一次买几根，根本原因在于口感差别。让玉米面粉口感好，有以下几点必须做到：

（1）必须将颗粒细化，好吃必须做到磨细，但磨细也不一定好吃，磨细是基础，是基本条件，不是次要条件，在水中以锉磨解决了这一问题。

（2）必须利用玉米的胶质，玉米的胶质能给玉米食品提供筋滑口感，想办法将玉米的胶质部分充分展开磨细，这也是解决口感必须的办法。外行人总是幻想加点胶解决口感问题，这是一种粗俗的想法，事实上加胶解决不了口感问题。玉米的胶质部分本身的淀粉就是淀粉胶，总含量高达 70%以上，问题是如何利用。在水中浸泡是为了让玉米粒胶质充分膨胀，再将其细胞破壁超细研磨，就是将淀粉胶充分释放出去做食品。释放出的胶质淀粉部分就承担了口感变为“筋道、爽滑”的主体作用。这种淀粉胶质加热遇水后，立即变得有弹性、爽滑。但这种淀粉胶在没遇到热水时，面粉强度不如小麦粉，遇到热水后迅速糊化，呈现胶体拉力（弹性），形成细腻胶膜口感滑爽，而且是高于小麦粉面筋的物理形态的。

玉米营养是一流的，口感变好了以后，人们食用了才能更多的利用其营养。

4. 玉米特强粉仓储及运输（安全性）。

玉米特强粉的水法生产工艺中浸泡，乳酸菌发酵，超细研磨，高温干燥，使得有生命活性的虫卵消除了，加之面粉含水量极低，8%～10%左右，这些极其有利于仓储或运输。

小麦粉的生产工艺是将麦子物理方法去杂后进行磨粉筛分，所以其虫卵仍寄生在面粉中，条件具备时会生虫子的。小麦面粉含水量应在14%，商家有时将水增加一个百分点就有可观的收益，在冬季有时水分可以达到16%左右，因此，玉米特强粉的货架期是小麦粉的2倍以上。

5. 食用的安全性。

玉米最令人头疼的是黄曲霉毒素。有许多食品由于存放不妥都会发生霉变，凡是霉变的食品都有可能存在黄曲霉毒素。霉菌易在粮食、油类制品上生长，如玉米、花生、核桃、杏仁、榛子、干辣椒等，其中花生及其制品黄曲霉毒素含量最高，粮食当中玉米黄曲霉毒素含量高。黄曲霉毒素是由黄霉菌产生的真菌霉素，是目前发现的化学致癌物中较强的物质之一，主要是损害肝脏功能，并有强烈的致癌作用，黄曲霉毒素有比较稳定的化学性质，对热不敏感，100℃持续20h也不能彻底消除，我国规定粮食中允许量标准不得超过10μg/kg。

玉米特强粉生产过程中可以清除黄曲霉，主要有以下三个因素：

首先是以过碳酸钠处理玉米，过碳酸钠是有氧化能力的食用碱，黄曲霉素在pH值为9的情况下开始分解；其次是一般水洗就可去掉80%以上，而玉米特强粉生产过程中，要浸泡48h，就有95%以上去掉了；最后通过乳酸菌作用，产生大量的乳酸限定了黄曲霉的生存条件，在pH值达到4～6时，黄曲霉毒素含量达到了国家标准，经过多次检验证实，黄曲霉素达到了未检出水平。

农药残留也是人们关注的大事。

玉米特强粉是在水中浸泡、发酵的工艺过程生产的，有许多农药是水溶性的，水溶性的农药在玉米浸泡过程中都溶于水中了，随着浸泡液排放到了污水处理工序，经过生物降解被处理成无毒物质。在处理黄曲霉素时，应用过碳酸钠，使酸性农药或酸性盐均被分解，再有随着乳酸菌的作用产生大量的乳酸，pH值最低可达到3.5～4.5，在这样酸性的条件下，碱性盐农药很容易被分解，溶到浸泡液中被排到污水处理池中，进一步生物处理。所以，多次检验玉米特强粉，农药残留都是未检出。

6. 消除了玉米产胃酸（俗称“烧心”）的缺陷，使其变得好吸收、好消化。

通过浸泡、乳酸菌发酵的工艺过程，消除了生产胃酸的缺陷。

经过三年自然灾害的东北农村人，其体验最深，由于当时粮食极缺，玉米作为主粮也保证不了供应。那时加工方法非常落后，只能是整粒玉米放在石磨上磨，或者是用碾子碾压再筛分，加工出来的玉米粉细度平均在30目左右，非常粗糙。用其制作的食品食用后很容易产胃酸，胃里有火辣痛感，时间长了就形成胃病。为什么会产生这种情况呢？原来玉米里的成分十分复杂，里面主要包括：淀粉、蛋白质、脂肪、麸皮、粗纤维，还有单宁、鞣酸、草酸、K_2O、Na_2O、CaO、MnO、P_2O_5、SO_3、SiO_2等，这些成分共同形成了口感粗糙、味道干涩，食后在胃里相互作用形成复杂的化学反应及生物发酵反应，产生大量的酸及酸气，产生大量的热，出现“烧心”的症状，有胃病的人是不可以食用的。

在玉米特强粉生产中，这些过去在胃中的复杂的化学反应及其生物化学反应都在工艺加工过程中进行完毕，不利于消化的物质和刺激胃的物质都溶解后排到废水里了，用玉米特强粉做各种食品均不存在上述对胃的不良作用，好消化、好吸收、不产胃酸，因此也是婴幼儿难得的主食粗粮食品。

7. 玉米特强粉中有活性乳酸菌和乳酸。

玉米特强粉生产离不开乳酸菌，所获得玉米特强粉中，残留了部分活性乳酸菌及乳酸是从一试验中现象发现的。用玉米特强粉制成面条，煮熟后用冷水洗涤，放置 2h，口感没有任何变化，但是面条有乳酸味道。另一试验是，将 500g 玉米特强粉加 500g 水，和成黏稠的糊状，装在塑料袋里，剩余空间喷洒上 75%酒精后封口，3 天以后，表面上没有任何霉变，将此稠面的塑料袋角上剪切一口子，用手挤成面条落到开水锅里，煮出的面条很筋道，富有弹性，但是有明显的乳酸味道。上述两个试验说明玉米特强粉里存在活性乳酸菌和乳酸。

乳酸菌是人体内需要的一种有益菌，能帮助消化，调整大、小肠道的蠕动，乳酸也能帮助吸收钙。乳酸菌在肠道中生长，由于有微生物族群的抗拮作用，会使产生致癌物的不良细菌大量减少，面粉中的乳酸菌和乳酸有益于人体健康。

8. 玉米特强粉中有抗性淀粉。

抗性淀粉又称抗酶解淀粉，在小肠中不能被酶解，高直链玉米淀粉含抗性淀粉比普通玉米高，这也是玉米的血糖指数低于大米白面的原因。

众所周知，碳水化合物又称多糖，人们食用碳水化合物后要在体内被淀粉酶及酸消化分解为单糖（葡萄糖）以后才能被吸收进入血液。抗性淀粉由于消化吸收慢，食用后不会使血糖升高过快，起到了调节血糖的作用，食用抗性淀粉后不容易饥饿，能增加饱腹感。具有这些特性就是糖尿病人群、肥胖病人群、高血脂人群、便秘人群的良好食品，利用玉米特强粉作为基本原料，可以开发对糖尿病、肥胖人群有调理功能的食品。

9. 玉米特强粉中含有粗纤维和膳食纤维。

玉米粒皮子纤维中包含着粗纤维和膳食纤维，玉米特强粉中正常生产的产品中含量为 4.50%～5.28%，如果是侧重粗纤维含量的话，可以提高到 8%左右，无论是膳食纤维还是粗纤维，都是人体代谢过程中不可缺少的物质。前文介绍过，中国人普遍缺少膳食纤维和粗纤维的原因是，国家标准规定大米加工和小麦粉加工都不得留麸皮，而纤维都存在于麸皮中，这样人们就无法从主粮上获得粗纤维和膳食纤维。目前“三高一胖”人群和便秘人群越来越多，玉米特强粉的出现给人们摄入纤维营养提供了方便。

10. 玉米特强粉生产专利技术问世，打造一个全新产业。

玉米特强粉生产技术在 2008 年获得了国家发明专利。玉米特强粉生产技术的问世，不仅仅是发明了一个技术，更是创造了一个全新产业，将其打造成为健康大产业，不仅可以带动发展，增加就业，而且将玉米特强粉制作的食品作为“一带一路”的标志性食品进行推广，既为国家粮食安全开辟一条新道路，还有可能把令中国发愁的玉米转化到全世界百姓餐桌上。

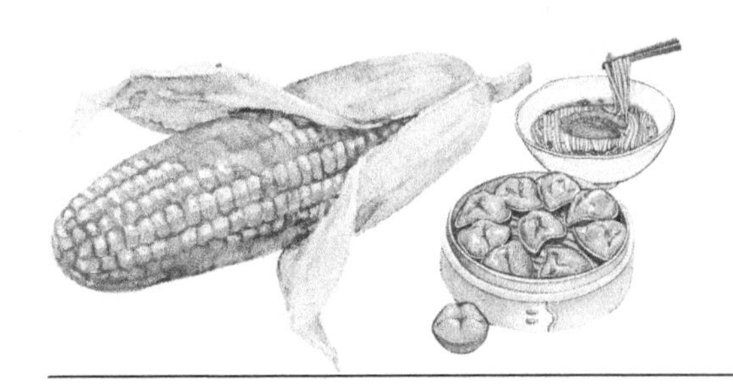

第五章 制作玉米挂面的基本原理、方法和工艺过程

制作玉米挂面的基本原理和基本加工方法如下：按照配方在原、辅料及添加剂中加水，再经过一定时间的精细拌粉，使玉米特强粉中的淀粉及其他物质吸水浸润饱满起来，使每滴水都能均匀分布在玉米特强粉中，从而使没有面筋的玉米特强粉成为具有可塑性、黏弹性和延伸性的颗粒状湿粉，成为可以做挂面的玉米湿面粉团。

通过轧片把面团轧成一定厚度的面带，通过切条把面带纵向切成一定宽度的面条，再把面条定长切断，又经过悬挂干燥、切断、计量、包装等工序，即成为玉米挂面，制作玉米挂面的工艺流程图如图 5-1 所示。

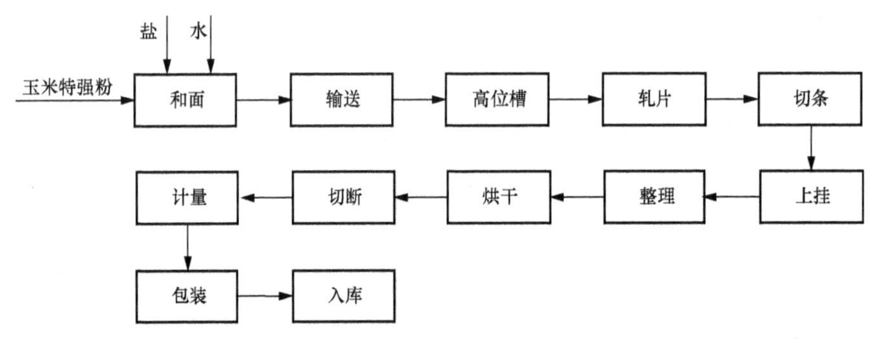

图 5-1　制作玉米挂面的工艺流程图

一、和面

和面又叫作合面、揉面、打粉、拌粉，各地的名称虽不一致，但意义相同。

和面是制挂面的第一道工序，是制作各类挂面条的首要工序。和面效果的好坏，对后几道工序的操作及最终的产品质量影响极大。如果和面达不到工艺要求，就生产不出好的挂面条。

（一） 和面的基本原理与工艺要求

和面的基本原理：在玉米特强粉中加入一定数量的清水或盐水，通过一定时间的搅拌，玉米特强粉中在常温下不溶于水的淀粉粒子也吸水浸润，逐步膨胀起来，溶于水的玉米粉由点连接逐渐变成面连接，从而使原来松散而没有可塑性的玉米特强粉成为具有可塑性、黏弹性、延展性和延伸性的湿面粉，为后续的轧片、切条成形、干燥准备条件，为玉米挂面获得良好的口感打好基础。

和面的工艺要求：湿面粉吸水比较充足，成小颗粒的湿粉状，湿度均匀，色泽一致，手捏成团，搓动时能松散成原来湿面粉状。

（二）和面设备

1. 卧式直线状搅拌棍和面机。

这种和面机是我国使用最普遍的和面机，其内部结构如图 5-2 所示。以搅拌轴数量来分，有单轴和双轴两种，以投料方式来分，有连续式、间歇式。它的主要结构是一个不锈钢制的和面槽和一根不锈钢轴，轴上装着许多不锈钢棒状搅拌棍，依靠轴的转动进行搅拌。这种单轴和面机的特点是结构简单、制造安装和操作比较方便。

图 5-2　卧式直线状搅拌棍和面机桶内结构图

2. 立式连续和面机。

这种和面机是用比较先进的原理和特殊的结构，让玉米特强粉和水按比例进入和面机，在 1200r/min 的高速旋转下产生气流，使玉米特强粉和水在雾状的微粒状态下结合，因而玉米特强粉能以很快的速度均匀地吸收，从而快速膨胀产生黏弹性，为轧片工序通过加压形成面片，创造了良好的条件。

该机的最大生产能力为每小时处理玉米特强粉 800kg。动力配置 8.25kW，比卧式双轴和面机减少一半动力。面团无热破坏，工艺性能好，又无粉尘飞扬和面粉残留，符合卫生要求，既适用于挂面，又适用于方便面生产。效果良好，具有先进性、适应性和经济性。

（三）影响和面效果的因素与主要技术参数

1. 原料的好坏：

要获得具有良好工艺性能和良好烹调性能的玉米挂面条，必须要有良好的原料，对原料玉米特强粉有两方面的要求：

从制面工艺性能方面来要求，希望玉米特强粉黏弹性比较高。这种面粉和成的湿面粉，弹性和延伸性较好，在轧片、切条、悬挂干燥过程中的湿状态下断条少，操作方便，有利于提高正品率。

对于制作挂面，用含水量低于 10%的玉米特强粉。若含水量高于 10%，当然也可制作玉米挂面，但面条的弹性和延伸性差，断条多，正品率低。制作玉米挂面，主要是千方百计使原料面粉在制作挂面前不得出现吸水泛潮现象，防止降低拉强度。

2. 加水量的多少：

和面用水的多少是关系到生产玉米挂面的核心问题。

玉米特强粉和小麦粉不一样，没有一点面筋。玉米特强粉中也含有蛋白质，主要是醇溶蛋白、谷蛋白、球蛋白、白蛋白，这些蛋白质没有面筋的特性，无法形成面筋网络。玉米特强粉是在和面时产生黏弹性，用这种黏弹性模拟了小麦面粉中面筋的延展性、延伸性等。特别值得注意的是，玉米特强粉中含有4.5%的膳食纤维，膳食纤维具有吸水性，因此和传统加工方法获得的玉米面比，加水量大幅度提高。和小麦面粉比，加水量高于小麦粉。若手工擀面条，小麦面粉与加水的重量比最多可以达到1∶0.4，而玉米特强粉手擀面最多加水可以达到1∶0.6，但这个加水数据不适合机械加工挂面。从经验中得知：如果对小麦粉而言，加水超过32%，面团的湿度和黏度急剧增加，轧制面片时就要粘辊，上干燥面挂时，水分大，拉力降低，拉不住面条自身的重量就造成拉伸断条。加水过多时，还增加干燥负荷。一般小麦面粉加水量控制在25%～32%。玉米特强粉也一样，水加多了切面时相互粘连并条，上干燥面挂时湿面条因自重拉伸而断。水少时玉米特强粉得不到滋润的部分，以干粉形态上机器，压片不易合拢，就是表面合拢了，生产出的玉米挂面煮时得不到水滋润的面粉就能轻易地溶解到水中而呈现浑汤现象。在机器允许操作的条件下，也就是压片不粘辊且挂面不掉挂的情况下，加水越多，所获得的挂面条品质越好。

3. 温度的高低：

在和面机里玉米特强粉的湿面团质量不但受到加水多少的影响，而且也受到加水温度的影响。水温适当，面粉成湿面团较快；水温过低，面粉吸水的速度变慢，吸水的时间拉长；水温过高，面团发软且黏性急剧上升，易出现粘辊并条现象。在条件允许的情况下，和完的面团温度越低，黏性越小，轧面片越顺利。这一点就是与小麦面粉的差异，应特别注意。和面需水温低一点，而轧面片又怕面团温度高，在实际操作中，如果和面机的容量和轧片工艺配套有富余情况下，就不必刻意提高和面的水温，这样对轧片十分有利。室温情况下，温度每升高10℃，面团黏度升高1.5倍。有条件可以将和面车间温度设定到15～20℃，而轧片机处温度设定为15～18℃，在夏季用空调或使用其他冷却办法，做出的玉米挂面表面光滑，十分诱人，而且终端成品各项指标都能得到明显提高。

4. 时间的长短：

和面时间的长短对玉米特强粉湿面团的质量也有直接影响。玉米特强粉中没有面筋，且富含膳食纤维。膳食纤维吸水能力较强，吸水量高于小麦面粉，而吸水润水的速度远不如小麦粉，因此在和面时，应充分注意到这一点。从和面本身来讲需要比小麦粉时间长一点，这是面的特性决定的。小麦粉做挂面时和面需要10～15min，而玉米特强粉和面时间宜在15～20min。玉米特强粉生产挂面虽然和面时间加长了，但该面粉不含面筋的特性决定其和面以后不用熟化，又缩短了时间。玉米特强粉和好面团，马上进行输送，进入轧片机，没有面筋的湿面团，不可放置时间过长，放时间过长，部分α淀粉会逆转到β淀粉状态，结果是黏弹性降低。黏弹性降低就相当于面的拉强力降低，会影响到下边所有工序质量。例如轧片开裂、上挂断条等。实践发现：若放置时间长，或大量面片返回，会有面团报废的可能。

5. 拌粉机轴旋转的速度：

和面时间的长短和和面机的搅拌强度有关。玉米特强粉的面性决定生产挂面和面的速度不宜太快，因为玉米特强粉含有4.5%的膳食纤维，吸水和润水的速度是一定的。和面机过快使其润面吸水的速度无法同步；和面机的速度过慢，也不能帮助提高润水速度，对于生产也是不利的，具体和面的转速，还和搅拌杆的形状有关。直翅状搅拌杆的卧式双轴和面机理想的转数为60～90r/min。

（四）操作要求与操作方法

根据和面的基本原理及影响和面效果的因素，为了取得良好的和面效果，要求做到玉米特强粉能均匀吸水润水，形成较好的可塑性、黏弹性与延展性。感官指标做到面团干湿合适，色泽均匀，成细小颗粒状，手捏成团，用力挤压成扁片，搓动后散开仍成颗粒状。为了保证良好的和面效果，必须精心操作。

1. 操作要求。

要知道原料情况，即了解玉米特强粉在工厂库房里的仓储时间，仓库是否潮湿，同时注意四季空气潮湿情况的变化，要看厂家检验报告单，还要看库存现货实际含水情况，这些情况也可由质检部门提供。根据所了解的原料情况，估算理论上的加水量、加盐量，再根据原料的变化情况和季节气候的变化，灵活机动地调整加水加盐量，以及各工序的温度。关键是加水，要求一次加准加足，如果一次加水不足，再分次补加，由于加水时间上有先后之分，玉米特强粉吸水必然不均匀。如果水加多了，再用玉米特强粉追加补救，情况更糟，虽然补量是少的，但和面动力消耗、时间消耗、工时消耗和正常和面量消耗是一样的，显然是不经济的，而且也达不到工艺要求指标。能否一次判断准确，一方面靠和面工的技术成熟程度支撑，另一方面可以事先做小试取得基本数据，再扩大调整后就能合格。

2. 操作方法。

（1）盐水的配制。根据工艺要求配制盐水，用两个盐水罐，罐的材质为不锈钢，上边带有搅拌，两个罐通过管道和阀门串联。每个罐的容量可以满足一个班连续生产用盐水量，一个当班使用，另一个罐用下班使用配好盐水。

配制盐水的方法为：首先根据原料情况确定加水情况，举例说明如下：

某一挂面厂生产玉米挂面，原料用双飚薪牌玉米特强粉，每班生产用面粉 5t，通过质检部门，获得数据信息有 3t 先进厂的玉米特强粉，因为是夏季自然吸潮，含水量为 10%；有 2t 新进厂的，含水量为 7%。又经过小试推测，用现有的轧片机湿面团含水量控制在 38%，盐的加量范围在 1.5%～2.0%，加盐的规律是夏季取上限，冬季取下限，春秋季节适中，计算加水、加盐的量：

容易误算为：

每班加水量＝每班耗用原料数量×加水率

＝5×38%＝1.9（t）

而实际加水率应从 38%中减去原面粉中的含水量，因为 38%是总的湿面团含水量，且两批面自身含水量不一样，所以实际计算应为：

3t 粉加水量＝3×38%－（3×10%）

＝0.84（t）

2t 粉加水量＝2×38%－（2×7%）

＝0.62（t）

实际 5t 粉加水量为＝0.84＋0.62＝1.46（t）

每班加盐量＝每班用面粉量×加盐百分数

＝5t×2%＝100（kg）

但按百分比概念是有问题的：

$$实际上加盐量=\frac{2\times5000}{98}=102\ (kg)$$

因为加盐量2%是指100g挂面中有盐2g，有玉米特强粉98g。

为了每班加水、加盐方便，应在盐水罐外面的玻璃液位计上加刻度记号，每加水100kg用不干胶条贴上一个细刻度。

在算出每班的加水量、加盐量以后，首先打开盐水罐的进水管阀门，将水放到1.46t后将罐的搅拌装置启动起来，缓慢向罐中放102kg盐，待全部熔化后，可以停止搅拌。用盐一般采用精制盐，若用洗盐，必须注意溶解后清除盐水罐底部泥污。

（2）检查和面机内有无异物，特别是要查看上一班的物料是否清理得干净。这种物料干燥后形成硬颗粒，难以在搅拌中溶解，到下道工序的任何环节都会破坏产品质量。还要检查卸料闸门是否已关闭，空车试验是否灵活。

（3）如空机运转试验正常，即可定量投放玉米特强粉。按照每锅（和面机筒）应加的水量进行计量加盐水。玉米特强粉吸水量的上限极其敏感，对于盐水的超量适应范围不到1%，也就是说一次和500kg玉米特强粉，盐水的超量不得多于5kg，因此，这步操作应格外认真，面粉计量比较容易，从包装袋上可以读出。盐水的计量应在搅拌机侧面稍高的地方，设一固定计量的盐水高位罐，设有进水阀门，出水阀门，材质需选用不锈钢的或塑料的，因为盐水腐蚀能力是很强的。根据固定刻度进行计量，按照生产管理要求，每次和面都要有计量记录。

二、面团熟化

玉米特强粉不含面筋，小麦粉熟化的目的是让水渗透到蛋白质胶体粒子内部，相互膨胀粘连，进一步形成面筋质的网络组织。而玉米特强粉不含面筋不需熟化过程，只要增加1/3的和面时间，一次将面和到充分均匀的程度，直接上机器轧片即可，而在上轧片机前第二次短时间搅拌还是必要的。

三、 轧片

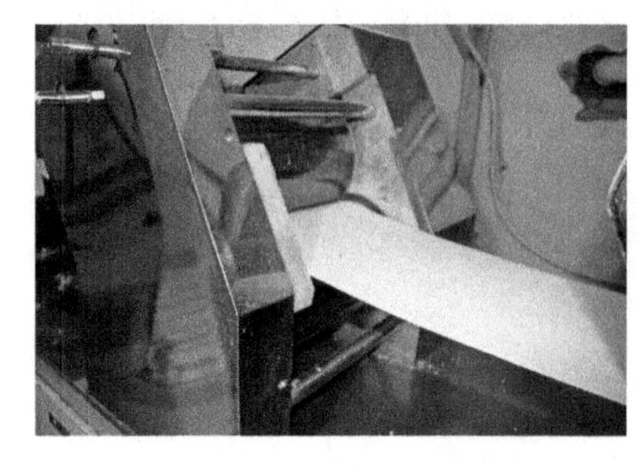

图5-3　玉米特强粉面片

我国古老的制面方法之一是手擀面，就是把小麦粉与水混合拌捏成面团，再把面团放在干净的面板上，用擀面棒对面团反复滚压，逐步把面团压成1～2mm厚的面片，然后用刀把面片切成面条。机械制面的滚轧成形，把面团通过两根作相对旋转的轧辊轧成厚面片，再通过多道轧辊把面片逐步压薄，实际也是根据手擀面的原理发展起来的。

（一） 轧片的基本原理与工艺要求

轧片也叫压片，是把经过和面和二次搅拌的面团，通过作相对旋转的多道轧辊轧成从厚到薄的面片。

轧片是玉米挂面条生产的中心环节，对面条质量关系很大。要搞好轧片，首先必须懂得轧片的基本原理。

经过和面、二次搅拌后的颗粒状的玉米湿面粉，还是分散的、疏松的、分布不够均匀的。由于面团的颗粒还没有连接起来形成面带，所以面团的可塑性、黏弹性和延伸性还没有显示出来。只有对面团施加压力，通过先大后小的多道滚压，才能在外力的作用下，把颗粒状湿面粉团轧成面片，把分散在面团中的玉米特强粉粒子集结起来，再通过压力先大后小的多道滚轧，把疏松的湿面粉压展成为细密的面片，其中水分均匀分布，并把淀粉粒子包围起来。只有这样才能形成面团的可塑性、黏弹性、延伸性和烹调性，为切条准备条件。我国传统用手擀法制面时，用擀面棒反复压延面团的目的，也是通过加压，把分散在面团中的湿粒子集结起来，形成细密的面片，以形成面条的黏弹性、延伸性和烹调性。由此可知，手工制面与机械制面，在基本原理上是一致的。

（二）轧片设备

滚轧成型装置是玉米挂面自动生产线上的轧片设备，由复合轧片机和连续轧片成形机组成。这种轧片机的生产能力大小用改变轧辊长度的方法来调节，班产量分为 2.5t、4.0t、5.5t、7.0t、8.0t 多个系列，现实生产中，其产量是变化的，挂面厚薄的选定还有压延速度影响产量是很大的。其中 2.5t、4.0t 的适合于中小型制面车间或制面厂，这种轧片设备设计合理，操作方便，可算是比较适用的轧片设备。

（三）影响轧片效果的主要因素与技术参数

1. 轧辊直径的异同。

在轧片过程中，面片中面组织的细密化与加压的强弱有关，而作用在面片上的压力大小与轧辊的直径大小有关。轧辊的直径大小与作用在面片上的压力大小成正比。

在开始轧片之时，要把颗粒状的松散面团压成面片，并促使面团组织逐步细密起来，所以初轧的压力要大一些，轧辊的直径就要相应大一些。以后几道，面片的厚度逐步轧薄，面片的密度逐步增大，面团组织逐步细密起来，压力可逐步减小，轧辊的直径也逐步减小，动力消耗也在相应地减少。

这种轧片机的设计是符合工艺要求的，叫作异径滚轧，就是各道轧辊的直径是不同的。

2. 轧薄率的大小。

在轧片过程中，加压的强弱与面团组织的细密化有一定秩序。在压力达到某个限度之前，压力越大，越能促进面团组织的细密化，但如对面片做急剧的过度的压延，会使面片中已经形成的面片组织受到机械的破坏，轧片的一个重要技术参数是轧薄率。

轧薄率也可称为压延比，是指在轧片过程中，依次通过每一组轧辊的面片，轧前与轧后厚度之比的百分率，列成计算式如下：

$$\text{轧薄率}=\frac{\text{轧前面片厚度}-\text{轧成片面片厚度}}{\text{轧前面片厚度}}\times 100 \qquad (5\text{-}1)$$

当两块面片复合成一片时，其轧薄率为 50%，以后各道轧辊的轧薄率要逐步减少。比较理想的轧薄率依次排列为 40%、30%、25%、15%。

3. 轧片道数的多少。

轧片道数是指轧片设备所配置的轧辊对数。轧片道数少，轧薄率大；轧片道数多，轧薄率小。根据玉米挂面生产实践，比较合理的轧片道数为 7 道，其中复合阶段为 2 道，连续压延阶段为 5 道。

比较合理的轧片技术参数如表 5-1 所示。

表 5-1 轧片技术参数表

阶段	轧辊直径（mm）	转数（r/min）	面片线速度（m/min）	面片厚度（mm）	轧薄率（%）	动力（kW）
复合	240	5	3.77	4	100	3.7
	240	5	3.77	4	100	
	300	8	7.54	4	50	
轧片	240	15	11.31	2.4	40	5.5
	180	30	16.96	1.7	29	
	150	45	21.20	1.3	24	
	120	70	26.39	1.1	15	
	90	100	28.21	1.0	9	

当前，我国一些老式轧片机主要存在三个问题：一是轧辊直径各道相同，二是轧片道数过少，有的轧片总道数甚至只有 4 道，以致轧薄率过大，三是面片线速度过快，有的末道轧辊的受压时间短，对面带拉伸过度，削弱了面团组织，损害了面带质量。这些问题在生产玉米特强粉挂面时都要注意。

（四） 轧片的操作要求与操作方法

轧片的操作要求是“四不”，即面带完整不破损，面带均衡不跑偏，面带厚度不超标，面条光滑不断条。

复合轧片机操作方法按以下要求及步骤进行：

（1）每班开车之前必须进行空车试验，正常后方可从喂料机排放面团到本机料斗内，待料斗中充满面团后即开始轧片。

（2）当从两组并列的轧辊中轧出两块面带落入下部传动网带上时，第一次要用把前后两片面带重迭起来同时送入下一道大轧辊复合成一片面带，双色挂面就可在这里实现。

（3）各对轧辊必须调整到相互平行，轧出的面带才能厚薄一致，否则面带会跑偏。

（4）调节输送面带从动轴的张紧装置，使面带张紧适度，并要经常清除面带上的面屑，保持面带整洁。

（5）经常注意料斗中面团的喂入情况，保持喂料均匀不断。如发现面团在料斗中结块不能进入轧辊内，应及时取出结块的面团，把它撕裂成小块返回到面斗中。

（6）如发现面团不能正常进入轧辊，可调节喂料插板的伸出长度，让面团进入轧辊，源源不断地轧出完整无缺的面带。

（7）如发现本机轧出的面带与连续轧片机不协调（过多面带要堆积起来，过少要拉断面带），可转动无级变速器的手轮进行调节，顺时针方向转动为快，逆时针方向转动为慢；但调速只能在开车时进行，停机后不能转动无级变速器的手轮。

（8）如因后道工序发生故障而暂时停车，使连续轧片机吃不下本机输给的面带，可按一下“紧急停车”按钮，把本机暂停片刻，然后再开动，使前后工序之间的面带流量均衡。

（9）如发现轧辊表面黏结较多面屑，说明装在轧辊下部的刮刀没有紧靠轧辊，可把刮刀的压板螺钉拧紧一些，使刮刀能把轧辊表面的面屑全部刮离而不黏附在轧辊上。

（10）如发现装刮刀的地方出现不正常的噪声，表明刮刀对轧辊压得太紧，应放松螺钉，把刮刀调节到正常状态，再拧紧螺钉。

（11）轧辊的轧距调节好后，应拧紧锁紧螺母，并注意指示盘刻度，不要任意改动，以免影响正常轧片。

（12）在轧距调好不变的情况下，如面带下垂的弧度增大而松弛，说明面团水分过多，如前后道轧辊之间的面带下垂弧度减少而拉紧，说明面团的水分过少，应及时通知和面工调整加水率。

（13）如发现有异常声音，应立即按下红色安全电钮，进行紧急停车，检查原因，排除故障后再开车。

连续轧片机的操作应注意以下一些问题：

（1）开车前应进行空车试验，一切正常后再进行连续轧片。

（2）当复合轧片机的厚面带轧出来之后，第一次要用手把面带送入第一道轧辊，然后依次送入第二、三、四、五道轧辊进行压延，并迅速检查各道轧辊的轧距是否适当，使面带在各道轧辊之间保持一定的张紧度，均衡地进行轧片。如果某两道轧辊之间的面带松弛下垂，说明前面一道轧辊的轧距较大，或后面一道轧辊的轧距较小而产生不均衡压延，这时应及时调整轧距，使面带均衡地压延，保持张紧度适当。如在正常情况下面带的张紧度突然松弛下垂，则是面团过湿造成，应及时通知和面工序减少和面的加水率。

（3）如因提高产量，需要增加面条厚度而去改变各道轧辊的轧距时，应以最后一道轧辊的轧距为基准，然后依次调节其他各道轧辊的轧距，调节正常后，锁紧调节螺杆上的螺母。

（4）如后道工序出现故障或发现异常声音，应立即按下紧急停车按钮。

（5）如本机与前后道工序的玉米面带流量不均衡，出现过快或过慢现象，这时可调节主传动无级变速器手轮，改变玉米面带线速度达到均衡生产。顺时针方向旋转为快，逆时针方向旋转为慢，但这种调节应在开车时进行，停车时不准调整，以免损坏调速机构。

（6）如发现轧辊表面黏附很多面屑，说明刮刀没有贴近轧辊，如发现装刮刀处发出噪声，说明刮刀装得过紧，应调节刮刀的松紧度。

（7）如在操作过程中不慎把衣袖带入轧辊，应立即按下安全按钮紧急停车，然后用力反向扳动传动轴的皮带轮，使机器倒转，把轧住的衣袖退出去。

（8）每次下班停机后，必须把各道轧辊及机座上的玉米面屑清除干净。

复合轧片机和连续轧片机操作方法的关键问题和难点，是如何通过轧距的调节达到各道轧辊之间的面带流量均衡、张紧度适当，这是衡量一个轧片工技术水平高低的重要标准之一。

四、切条

（一）切条的基本原理和工艺要求

切条是使玉米面带变成玉米面条的成形工序，如图 5-4 所示。机械制玉米面条的切条方法和基本原理，是用两根车削出间距相等的多条凹凸槽的圆辊，相互啮合，使玉米面带从相对旋转而啮合的齿辊中通过，利用齿辊凹凸槽的两个侧面相互紧密配合而旋转的剪切作用，把玉米面带纵向剪切成玉米面条。在齿辊的下方装有两片对称而紧贴齿辊凹槽的铜梳，以铲下被剪切下来的玉米面条，不让它黏附在齿辊上，所以切条能连续不断地进行下去。切条的工艺要求是，切出的玉米面条光滑而无并条现象。

图 5-4　玉米挂面的切条工序

（二）切条设备（面刀）

切条器是制面的专用设备，习惯上称为“面刀”。齿辊的直径和长度，是与生产能力的大小和轧辊的长度相对应的，其主要技术参数是齿宽或槽宽，以不同的槽宽来剪切出不同宽度的面条，又以不同的槽宽来组成面刀的系列。我国面刀槽宽，过去是用英制计算的，习惯上所称的“几扣刀”，即 2.5cm 长度内切割成几条槽，如 8 扣刀，即 2.5cm 中有 8 条槽；10 扣刀，即 2.5cm 中有 10 条槽等，通用的标准槽宽为 1，1.5，2，3，6 五个规格。

（三）切条的操作要求与操作方法

切条操作的主要要求是调节面刀。具体的操作方法如下：

(1) 新面刀啮合深度的调节和调试：啮合深度是指相互平行的两根齿槽辊的凹凸槽互相啮合的深度，调节的标准以能切开面带而无并条现象为准。一般的啮合深度为 0.5～1.0mm，调节啮合深度由面刀两端墙板上的调节螺钉进行调节，应注意使面刀长度方向上两端的啮合深度都一样，也就是要求两根齿槽辊的轴线相互平行。调节完毕后，用手转动面刀一端的传动齿轮，使面刀的两根齿辊作用相对旋转，从面刀的上部送入一张薄纸做切条试验，如薄纸被面刀全部切割成条，即可正常使用；如还有一些并条现象，则需进一步调节啮合深度再加调试，直到无并条现象为止。

(2) 调节铜梳的压紧度，如铜梳的凸齿对面刀的凹槽压得过紧，铜梳的齿会很快磨损；压得太松，则切割出来的湿面条会铲不下来而发生堵塞现象，要把铜梳的压紧度调节到适中。

(3) 把调节好的面刀装入刀架，加注润滑油。

(4) 当面带经过多道滚轧即将进入面刀时，一定要用两只手的大拇指、食指和中指轻轻拿住玉米面带的两边，平行地送入最后一道轧辊，使玉米面带从完成轧辊出来平整地进入面刀，以防止玉米面带局部折皱起来进入面刀而发生故障。

(5) 在切条过程中，每隔两小时要向面刀的油孔加注润滑油，使面刀保持良好的润滑状态。

(6) 损坏面刀的最常见现象是面带中夹杂着竹扫帚丝、铁屑，或者其他杂物进入面刀而轧坏面刀。因此必须经常打扫车间卫生，防止杂质进入面团。在轧片机中最好加装先进的金属检测器，当玉米面带中夹有金属时，会自动发出报警讯号并自动停车，有效地防止金属进入轧辊和面刀，从而对轧辊和面刀起保护作用。

(7) 每当下班拆下面刀时，应清除面刀上的玉米面屑，并把面刀浸入食油盘中，防止面刀生锈，延长使用寿命。

(8) 每班至少准备两把相同规格的面刀，当正在使用中的面刀发生故障时，可立即拆下换上备用面刀，以减少停车时间，保证生产正常进行。

(9) 轧片工应当学会面刀的简易修理方法，以便在面刀发生故障时，能立即自行动手修理，这对保证生产的正常进行是必要的。

五、烘干

（一）干燥的基本原理及有关知识

日常生活中，洗好的湿衣服晾一段时间会干燥起来，放在开口杯里的水会越来越少，湿面条放置一段时间也会逐步干燥，为什么一切湿的物品放在空气中都会自然干燥呢?

一切物质都是由分子组成的，分子是由原子组成的，构成物质的分子总是不停地运动着。打开装有汽油或酒精的瓶塞，很快就会嗅到汽油或酒精的气味，如把瓶塞一直开着，汽油或酒精会逐渐减少，直到最后全部消失，这种现象称为扩散。扩散是分子由浓度较大地方向浓度较小的地方运动的现象。湿衣服干了，是因为湿衣服表面水分子的浓度大，空气里水分子的浓度小，所以水分子从浓度大的湿衣服表面向浓度小的空气中扩散出去，一直扩散到和空气中的浓度相等，即衣服的水分子和空气中的水分子相互运动速度达到平衡，衣服也就干燥了。湿衣服的水分由液体变成气体的过程叫作气化，扩散和气化往往是密切联系在一起而同时发生的。在液体表面进行的气化现象叫蒸发，各种液体在任何温度下都能蒸发，在常温下缓慢地蒸发叫作自然蒸发。蒸发的快慢取决于下列各种因素：

(1) 液体的温度越高，蒸发得越快。这是因为温度越高，液体分子的平均动能越大，单位时间内就有较多的液体分子飞离液面。

(2) 液体表面积越大，蒸发得越快，例如同样多的水，放在盘子里就比放在杯子里蒸发得快，这是因为液体的表面积越大，单位时间内从液面飞出的液体分子机会就越多。

(3) 液面上空蒸气分子的密度越小，也就是蒸气的分压力越小，蒸发也越快。这是因为在蒸发的同时，液面上空也会有一些蒸气分子因与液面碰撞，又被液体分子吸住而返回液体。液面上空蒸气分子密度越大，也就是大气里的湿度越高，可能返回液体的分子次数越多，蒸发越慢。反之，蒸发越快。

（4）液面上空气的流速大，蒸气分子被迅速带走，使液面上空保持较小的蒸气分子密度，则蒸发较快，反之则较慢。例如湿衣服挂在通风的地方比挂在不通风的地方干得快，就是这个道理。

以上这些，就是湿物品为什么变干的基本原理以及与此有关的扩散、汽化和蒸发的基本概念。从这些基本原理中，可以认识到一些干燥的基本规律，湿物品干燥的快慢取决于四个基本条件：一是温度的高低；二是被干燥物体表面积大小；三是空气中相对湿度的高低；四是空气流动的快慢。温度高，表面积大，相对湿度低，空气流动快，就干燥得快，反之则干燥得慢。所以一般物体的干燥都希望温度高，表面积大，相对湿度低，空气流动快，这是一般规律。

但挂面的干燥不能任意提高温度和降低相对湿度，因为最重要的是必须控制一定的相对湿度，这是挂面干燥的一个重要技术参数。所以在挂面干燥的基本知识里，要重点掌握相对湿度的概念与测定相对湿度的方法。

相对湿度是表示湿空气中所含水蒸气接近饱和的程度，也叫作饱和度（饱和就是湿空气中充满水蒸气，不能再吸收水分的状态）。从相对湿度的大小，就可以直接看出空气的干燥程度，了解其干燥能力的大小。相对湿度以百分比表示，百分比小，表示空气离饱和远，空气干燥，吸收水分的能力强，也就是干燥能力强；百分比大，表示空气潮湿，吸收水分的能力弱，也就是干燥能力弱。百分比为0时，则是干空气，吸收水分的能力最强。百分比为100%时，则为饱和湿空气，不再具有吸收水分的能力，也就是没有干燥能力了。

空气中相对湿度的数值可以用指针式毛发湿度计直接测出，但这种湿度计在测量时受一定的温度限制，代价较高。最常用的比较简便的方法是通过干湿球温度计进行间接测定，根据所测出的干球温度和湿球温度之差，再通过查表来求出相对湿度的具体数值。干球温度和湿球温度的概念和查表方法如下：

干球温度：就是通常所说的温度，即在湿空气中用一般的温度计所测得的温度，实际上是干空气和水蒸气的温度。单独的干球温度不能测定湿空气的含湿量，必须和湿球温度一起才能确定当时的湿空气状态和性质。

湿球温度：一般的干湿温度计装有两支相同的温度计，其中一支没有包湿纱布的是干球温度计，另一支温度计的水银球部被浸泡在盛水容器里的湿纱布包着的是湿球温度计。通常湿球温度总是低于干球温度。我们可以根据干球温度和湿球温度之差，通过查干湿温度表、了解相对湿度的大小，便于掌握干燥作业。

在干湿温度表中，干球温度和湿球温度所显示的差数即为干球温度和湿球温度之差（干球温度－湿球温度＝干湿度差）。根据干球温度在干湿温度表左边同一度数的一项横向查至与干球温度与湿球温度之差数垂直相交处，所查得的数字即为空气中相对湿度的百分数。

例如：干湿温度表所显示的温度为干燥温度34℃，湿球温度30℃，干球温度和湿球温度之差＝34℃－30℃＝4℃。从干湿温度表左边34℃的一项横向查至干球温度与湿球温度之差为4℃的一行垂直相交处读数为75，即可查得当时所测的空气中的相对湿度为75%。

以上为玉米挂面烘干所必须掌握的基础知识。

（二）烘干设备

干燥有自然干燥和人工干燥（或称强制干燥）两类。自然干燥是把湿物料直接放在大气中进行干燥，例如湿衣服的晾干就是自然干燥。我国原始的白面挂面和手拉面都是自然干燥的，至今仍有极少数挂面和大多数手拉面还用传统的自然干燥方法。自然干燥的面条一般不会产生酥条现象，产品质量比较好。但由于自然干燥只能在没有风沙尘土飞扬的室外进行，雨天不能生产，受自然条件的限制，不能进行大规模的连续化生产，所以工业化生产的面条都采用人工干燥。

人工干燥是在专门设计的各种干燥装置中进行的。不论干燥的热源是锅炉蒸汽、烟道热风空气、高温水或电热，工作原理和干燥过程都是一样的。

一般以锅炉蒸汽或热水为热源，先把常温的空气通过热交换器加热成热空气，然后把湿物料放到流动着的热空气里使其水分受热蒸发扩散从而达到干燥的目的，这种热空气叫作“干燥介质”，任何干燥装置都需要干燥介质。使用干燥介质和干燥装置的干燥方法叫作烘干。

（三）玉米挂面干燥的特殊性

玉米挂面的烘干是玉米面条生产技术中最难掌握的环节，与产品质量和企业的经济效益关系很大，图 5-5 就是干燥中的玉米挂面。

图 5-5　在干燥中的玉米挂面

玉米挂面的干燥不同于一般湿物料的干燥，一般湿物料的干燥单纯是为了去湿，只要有一定的温度和通风条件就可以烘干，干燥作业比较简单。而玉米挂面的干燥除了去湿以外，还要保持挂面煮食时不酥不糊、柔韧爽口等烹调性能，为了保证玉米挂面质量，掌握合理的干燥方法，必须从了解玉米挂面干燥的特殊性着手。

用面杆悬挂在隧道式烘房中的湿玉米挂面缓慢地匀速前进，与烘道中流动着的干燥介质接触，把热量传给玉米面条表面，玉米面条表面的水分蒸发，扩散到周围的干燥介质中去。这样，湿玉米挂面表面的水分就低于玉米湿挂面内部，产生水分的“浓度差”，或称“内外水分差”。有了浓度差就会产生扩散现象，玉米湿面条内部的水分逐步扩散到表面上来。表面蒸发的水蒸气被流动着的干燥介质带走，内部的水分再扩散到表面进行蒸发，如此连续进行，使玉米湿面条逐步得到干燥。

水分从湿玉米面条表面扩散到干燥介质中去，称为外扩散。湿玉米面条内部的水分扩散到湿玉米面条表面称为内扩散。如果外扩散与内扩散的速度相等，玉米挂面的干燥就不会发生质量问题。而玉米挂面干燥的特殊性正在于外扩散快于内扩散，因此容易使玉米挂面内部产生不良变化，从而造成酥条，丧失正常的烹调性能。外扩散快于内扩散的原因是：

（1）湿玉米面条与干燥介质（热空气）的接触面积大，吸收热量多，表面温度高，水分子的活动能力大，在单位时间里有较多的水分子脱离湿玉米面条的表面扩散到干燥介质中去，所以外扩散快于内扩散。

（2）湿玉米面条的导热系数小，玉米面条表面的热量要传递到玉米面条内部去速度很慢，内部温度低于表面温度，水分子的活动能力小，内部向表面扩散的速度很慢，所以内扩散慢于外扩散。

由于湿玉米挂面条在烘干过程中具有外扩散快于内扩散的特性，往往表面干得快，内部干得慢。如果干燥介质（热空气）的温度高，相对湿度低，就会加剧这种干燥不平衡现象，内外湿差很大，表面产生干燥收缩远远大于内部，而且内、外、长、宽各个方向的收缩不一，从而使玉米面条内部产生了一种大小方向不等的应力（内力），使组织歪斜，削弱了玉米面条本身的强度，最严重的结果是由于应力的剧烈作用，使玉米面条组织严重歪斜，使玉米面条“疲劳”而脆化，即变成了酥面。这种酥面在干燥完成后，虽然表面上仍挺直光滑，肉眼看不出任何质变现象，但经过一段时间用手握住一把面条一捏，就酥断成很碎的短面，使正品变成了废品。这些酥面，必须再一次磨碎成粉，回机重复加工，严重浪费人力物力，造成生产上的恶性循环。这是玉米挂面烘干中的特殊问题，也是制作玉米挂面的一个技术难题。

（四） 操作要求与操作方法

针对玉米挂面烘干过程中外扩散快于内扩散的特殊性，玉米挂面烘干要采取一种特殊的操作方法，叫作“保湿烘干”，或称“调湿干燥”。即在干燥过程中，调节烘房内部的温度与排潮量，保持一定的相对湿度，减少表面水分蒸发，抑制外扩散速度，促使外扩散与内扩散的基本平衡，以控制干燥速度，防止表面干燥不平衡而产生收缩不一的现象，进而保证玉米挂面条质量。

一般的烘干方法认为温度越高，相对湿度越低，干燥速度越快。玉米挂面的烘干是在“保湿烘干”的原则指导下，采用“分段干燥”的方法，针对湿玉米挂面的特性，在各个阶段，用不同的温度和相对湿度来控制外扩散速度。在烘房中干燥玉米挂面烘干的工艺理论和操作方法如下：

1. 预备干燥阶段。

预备干燥阶段也称“冷风定条”阶段或前低温区，就是用不加温的风力来初步固定湿玉米挂面的形状，确切地说，就是用常温的风来帮助玉米挂面定条。这个阶段的主要作用和操作方法如下：

湿玉米挂面条中所含的水分以两种状态存在，一种是结合水，这种结合水性质稳定，在0℃时不结冰，常温下不散失，在烘干过程中难以除去；另一种是游离水，就是在和面时加入的水，这种水在常温下能够自然蒸发，加热或加强通风能加速蒸发，很容易除去，如果经过较长时间，即使不加温也能够除去。

刚进入烘房的湿玉米挂面是一种可塑体，其长度一般在1.4m左右，有一定的自重。在悬挂移行过程中，由于自重的作用，容易使湿玉米挂面自然拉伸，截面积减少，造成断条落下，增加了湿断头的回机处理量，影响生产。所以要设法较快地去除玉米湿面条表面水分，减少自重，使湿玉米挂面逐步从可塑体向弹性体转化，这就是“定条”。它的主要目的就是逐步固定湿玉米挂面的形状，防止因自重拉伸而断条。

在这个阶段，如果用升高温度来加速排除湿玉米挂面表面的水分，当温度升高以后，使含水量多的湿玉米挂面更加软化，反而会增强断条，所以可根据湿玉米面条中游离水容易蒸发的特点，用加强空气流动的办法，以大量干燥空气来促使湿玉米面条表面水分的蒸发。只吹风排潮而不加热，就是在室温下定条，但在我国北方寒冷地区，如果烘道口的室温在15℃以下，这时玉米面条表面水分蒸发缓慢，可考虑适当加温，但温度宜控制在20～30℃，不宜过高。

该阶段的玉米面条移行时间为总干燥时间的15%左右，湿玉米面条的水分应降低到28%以内，应根据各地不同的气候条件和烘房的具体情况灵活掌握，原则是要求悬挂在面杆上的湿玉米挂面条停止伸长。

2. 主干燥阶段。

主干燥阶段是湿玉米挂面干燥的主要阶段，也是关键阶段，可划分为前后两期，前期是“保湿出汗”区，或称前中温区，后期是“升温降潮”区或称高温区。“保湿出汗”的作用与目的是控制扩散的速度，手段是保持相当高的相对湿度和一定的温度。湿玉米挂面从预备干燥阶段进入主干燥阶段的前期时，开始升温，干燥介质的温度高于玉米挂面条的温度，两者之间存在着温度差，干燥介质中的热能逐步传入玉米面条，传入的热能除了供给玉米挂面条表面水分蒸发以外，还用于加热玉米挂面条。随着干燥过程的进行，热量逐渐传入玉米挂面条的内部，缩小了表面与内部的温度差，加强了玉米挂面条内部水分子的动能，提高了内扩散的速度。与此同时，由于采取了调整温度和控制排潮的方法，在烘房内部保持了75%上下的相对湿度，湿玉米挂面条表面水分蒸发的速度受到控制，内扩散与外扩散的速度逐步趋向平衡。在这种状态下，玉米挂面条内部水分向表面扩散的道路畅通，如同人体在闷热的环境中出汗一样，玉米挂面条内部的水分逐渐畅通地向表面扩散，出现了一种“返潮”现象，这就是保湿出汗的特殊表现。经过这个阶段，可为后期加速蒸发准备条件。

“保湿出汗”阶段的温度为30～45℃，相对湿度75%左右，干燥时间约占总干燥时间的25%，湿玉米挂面条的水分应从28%以内降低到25%左右。

经过前期“保湿出汗”后的玉米挂面条，内扩散的道路畅通，这时就可以进一步升高温度，适当排潮，降低相对湿度，使内外扩散在基本平衡的状态下加快速度，这样，湿玉米挂面条的大部分水分将在这个区域蒸发。

“升温降潮阶段”的温度为35～45℃，相对湿度由75%逐步下降到55%左右，玉米面条的水分从25%左右降低到16%左右，这个区域的干燥时间占总干燥时间的30%左右。

3. 最后干燥阶段。

最后干燥阶段即是降温散热阶段。经过主干燥阶段，玉米挂面条的大部分水分已经蒸发，玉米挂面条的组织已基本固定，这时可逐步降低温度，继续吹风，在降温散热过程中蒸发掉一部分多余的水分，使之达到产品质量标准所规定的含水量。

降温的速度宜慢不宜快，比较合理的降温速度为2～3min降低1℃，也就是要求每分钟的降温小于0.5℃，如果用低于玉米挂面条温度15℃的冷风进行快速冷却，或者在烘房出口处的室温与烘房内部的温度相差很大，使干燥后带着余温度的玉米挂面条在出烘房以后，与温度低的空气相接触而使玉米挂面条表面温度快速下降，则玉米挂面条表面和中心的温度差就会很大。如果在这种状态下结束烘干工艺，经过一段时间就会使玉米挂面条“龟裂”而脆化。因此要尽可能延长最后干燥阶段的烘道长度，缓慢地进行冷却，缩小烘房内外的温差。理想的技术参数是把玉米挂面条的温度冷却到接近切断机和计量包装室的相同温度，如能在这种状态下结束干燥，则产品质量可得到保证。

最后干燥阶段的干燥时间应占总干燥时间的30%左右，如条件许可，这个阶段的时间长一些更好。如能在切断室和包装室加装空调设备，使切断室和包装室的温度和相对湿度可以调节到接近烘房出口处，效果会更好。

移行式玉米挂面烘房的长度偏短，干燥速度过快，很难控制外扩散与内扩散的平衡，会使烘干操作的难度加大，烘干后的玉米挂面质量不稳定，容易产生酥条现象。新建的玉米挂面厂或挂面车间，要尽可能加长烘房的长度，延长烘干时间，降低干燥速度，从中温短时间烘干改为低温长时间烘干，这是保证挂面质量的关键所在。注意在低温状态下干燥玉米特强粉挂面要比小麦粉挂面干燥温度偏高3～5℃。

还应该指出的是，各地的气候条件不同，设备条件不同，玉米挂面烘干的操作方法应该根据干燥的基本原理和玉米挂面干燥的特殊规律，按照具体情况灵活掌握。总的原则是要调整烘干过程中的相对湿度，控制外扩散速度，使外扩散与内扩散的速度能基本平衡。

另外，还应该注意产品品种变化对烘干作业的影响。一般规律是截面为正方形或圆形的玉米挂面条在干燥过程中收缩比较均匀，不容易产生脆化变酥的质量问题，截面为扁形的玉米挂面条，宽度与厚度之比越大，在干燥过程中收缩越不均匀，越是容易产生质量问题，因此宽面形玉米挂面在干燥时更应该调节相对湿度。

六、切断

（一）切断的基本原理与工艺要求

玉米挂面是在烘干以后切断的。古老的工艺是用手工切断，现代已普遍应用机械切断装置，图5-6就是玉米挂面往复式切断机。

图5-6　玉米挂面往复式切断机

切刀式切断装置是在两根立柱的导轨上装有一把可上下往复运动的切刀，当玉米挂面在输送带上前进与上下移动的刀片相接触而被切断，切断过程对玉米挂面的内在质量没有显著影响，但对产品的整齐程度有很大影响。此外，对于回锅断面头的多少也有较大影响，切断的工艺要求是长度一致，断头少。玉米挂面的切断长度大多数为200mm、240mm两种，长度的允许误差为±10mm。

（二）切断设备

往复切刀式切面机：这种切断机的主要结构是由往复式切刀、输送带、传动系统及机架组成。由于采用一定宽度的切刀切断，故对玉米挂面的停留位置有较严格的要求。

往复切刀式切面机的工作过程为：输送带将玉米挂面送至切刀架下预定位置，切刀上下往复一次完成切断动作，切后的断头由刀架绞龙下部输出机外；输送挂面的皮带将已切断的玉米挂面送出切刀架，同时也将待切玉米挂面送至预定的切面位置。重复以上循环可进行连续生产。如其动作周期与玉米挂面烘房的下架运动周期相匹配时，可以实现自动下架与切断的连续化生产。

这种切断机的主要优点是切断玉米挂面的长度一致性比较好。切断时被切断的面条不动，切出的挂面相当整齐，刀片的制备和更换也比较方便。

（三）切断的操作要求与操作方法

玉米挂面切断的操作要求和操作方法比较简单，主要有以下几点：

(1) 已烘干的玉米挂面从烘房出来要保持待切玉米挂面的整齐，玉米挂面条之间尽可能不要交叉及倾斜，尤其是要尽可能使待切玉米挂面条与切刀垂直，这对保证玉米挂面条切断后长度的一致性及减少面条断损具有重要关联作用。

(2) 切断后的玉米挂面装箱时，要求装得整齐，这样可使包装的正品率提高一些，如装箱零乱不齐，包装正品率就要降低。

(3) 要特别注意防止手指接触切面刀片，避免发生工伤事故。

(4) 悬挂玉米挂面条一端的面杆要放得整齐，防止玉米挂面条对折悬挂所形成的“U”字形弯头未被切去。

(5) 要做好设备的维护保养工作，保证设备正常运转，提高设备的安全运转率。

(6) 如发现尚未干燥的玉米挂面条要及时剔除。

切断的干断头和成品包装时剔下的干断头要进行粉碎处理，粉碎机前要有吸铁装置，防止铁质杂物进入粉碎机。断头粉的细度力求和原料玉米特强粉一致或接近，粉碎前应把干断头通过短面处理机把干断头打碎成约3.5cm的碎颗粒，然后再进入粉碎机磨粉，断头面粉通过旋风分离器收集装袋过称，再按5%～10%比例混入玉米特强粉中和面。

七、称量

称量也叫计量，是半成品进行包装前的一道重要工序，称量是否准确，关系到消费者与生产单位的利益。如计量少于规定重量，损害消费者的利益；如计量多于规定重量，则损害生产单位的利益。因此要求计量准确，误差在规定范围内。

人工称量一般要求重量误差在±1%的范围内。自动称量因受计量机精度的限制，其重量误差达不到人工计量的精确度，按照自动计量机的产品使用说明书，计量精确度为称量物重量±1～3g，重量误差相当于±0.4%～1.2%。

八、包装

包装是玉米挂面条生产的最后一道工序，通过这道工序，把半成品变成成品，便于贮存、流通和销售。包装的基本要求是：

(1) 整齐美观，卫生安全。

(2) 标志完整。应在包装容器或包装纸上标明产品名称、配料表、生产许可证号、产地、商标、重量、生产厂名、保质期、营养能量表、电话、地址及生产日期，有的产品还要写明食用方法。

挂面的包装方法有手工包装和机械包装两种。图5-7中（a）～（e）是目前常见的玉米挂面包装。当前多数挂面厂都是手工包装，基本是500g装。包装纸上印有品名商标等规定项目，包装的形式是圆筒形，纵向的一端封口，这种包装是用手卷成的，所以又有卷面、筒面之称。手工包装的玉米挂面要求包装紧实，略呈圆锥形，倒提不脱包。这种传统的包装方法，一端的面条露头，不完全符合卫生要求，包装工人的劳动强度大，有的厂已改用塑料袋封装。另外，有些名牌特色挂面的包装比较讲究，采用纸板制成的长方扁盒包装，并在上面开有一个透明的小窗孔，可以使选购者看清里面的产品形状，外面再有透明塑料纸密封，美观醒目，提高了玉米挂面的商品价值。最新的办法，采用热收缩膜印字包装，且用热收缩机收缩，低档热收缩机只有3000～5000元。

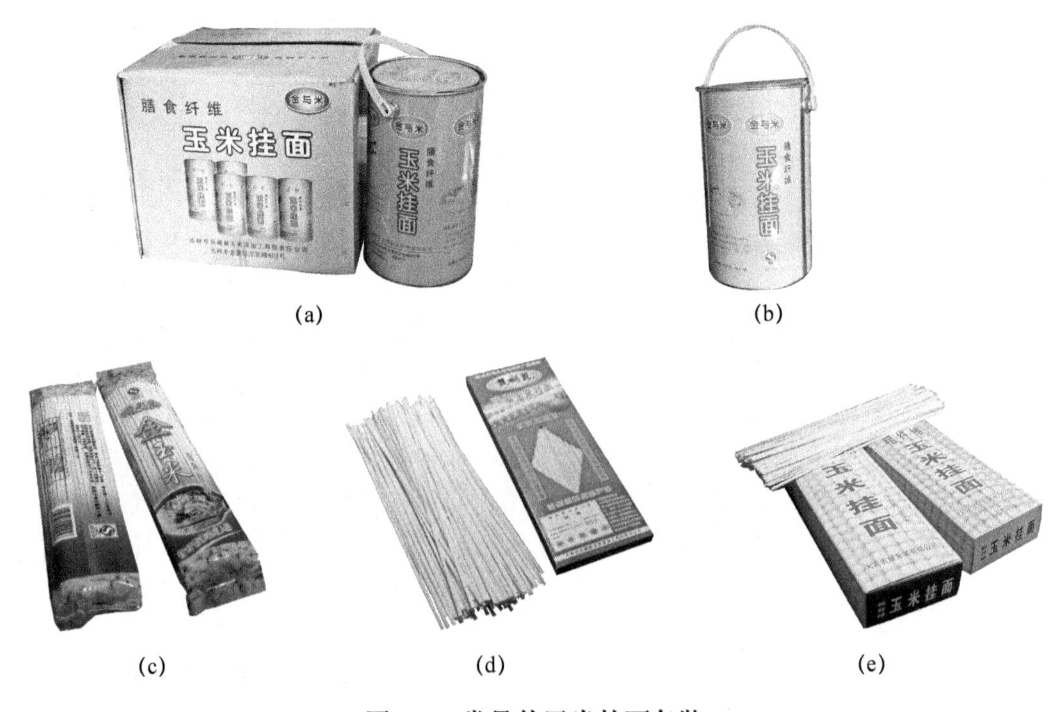

图5-7 常见的玉米挂面包装

九、玉米挂面质量标准及检验方法

1. 范围。

本标准规定了玉米挂面的要求、试验方法、检验规则、标志、包装、运输和贮存。

本标准适用于以玉米特强粉为主要原料（或添加适量食用盐等品质改良剂），经机制加工制成的玉米挂面。

2. 规范性引用文件。

玉米挂面质量标准引用下列文件中的相关条款。凡是注日期的文件，其随后所有的修改单（不包括勘误的内容）或修订版均不适用于本标准，然而，鼓励根据本标准达成协议的各方研究是否可使用这些文件的最新版本。凡是未注日期的引用文件，其最新版本适用于本标准。

《食品安全国家标准　食品添加剂使用标准》　GB 2760

《食品安全国家标准　食品中水分的测定》　GB 5009.3

《食品安全国家标准　预包装食品标签通则》　GB 7718

3. 要求。

（1）规格。

长度：180、200、220、230mm（±8mm）；

厚度：0.6～1.4mm；

宽度：0.8～10.0mm。

（2）净重偏差≤±2.0%。

（3）感官要求。

色泽：具有产品应有的颜色，均匀一致；

气味：具有产品应有的气味，无酸味、霉味及其他异味；

烹调性：煮熟后口感不黏，不牙碜，柔软爽口。

（4）理化指标。

理化指标应符合表5-2的要求。

表5-2　玉米挂面的理化指标

项　目	指　标
水分（%）	≤15
不整齐度（%）	≤20.0（其中自然断条率≤1.0）
弯曲折断率（%）	≤20.0
熟断条率（%）	≤15.0

（5）卫生指标。无杂质、无虫害、无污染；食品添加剂应符合GB 2760的规定。

4. 试验方法。

（1）规格。

仪器：直尺（1mm）；测厚规（0.01mm）。

步骤：从样品中任意抽取玉米挂面10根，用直尺、测厚规分别测量其长度、宽度及厚度，计算算术平均值。

（2）色泽、气味。

采用感官检验。

（3）净重偏差。

仪器：秤（最大称量 10kg）。

步骤：随机抽取样品 10 包，称量、计算净重偏差。

$$P=(C-J)/J\times 100 \tag{5-2}$$

式中：P——净重偏差，%；

C——样品重量，g；

J——10 包样品标志重量，g。

（4）水分。

按 GB 5009.3 规定的方法测定。

（5）不整齐度。

仪器：天平，感量 0.1g。

步骤：抽取样品 0.1kg，将有毛刺、疙瘩、并条、扭曲和长度不足规定 2/3 的玉米挂面检出称重，计算不整齐度。

$$Q=M_q/G\times 100 \tag{5-3}$$

式中：Q——不整齐度，%；

M_q——不整齐面条重，g；

G——样品重量，g。

（6）弯曲断条率。

抽取面条 20 根，截成 180mm，分别放在标有厘米刻度和角度的平板上，用左手固定零位端右手缓缓沿水平方向向左移动，使面条弯曲成弧形，未到规定的弯曲角度（见表 5-3）折断，即为弯曲折断条。

表 5-3 玉米挂面的弯曲角度

挂面厚度（mm）	弯曲角度（rad）
＞0.6	≥π/12
≤1.4	≥π/9

$$U=N/20\times 100 \tag{5-4}$$

式中：U——弯曲折断率，%；

N——弯曲折断的挂面根数。

（7）熟断条率。

仪器：可调试电炉：100W；秒表；烧杯：1000mL 2 个，250mL 2 个；玻璃片 2 块（100×50mm）。

步骤：

1）烹调时间测定：

抽取玉米挂面 20 根，放入盛有样品重量 50 倍沸水的 2000mL 烧杯（或铝锅）中，用可调试电炉加热，保持水的微沸状态，从 2min 开始取样，然后每隔半分钟取样一次，每次一根，用二块玻璃片压扁，观察挂面内部白硬心线，白硬心线消失时所记录的时间即为烹调时间。

2）熟断条率检验：

抽取挂面20根，放入称有样品50倍的沸水的1000mL烧杯（或铝锅）中，用可调试电炉加热，保持水的微沸状态，达到烹调时间后，用竹筷将面条轻轻挑出，计算熟断条率并检验烹调性。

$$S=N_s/20\times100 \tag{5-5}$$

式中：S——熟断条率，%；

N_s——断面条根数。

5. 检验规则。

（1）出厂检验项目按本标准第3条，检验方法按本标准第4条规定执行，各项指标合格后方可出厂。

（2）产品按批量进行检验，以同一次投料为一批，每批量抽样5箱，并从每箱中抽样200g。

（3）产品经检验符合本标准规定，即为合格品。

6. 标志、包装、运输、储运。

（1）标志：按GB 7718执行。

（2）包装：

1）包装分纸装、塑料袋装、盒装三种形式；

2）包装材料须卫生、无毒、无害、符合食品包装材料卫生要求；

3）包装整齐美观、不松散、无破损。

第六章

玉米白面双色方便面

一、玉米白面双色方便面的生产原理

传统的玉米面粉很难用来制作方便面，但利用玉米特强粉和小麦粉同时做原料就能很好地解决这一难题，也是方便面生产技术的创新。

制作玉米白面双色方便面，先将玉米特强粉、小麦粉分别和面，通过搅拌得到具有一定弹性、黏性和延展性的两种面团，再将两种面团分别通过第一次压延后获得的两个面片分上下重合在一起压延，然后经过多道压片辊压延得到薄厚均匀的双色面片，用成型装置使之成为波纹型粗细粮黏合在一起的双色面块，如图 6-1 所示，在 95℃～100℃的隧道蒸面机中运行 80～100s，使面条中的淀粉糊化、蛋白质凝固，即成为熟食面条。这种熟食面条经过风扇吹冷风，面层表面热气挥发减少了黏性，就可以进入自动分排机。定量切断且将两层折叠一起后进入自动油炸机或热风（也可微波）干燥机，在 140～150℃油的温度下迅速脱水干燥得到干面块。配上汤料，再进行袋、碗、杯包装，就成为市售玉米小麦双色油炸方便面。玉米小麦双色油炸方便面更适合做休闲食品，干吃口感超越单一小麦粉制作的干脆方便面，更重要的是获得了粗粮营养和特色卖相。

图 6-1　双色面块

二、玉米白面双色方便面的市场意义

生产玉米方便面，首先满足的是人们对营养的需求。

玉米在西方被公认为抗癌粗粮主食食品，欧美许多国家正在兴起玉米食品的热潮，人们已经认识到了过度的选择享受型食品，食用高糖、高脂肪、高蛋白质，导致糖尿病、肥胖症、心血管病、结肠癌、高血压等“富贵病”的患病率急剧上升。人们也广泛地认识到玉米对于人体健康所起到的作用是大米、小麦面粉无法替代的，特别是玉米在防癌抗癌方面的作用，已引起世界医学、营养界的重视，这是因为：

（1）玉米中含有丰富的维生素 E 和 β 胡萝卜素，均有抑制致癌物质形成肿瘤的作用。

(2) 玉米中含有硒和镁，硒能加速体内过氧化物的分解，使恶性肿瘤得不到分子氧的供应而被抑制，镁还能抑制癌细胞的发展使体内废物尽快排出体外，从而起到防癌作用。

(3) 玉米中含有一种世界公认的抗癌因子——谷胱甘肽，这种物质能使致癌的化学物质丧失毒性，然后通过消化道排出体外。

(4) 玉米中的赖氨酸能控制癌细胞的生长，又能减轻治癌药物的毒副作用。

(5) 玉米特强粉中含有膳食纤维高达4.5%，是不同等级小麦面粉的7.5～13倍。膳食纤维能促进胃肠积极蠕动，缩短有害食物在肠道内的时间，加快新陈代谢速度，及时把有害物质排出体外，从而有防癌作用。

传统中医认为，玉米具有补中益脾、止渴消肿之功效。玉米多以须入药，民间有很多人用玉米须泡水，治疗糖尿病和高血压。

因此，开发玉米方便面更有前途，如果能把粗粮细粮及各种杂粮混合起来，其生物蛋白价值及其营养价值将会得到更大的提升。

食用玉米白面双色油炸方便面，尽管第一卖点是营养，但是也必须有好的口感，否则会被市场否决。玉米的营养是玉米品种所固有的，而玉米食用口感粗糙也是原来玉米品种及加工方法决定的。此前几十年的时间，许多食品科技工作者都在研究粗粮方便面。20世纪的60年代～90年代，人们研究出碴子条（也有称之为钢丝面），即将玉米加工成玉米碴子，再粉碎成70目面粉，然后用一种以电能转换成机械能，再以机械能转换成热能的机械将面挤熟，挤熟出来成为面条状，无论形状和颜色都很漂亮，但不足之处是口感仍然粗糙，不好消化吸收，因此市场没能彻底打开。进入90年代，人们试图把这种玉米粉磨得更细，用东北的压冷面机器或用南方的米粉、米线设备挤出更细的玉米面条，做成有波纹的块状，热风干燥后，加上方便面的调料包装成袋装、碗装、杯装，称为玉米快餐粉，也称为玉米方便面，可是市场还是不接受。这两种产品之所以不成功，第一是因为口感问题，玉米方便面这一产品，老百姓普遍感兴趣，但其口感没解决，仍不会被消费者接受，自然界中有营养的食品多得很，因其口感不好，照样无人问津，比如胡萝卜的营养平衡好于鸡蛋，但是胡萝卜的市场永远也不如鸡蛋的市场，原因就是胡萝卜口感不如鸡蛋；第二则是方便面造型的问题，40多年的方便面历史使人们脑海里的方便面造型已经定格，方便面必须是具有波纹状的面块，而挤出成型的玉米快餐粉或玉米方便面，因其面的特性决定，很难成为白面方便面那样规矩的波纹，因此，消费者不承认其是方便面。这两条缺点如不从根本上改变，就很难进入方便面市场。

用玉米特强粉制作玉米方便面，从根本上克服了上述不足之处。这种玉米方便面口感等于或超过最好的小麦面粉做出的方便面，而且可以套用小麦面粉的方便面生产线，当然从营养互补平衡来考虑，各占50%是更优秀的方案，若再加些黄豆粉，其生物蛋白价得以明显提升。为让消费者好识别粗粮的存在，应当把方便面做黄白双色的，即压成黄色的玉米面片、白色的小麦粉面片，再将两种面片由上下两层压在一起，就出现黄色、白色两种颜色的方便面，称之为玉米白面双色方便面，也可简称双色方便面。

玉米特强粉制作玉米方便面之所以口感好是得益于玉米特强粉的特殊生产工艺，这种工艺特点是通过300℃的高温，使其部分淀粉分子由β型转化为α型，因而产生黏弹性，用这种黏弹性模拟了小麦面粉中面筋的物理加工特性，使玉米特强粉具有小麦面粉一样的延展性、延伸性，可以生产波纹方便面。由于水中超细加工，水溶解了玉米的苦涩辛辣味，分子构型转化后，就使口感迅速提升，如筋道、滑润、爽口感全部提升。这种口感提升，是通过工艺设备解决的，并不是添加化学胶类物质实现的。因此营养得以强化，食用更加安全可靠。

方便面的调料包发展变化较快，在21世纪调料包向色、型、味平衡且富有营养方向发展。增加方便面的脂肪、蛋白质并不难，而较难的是蔬菜的营养。食品科学工作者在此方面已做了很大的努力。用脱水蔬菜做调料，这是一项进步，但是脱水蔬菜虽然好看，但不具咀嚼感。在未来的方便面调料中，科学工作者将制造出常温保鲜保绿的方便面蔬菜包，这样可以解决色香味的协调，在方便面上有绿色的阔叶菜，无疑会增加消费者的食欲，做到真材真料真价格。

肉酱调料包多以牛肉、鸡肉、猪肉、海鲜肉等制作，尽可能把肉做成颗粒状，让消费者通过咀嚼感受肉的存在和获得感，并且能把鸡肉中的胸骨、脆骨、猪排骨，以及鱼虾等加工成泥全部留在调料包中，起到天然补钙补磷的作用。这部分骨骼经过检测，其化学成分和人体骨骼特别接近，这是一种好的补磷补钙的食材。

三、玉米白面双色方便面的原材料

1. 玉米特强粉的质量标准（QF/MADH02—2000），见表6-1所示。

表6-1 玉米特强粉的质量标准

项　目	单　位	指　标
水分	%	≤14
细度	—	全部通过CO10号筛
砂	%	≤0.05
砷	mg/kg	≤0.1
铅	mg/kg	≤1.0

2. 玉米特强粉中各种化学成分的理化性质。

碳水化合物是玉米特强粉中化学成分含量最高的，约占75%，主要包括游离的单糖、低聚糖、多聚糖。

（1）单糖：单糖是最简单的碳水化合物，即不能水解成更小分子的糖。根据分子中所含碳原子数目的多少，单糖可分为丙糖、丁糖、戊糖、己糖和庚糖。戊糖不能为人体利用，酵母也不能使其发酵。面粉中的单糖主要是己糖，以葡萄糖、果糖、半乳糖为主，分子式为$C_6H_{12}O_6$。以上三种糖均能溶于水，故称可溶性糖。单糖分子中具有半缩醛羟基，能使弱氧化剂还原，又叫还原糖。

（2）低聚糖：低聚糖是指单糖的残基在10个以下的聚合糖，有双糖、三糖……玉米特强粉中重要的低聚糖主要是双糖，即蔗糖和麦芽糖。

（3）淀粉：淀粉是多聚糖的一种，是构成方便面的主体，对面条质量影响较大。

淀粉是人们膳食中的主要热量来源，人体需要的热量60%～70%是由淀粉提供，淀粉的化学特点是没有还原性。淀粉与碘发生显色反应，直链淀粉遇碘变蓝色，支链淀粉遇碘呈紫色。

淀粉在无机酸或淀粉酶作用下，依次水解成红色糊精、消色糊精、麦芽糖和葡萄糖。

淀粉微粒与水的悬浮液一起加热，淀粉粒会吸水膨胀。当加热到一定温度时，淀粉粒会突然膨胀到原来体积的数十倍甚至更多倍数，使淀粉粒破裂，在热水中形成糊状物，这种现象叫作淀粉的糊化。淀粉粒突然膨胀时的温度称糊化温度。淀粉糊化后形成一种间隙较大且不规则的立体网状结构，具有黏弹性，淀粉糊化后易于消化吸收，处于糊化状态的淀粉叫作 α-淀粉。淀粉糊化的本身就是由 β-淀粉转化为 α-淀粉，此时，晶体和非晶体态的淀粉分子间的氢键断裂而成为胶状。

α-淀粉在常温下缓慢冷却失水而逐渐变硬的现象叫作淀粉回生或老化。回生的主要原因是结晶化造成的，当 α-淀粉在常温下缓慢冷却时，淀粉分子会逐渐向低能态的结晶化转移，形成有序的平行胶束，恢复糊化前的 β-淀粉结构。回生后淀粉不易被水溶解，也不易被酶水解，即使再次加热也难达到原有的糊化状态，生产粉丝就是利用这个原理，剩饭再加热没有新饭好吃也是这个原理。生产玉米白面双色方便面就必须防止淀粉回生。

3. 油脂。

油脂是生产油炸玉米白面双色方便面的一大原料，重量占 20%～24%，原料成本占 42%～48%，对于油炸玉米白面双色方便面而言，油脂消耗占总成本 40%以上，有必要交代油脂的理化性质特性。

天然油脂是混酸甘三酯的混合物，没有确定的熔点，仅有熔点温度范围。一般认为组成甘三酯的脂肪酸的饱和度越高，其熔点越高。油脂具有较高的黏度，通常油脂的黏度随其不饱和度的增加而略有减小。油脂的密度均小于 1，随着分子量的增加而减少，随着不饱和度的增加而增加。油脂在一定的条件下可以水解成为甘油和脂肪酸，纯的油脂水解是很慢的，在催化剂存在或高温高压条件下水解速度会加快。油脂在碱性条件下的水解称为皂化。碱与脂肪酸及油脂的作用可反映油脂的两个主要指标。

其一是油脂的酸价：中和 1g 油脂中的游离脂肪酸所需要的氢氧化钾的毫克数就是油脂的酸价。食用油中常含有一些游离脂肪酸，这些脂肪酸对油脂质量有影响。在食用油标准中就是以酸价大小来衡量其含量多少。

其二是皂化价：即皂化 1g 油脂所需氢氧化钾的毫克数。皂化价可以反映油脂的平均分子量。

碘价是油脂的重要指标。它可以反映油脂的稳定程度，组成甘三酯的不饱和脂肪酸可在一定条件下与氢卤素等发生加成反应，食品及轻工业上生产氢化油就是根据这个原理。油脂在加成反应中吸收卤素的多少，标示着油脂中不饱和双键的多少。通常用碘价表示油脂的不饱和程度，把 100g 油脂吸收碘的克数称为碘价。

天然油脂暴露在空气中会自动进行氧化反应，氧化反应后的油脂酸价值增大，油脂氧化或水解产生小分子醛、酸、酮等有机物质，此类物质都有令人不愉快的刺激气味，混合在一起是哈喇味，这种现象为油脂酸败。油脂酸败分为氧化酸败和水解酸败。氧化酸败是油脂在空气、酶、微生物等作用下产生的反应，而水解酸败则是含低分子酸的油脂发生的水解反应。影响油脂氧化的因素有温度、水分、催化剂、酶等。油脂的自动氧化与大多数化学反应一样，其反应速度与温度成正比，不饱和度高（碘价大）的油脂一般易发生氧化酸败。由于饱和脂肪酸也发生氧化反应，只是反应速度缓慢，因而饱和度高即碘价小的油脂也会发生氧化酸败反应。除非有催化剂存在，可见光对脂肪的自动氧化无重要影响，但不饱和双键特别是共轭双键，能吸收紫外光，能加速过氧化物的分解，因而油脂及含油脂食品用遮光材料包装。重金属离子是强有力的脂肪氧化剂，能缩短诱导期和提高反应速度，铁、铜、锰等多价离子的作用最大，作用所需的浓度在百万分级甚至更低。在食品中，甚至在精炼植物油中，其含量也常常超过催化所需的临界量。为了阻止这些因素造成氧化作用，食品工业常用抗氧化剂来达到目的，常用的抗氧化剂有维生素 E、茶多酚、没食子酸等，这些抗氧化剂各有特性，将各种抗氧化剂按一定比例混合使用，效果更佳。油炸玉米白面双色方便面必须加抗氧化剂，增加货架保存期，添加量按国家标准进行。

用于生产双色油炸方便面的油脂一般使用的有精炼植物油，常用的选择标准是口味佳、价格低、颜色好、性能稳定，一般以棕榈油为佳。棕榈油中所含亚油酸、亚麻酸低于其他植物油，因而化学性质稳定，在低温和高温下发生氧化，分解反应速度较低。精炼猪油中亚油酸、亚麻酸含量也是较低的，两种油可以混合使用。

4. 添加剂。

（1）复合磷酸盐：复合磷酸盐一般是磷酸二氢钠、偏磷酸钠、聚磷酸钠、焦磷酸钠的混合物。复合磷酸盐能加速淀粉 α 化，降低蒸煮时间，在相同的蒸煮时间和蒸汽压力条件下，具有更好的成熟度，能使面条在食用时复水速度加快。

磷酸盐在水溶液中能与可溶性金属盐类生成复盐，因而会产生对葡萄糖基团的连接架桥作用，而使支链淀粉的碳链增长，形成淀粉分子的交联作用。交联淀粉具有耐高温和耐高压蒸煮的优点，即使在油炸时仍能保持胶体的黏弹性，使复水后的双色方便面保持良好的劲道。复合磷酸盐可以提高面片压延时的表面光洁。

（2）黄朊胶：黄朊胶是一种多羟基化合物，是白色或淡黄色的颗粒。黄朊胶吸水膨胀形成高黏度的胶体，其黏度是其他胶体物质的数倍。黄朊胶是国际上一种新的用途广泛的发酵产品，是一种基本无副作用的食品添加剂。黄朊胶具有极好的亲水性和保水性，作为玉米白面双色方便面生产中的改良剂具有降低产品的含油量，改善口感等作用。

（3）卵磷脂：卵磷脂是一种天然乳化剂，广泛分布于动、植物中，在双色方便面中添加 0.30％～0.45％能改进产品光泽，增加韧性，提高吸水率，防止产品老化。

（4）海藻酸钠：海藻酸钠是从海带中提取的，其主要成分是一种多糖类碳水化合物，成品为白色或黄白色粉末，无臭无味，易溶于水形成胶状黏稠液，不溶于乙醇，水溶液呈中性。由于分子中含有较多羧基和羟基，亲水性特强，易和蛋白质、明胶、淀粉等物质共溶，具有形成纤维和薄膜的能力，且具有稳定性、澄清性、增黏性、增稠性、胶化性和排除放射性元素的作用。在玉米白面双色方便面中的作用如下：

由于海藻酸钠的亲水性和胶化性作用，在和面时能使水迅速分布在面粉中，使蛋白质和淀粉吸水膨胀形成可塑性物质，加上自身的黏性，能使面团黏弹性、延伸性大大改善，同时也能提高口感。海藻酸钠的加入增加了玉米、白面粉中蛋白质、淀粉的吸水速度，增加了吸水量，使面条蒸煮时，在相同的蒸煮时间和蒸汽压力下具有较高的熟化度，进入油炸工序时，面条中水分迅速汽化挥发掉，多出许多细微孔洞，在泡食方便面时这些孔洞容易进去热水，也是增加了与热水的接触面积，因而使玉米白面双色方便面复水速度加快。使用海藻酸钠在复合压延和切条时，表面光洁，色泽黄而细腻，因而玉米白面双色方便面表面吸附和内部渗入的油量明显减少。海藻酸钠是一种多糖分子碳水化合物，是人体不可缺少的食用纤维，对于预防结肠癌等富贵病有着切实的积极作用。

在玉米白面双色方便面生产中，海藻酸钠的用量一般为2‰。加入前，需将其进行胶化处理，在胶化罐中注入35℃左右的温水，在250～280r/min的搅拌下均匀地撒入海藻酸钠。海藻酸钠与水比例为1∶60，全撒完后继续搅拌40min，海藻酸钠成为黏稠的胶体。在和面时，按量取配制好的海藻酸钠胶体，均匀地加入和面机内，并使之与玉米特强粉的比例调整到标准量，按和面工艺要求操作即可。值得注意的是，制备好的海藻酸钠胶体，现用现配，否则黏度下降或变质，溶解海藻酸钠的水不宜过热，否则会变性，影响正常使用。

（5）单硬脂酸甘油酯：单硬脂酸甘油酯简称单甘酯，用于食品中的产品多是经分子蒸馏的。分子蒸馏单甘酯在玉米白面双色方便面生产中，形成波纹形状的生面块，蒸煮后要进行切块定量和自动入模。在这段工序中易发生面块相互粘连，影响入模就位，操作人员不得不手工分开，理顺入模面块，经常会使面块局部粘贴变形，从而阻碍油炸时水分的蒸发和体积的变化。个别面块中心带有未干燥好的发软面心，若进入包装袋就会在贮运过程中，发霉变质，使用单甘酯能防止此种现象发生。单甘酯还能使面团中水分分散均匀，能提高持水性，保证在有效蒸煮时间内，提高玉米白面双色方便面条的α度以及复水性。

单甘酯还能使产品表面光亮而均匀，能使油炸方便面表面油脂减少，以达到降低玉米白面双色方便面冲泡时水表面油花及油腻感。同时单甘酯加入面团中能有效抑制老化的作用。

四、玉米白面双色方便面的品种及配料

玉米白面双色方便面以干燥方式可为分油炸玉米白面双色方便面、热风干燥玉米白面双色方便面和自熟机挤压成型玉米白面方便面，但自熟机无法实现双色面。

玉米白面双色油炸方便面和热风干燥玉米白面双色方便面可以套用白面方便面对应的生产线，局部地方加以改造即可。而自熟挤压成型的玉米方便面，基本是非标设备，要特殊设计加工生产线，并不复杂。

玉米特强粉没有面筋，制作手擀面口感相当出色，制作挂面口感也很出众。但是，制作油炸玉米方便面，因其没有面筋，油炸时膨胀系数较大，复水以后出现溶散现象，因此以其制作油炸方便面，用49%高筋小麦粉和51%的玉米特强粉做成双色面就能出现物理性能、营养价值、复水口感的全面互补，而热风干燥玉米方便面则不需添加小麦粉，自熟玉米方便面可直接从玉米粒开始，后文将有介绍。最具特点是用51%的玉米特强粉和49%的小麦粉，加工成双色的油炸粗粮细粮搭配的双色油炸方便面，是实用新型专利（以下简称双色方便面）。

五、油炸玉米白面双色方便面生产工艺技术参数

（一）时间参数

（1）和面搅拌时间：和面搅拌时间为15～20min。若玉米特强粉的含水量低时（≤8%）搅拌和面时间可适当拉长2min；若玉米特强粉的含水量高时（≥8%）则搅拌和面

时间可以缩短 2min。

（2）蒸煮时间：蒸煮时间为 100～120s，根据环境温度的变化可以适当调整。

（3）油炸时间：油炸时间为 80～100s，根据环境温度的变化可以小范围调整。

（二）温度参数

（1）溶解添加剂用水温为 30～40℃，冬夏季适当调整。

（2）油炸玉米白面双色方便面用油温为 130～153℃。一般来说，油炸机进口段的油温控制在 130℃左右，出口段油温控制在 150℃左右为宜。油炸机进口出口油温的温差在 20℃左右为宜。油温及其进出口段油温的温差对玉米白面双色方便面的吸油率及糊化程度有直接影响。玉米白面双色面条在热油中的状态可分为三步骤：第一步为玉米白面双色面条本身被加热，玉米白面双色面条外部的温度急剧升高，玉米面条外部水分不断蒸发到油的表面进入空气，形成表面翻滚现象。第二步为玉米白面双色面条外部的淀粉分子结构受热后不断从 β 型转向 α 型，同时玉米白面双色面条内部温度不断升高，达到水的蒸发温度后向空气蒸发。水的蒸发使玉米面条内部留下众多的毛细孔，为玉米白面双色方便面复水创造了条件。第三步为吸附过程，由于玉米白面双色面条内的水分蒸发，加热介质的细微油滴便进入面条孔洞，这也是油炸玉米白面双色方便面成品中含油的原因，一般含量为 20%～28%。

要求油炸过程后得到玉米白面双色方便面块含油率低些，糊化程度高些，而这两项指标的实现取决于玉米白面双色面条在油炸过程中水分蒸发的速率。一般认为翻滚激烈则水分蒸发快，油槽内油翻滚则慢水分蒸发慢，最佳状态应掌握到油槽纵向的油表面翻滚状态均匀一致。达到这样的状态，需要将进口油温把握在 130℃左右，出口油温控制在 150℃左右。

（三）蒸汽压力参数

（1）蒸煮气压应为 0.8～1.3kg/cm^2，蒸煮机是连续运行的，温度是随蒸汽压力变化而变化的。当蒸汽压力加大时，在相同喷射孔径的情况下汽量加大。所以在玉米白面面条的厚度和宽度变大时蒸汽压力可以适当提高；在玉米面条变薄和窄时，蒸汽压力可以下调。环境温度处于冬季时，可以将蒸汽调大些；环境温度处于夏季时，可将蒸汽压力下调，以保证玉米白面双色面条蒸煮后的糊化度。

（2）油炸机热交换器蒸汽压力为 6～8kg/cm^2。热交换器是利用蒸汽压力大小来调解控制油的温度的。蒸汽压力大则温度高，反之则温度低。为了满足工艺所需要的油温，必须保证蒸汽压力为 6～8kg/cm^2。

（四）玉米白面双色面片厚度

通过 7～10 道对辊的碾压，玉米白面双色面片由厚变薄，每一道辊的转速及各道辊相互间的线速比是相对固定的，为了保持玉米白面双色面片在运行中保持一定的张弛程度（既不拉断也不堆积），必须使每相邻二道辊的玉米白面双色面片厚度比等于线速比，可以用调整辊间轧距的方法来满足这个要求。新安装的工厂初次调整轧距时，可根据设备使用说明进行。

六、油炸玉米白面双色方便面生产操作要求

（一）和面混合

严格按标准制备海藻酸钠胶盐水，准确称量必要的添加剂，把好面的质量关。由于玉

米特强粉和小麦面粉有物理性能和营养的互补性，因此，本文推荐用51％的玉米特强粉和49％小麦高筋粉做油炸玉米白面双色方便面，口感、营养、产品的外观、复水等性能指标都能有更好的效果。因此，在和面操作时，必须认真准确称量玉米特强粉和小麦面粉，准确称量用水量，注意季节的变化会带来面的含水量的变化，根据面粉含水量的变化用水量将有少量调整，调整的依据应来自水分化验报告。为了保障产品质量，必须用快速测水仪检测。事实上干燥的季节与潮湿的季节相比，面粉含水量波动控制不准，直接影响到添加剂的准确程度，也会影响压延、蒸煮、油炸的各项参数的准确，工业化生产相关工艺参数越准确、稳定，产品质量才能越稳定。

双色方便面是分别和面的，和面机和面是间歇操作，每种面的两台和面机切换使用，应重点计算好四台机器间歇切换时间，以保证下一道工序压片用玉米面团、白面面团的连续均匀性。

（二）压延及波纹造型

压片工序要求玉米白面双色面片在运行中不跑偏、不断裂、不松弛，玉米白面双色面条条纹形不紧不松、不倒，必须熟练掌握压面机手轮旋转方向与轧距松紧关系，由前小辊端往后大辊端顺序调整，波纹成型导槽压力门的压力加大则波纹紧密，压力减小则波纹松散，波纹输送带线速加快，则波纹疏散，减速波纹紧密。

（三）蒸煮

蒸煮是将波纹状的玉米白面双色面条由生变熟的过程，蒸煮时间一旦调定，原则上不宜多做变动。操作者可以通过对进汽阀门的调节掌握好蒸汽压力，保持在 0.9～1.2kg/cm^{2}适宜，并注意到蒸机两端的蒸汽能沿汽筒排出，不锈钢网带不应有粘面现象，保持机内冷凝水能及时排出。

（四）定量、切断、分排、入油盒

根据干湿面块重量，算出所要求玉米白面双色湿面块重量。每次开机调整校对一次，并定时检查湿面块的单块重量，发现变化及时调整。面块对折后两边长度应一致，发现长短不一时应及时调整回来。油盒运行速度应与面块落入油盒速度保持同步，发现错位要及时调整。

（五）油炸

油炸工序切实注意的要素：①监控油温，注意调节油阀门使温度表符合工艺要求。②监控热交换器的进汽压力表，发现气压下降及时调高。③监控油位，发现油位过高、过低及时调整回位。

（六）包装

自动包装机包装速度较快，每分钟 110 次左右，操作人员必须全神贯注。汤料包应放在面块中央位置，不得偏放或漏放。包装机操作工要监控纵向、横向热合温度显示，把温度调整到适合选定包装材质的压合温度，横向切断热合刀的接触压力要适中，上下刀的热合斜槽要凸凹吻合。正常工作时热合切断声音很小，出现撞击声时要立即停机调整压力弹簧的压力使之恢复正常。

以上所述仅是玉米白面方便面生产的操作要点，操作人员必须学会怎样对操作设备进行调试，使产品达到工艺要求，但作为操作人员不能较大程度地调整技术参数，否则整个工艺生产线处于失控状态，如果发现本岗位某些参数必须调整，只能站在全线平衡角度去调整。

七、油炸玉米白面双色方便面产品质量控制要点

当生产玉米白面双色方便面各项工艺指标得以确定落实以后，就应该全力以赴执行这个标准。食品质量是允许有误差的，但这种误差范围只限于专业人员能识别。若有消费者能识别出的误差是绝对不允许的。

油炸玉米白面双色方便面产品质量管理可以分为包装材料管理、原辅料库房品质管理和生产工序管理三个部分。在一般企业中，对于生产工序质量管理较为重视，而容易忽视前两个管理，而前两项管理虽然容易被人忽视，但也常常具有质量一票否决权的作用，当然也要重视售后质量管理。

制定好产品质量的企业标准，这个标准要有一定高度，还要科学合理。油炸玉米白面双色方便面质量标准中关键指标是含油率和 α 度。影响这两个指标的因素较多，企业应理清这些影响因素，分类排号，据此确定控制手段和对策方法。制定科学合理能保证含油率和 α 度在合格范围内的质量控制工艺参数，使操作人员严格掌握执行。

还要建立质量管理和检验机构体系，完善制度健全，责、权、利分明，有较严格的管理和检验制度，重奖重罚，充分调动员工积极性。

八、油炸玉米白面双色方便面的成本构成及管理

(1) 主要原料：玉米特强粉、高筋小麦粉、棕榈油。

(2) 辅助原料：添加剂、汤料。

(3) 包装材料：包装膜、外纸箱、胶带。

(4) 能源动力：电、煤、水。

(5) 人员工资：全部工人、管理人员。

(6) 管理费用：维修费、办公费、差旅费。

(7) 厂房折旧费：设备折旧费用。

(8) 销售费用：宣传广告费运输费及各种可摊入费用。

(9) 税金：增值税及国家规定的各种税。

以上是成本构成项目，结合原材料的消耗，各项费用支出及现行产品市场价格等测算。

影响成本的最大因素是面粉、棕榈油、包装物，其次是汤料和管理费，由此，可以十分清楚地看到，油炸玉米白面双色方便面成本控制及管理的要点，这为企业管理指明了方向。

九、油炸玉米白面双色方便面的厂房库房布局

（一） 厂房设计及库房配制

厂房规模：玉米白面双色油炸方便面的生产线和白面生产线基本一致，若有闲置的方便面生产线，可以利用此项目将其盘活，局部加以改造即可，若是新购设备设计规划请参考如下：

根据设备设计产能大小不一，应根据所选择不同产能设备，合理设计生产厂房：厂房高度应小于或等于 6m，单机设备厂房跨度为 6～8m，多机设备厂房另行设定，长度为 70～120m，厂房面积如下所示：

3 万包单机设备厂房：　　6m×65＝$400m^2$；
5 万包单机设备厂房：　　8m×70＝$560m^2$；
10 万包单机设备厂房：　　8m×85＝$680m^2$；
16 万包单机设备厂房：　　8m×100＝$800m^2$。

工厂库房组成：

油炸玉米白面双色方便面的库房可由原料库、辅料库、包装料库、成品库、油库组成，其中原料库应设在车间内，成品库可以不设在车间内，但距车间应尽量近些并应符合食品卫生法的要求，成品库房应有走廊与车间相连。辅料和包装材料可考虑与成品库设在同一建筑体内，应以使用方便，运输距离短为原则进行布局。油库及暖油房最好设置在地下室，这有利于工厂安全和厂区的卫生。库房所占的总面积比车间面积大 50%左右为宜。

（二） 库容量的确定

以库房总面积为 $100m^2$ 计算，则成品库面积为 35～$40m^2$，相当于存放 5d 成品的库容量；油库面积为 15～$20m^2$，相当于 10d 用油量的库容量；包装材料库面积为 10～$20m^2$，相当于一个月用的库容量；辅料库面积约为 15～$20m^2$，相当于 20～30d 用的库容量；面粉库面积为 15～$20m^2$，相当于 10d 用的库容量，具体根据使用目标进行调整。

十、玉米白面双色方便面生产人员配置

根据设计产能不同，合理配备各岗位操作人员是企业正常生产的关键，但也存在用人过多加大成本等因素，通过企业生产实践证明，设备产能越大相对用人越少，人员工资成本降低，人均年产率高；设备产能小，相对用人则多，人员工资成本提高，人均年产率低。各设计产能设备生产人员配备人均年产量比较概况见表 6-2 所示（75g/袋）。

表 6-2　人员配备人均年产率比较概况

序 号	设备规格（万包）	班产量（t）	每班用人（人）	人均日产量（kg）
1	3	2.25	18	125.00
2	5	3.75	22	170.00
3	10	7.50	28	267.85
4	16	12.00	35	342.85

根据以上选择不同产能设备，人均年产率对比 16 万包设备是 3 万包设备约 2.75 倍，是 5 万包设备的 2 倍，综上所述选择产能大的设备仅生产人员工资成本就可降低 2 倍以上。其他动力消耗指标、库房人员都有降低产品成本的因素。

十一、油炸玉米白面双色方便面生产设备选择要点

（一） 打粉 （和面） 机及辅助设备

设备规格型式：用于双色方便面生产的打粉（和面）机基本上有四种：

（1） 单轴叶片型，立式打粉机；

（2） 双轴叶片（搅拌棒），卧式打粉机；

（3） 绕龙叶片进给式连续打粉机；

（4）真空打粉机。

经过生产使用过程实践证明：立式打粉机比卧式打粉机捏合效果好，清理、换叶片较方便。

卧式双轴叶片型（带角度）打粉机比卧机双轴搅拌棒（直棒式）打粉机搅拌效果好。

主要技术规格、容量及动力配备：

1. 常用打粉机容量和动力配备见表6-3所示。

表6-3 打粉机容量和动力配备

序 号	容量（kg）（15min/批）	动力配备（kW）	主轴转速（r/min）
1	125	5.5	70
2	150	5.5	70
3	200	7.5	70～80
4	250	11.0	70～80
5	300	11.0	70～80

2. 设备基本性能及工艺应用。

打粉机主要是由左、右机架，底座，搅拌槽外壳，搅拌轴，齿，电机，调速器等组成，打粉机主轴转速以70r/min为最佳，工作原理均采用交流电机带动齿轮（连轴）调速器，由调速器的联轴器带动打粉机轴及叶片（搅拌棒）转动，属变速转动，速比通常为1∶4～1∶6，通过两根轴带动搅拌齿（棒）的转动，在锅内反向向外进行旋转运动，对面粉和调整液进行有效和均匀地混合搅拌后，打开下部卸料门把混合均匀的料胚排出落入下方的圆盘喂料机（熟化机）中5万包以上设备为四台打粉锅平行安放，交换使用，和面时间控制在20～30min，底部的卸料装置采用自动卸料，控制卸料装置是采用自动或手动，搅拌槽下方一台小电动机，通过皮带轮和伞齿轮带动搅拌槽正下方的丝杆，作正、反方向旋转，以控制卸料门开关。

和面是玉米白面双色方便面生产工艺的第一道工序。所谓和面就是分别在玉米特强粉和小麦面粉中加入调整液（盐、水及其他添加剂）通过搅拌使之成为混合面团，和面效果的好坏直接影响到下一道工序的操作和产品质量，良好的和面效果，必须使面形颗粒松散，大小均匀，干湿适度，不含生面，手握成团，轻轻揉搓成颗粒状。同时必须注意到玉米特强粉没有面筋，是靠黏弹性模拟小麦面粉面筋的物理加工特性，混合的面粉吸水时间比小麦面粉时间稍长。

（二）和面机的选择

和面机可以是生产线厂家配套供应，也可以根据需要自制或委托加工，不论是哪种方式，在洽谈中应强调如下工艺要求。

1. 如选择卧式双轴打粉机应选用卧式双轴叶片型带角度打粉机为最佳，要求转速是可变的，雾化加水使玉米特强粉和小麦面粉均匀吸水，减少和面水在玉米特强粉和小麦面粉中的渗透时间，增加吸水量。定量雾化加水和面自动控制器，可以选择模拟电路控制器，也可选择数字电路控制器，打粉机（和面机）材料一定要求用不锈钢。根据设计生产能力，和面机的规格、容量、台数选择配备参数如表6-4所示。

表 6-4　和面机选择标准配备参数

序　号	设备规格	和面机容量（kg）	配备台数（台）
1	3 万包设备	125	4
2	5 万包设备	125	4
3	10 万包设备	250	4
4	16 万包设备	300	4

盐水搅拌罐是打粉机不可缺少的配套装置，一般采用单轴或双轴立式搅拌机（可以配套引进，也可以自己制作），材料最好使用不锈钢板，容量为 750～2000kg 不等，动力可根据容量负荷大小配备，为使调整液（盐、水及其他添加剂）搅拌均匀，在搅拌轴上加适量的拨齿，经过一定时间的混合搅拌，把浓度均匀的调整液用自动盐水泵（一般采用流速较慢的不锈钢齿轮泵为好）按量输送到定量储水罐中。

2. 设备性能及工艺应用。

和面的作用就是在玉米特强粉和小麦面粉中加适量的水和其他辅料，经过和面机在一起转动并按规定时间进行搅拌，使玉米特强粉和小麦面粉中的蛋白质淀粉吸水膨胀，彼此黏结形成初步的面团拉强网络，同时，吸水湿润的淀粉和蛋白相互络合在一起，形成小颗粒的料胚。

用水先将食盐及其他添加剂溶解、搅拌均匀。盐、碱对增强小麦粉面粉的品质及面筋很有利。每千克面粉的加水量 0.30～0.40kg，每千克水的加盐量 0.04～0.06kg。

调整液数量最多的是水，没有水面筋蛋白就无法吸水膨胀，淀粉不能湿润，玉米特强粉的黏弹性不能出现。从这一点讲，多加水对玉米面团的形成拉伸力、延展力是有利的。但是，根据玉米面条的整个生产工艺看，也不能加过量的水，如果加水过多，和好的料胚湿度大，在压片时，压辊作用于玉米面片的压力影响面团拉强力网络结构的形成及玉米面带张紧力。和面加水的温度对面的延展力、延伸力的形成也是一个重要条件，对和面效果影响显著，水温过低，水分子动能也就低，面筋蛋白吸水就慢，也不利于淀粉吸水湿润，水温过高，如超过 40℃容易突显这种玉米面团的黏性，使压延工序无法进行，实践证明，最佳温度应掌握在 20～25℃，在车间里应加控调温度设施。

（三）盐水搅拌罐的配置和选择

盐水搅拌罐设备厂家可以配套供应，生产厂家也可以自制，应根据每班（8h）实际耗用调整液的容量，合理配备和选择盐水搅拌罐的容积和容量，根据产能设计设备的大小，按表 6-5 的标准配置盐水搅拌罐。

表 6-5　配置盐水搅拌罐的标准

序　号	设备规格（万包）	搅拌罐装水重量（kg）	配备台数（台）
1	3	750	2
2	5	1200	2
3	10	1500	2
4	16	2000	2

计量罐的配置，根据和面机每批搅拌面粉容量，设计计量罐容量。如果和面机需盛装重量为 125kg，计量罐设计容量应为 50kg 左右，和面机容量 250kg，计量罐容量应为

90～100kg。原则配备比例应为和面机容量为100，计量罐容量应为100×40%。

（四）喂料器设备

1. 设备规格形式。

喂料器设备常用的有两种规格，一种是圆盘式，盘内加一个拨齿；另一种是螺旋式，下面介绍圆盘式给料机。

主要技术规格及参数，给料机装载重量及动力配备见表6-6所示。

表6-6　给料机装载重量及动力配备

序　号	装载重量（kg）	动力（kW）	拨齿转速（r/min）	速比
1	200	2.2	5～8	1∶140～180
2	250	2.2	5～8	1∶140～180
3	400	3.0	5～8	1∶140～180
4	500	3.0	5～8	1∶140～180
5	600	3.0	5～8	1∶140～180

（1）喂料机转速：拨料轴齿转速为5～8r/min。

（2）材料：存面圆盘全部采用不锈钢制作，拨料齿材质为铝合金或不锈钢。

（3）卸料口尺寸：(180mm×190mm)～(240mm×600mm)，根据喂料器装载重量的大小设计卸料口的大小。

2. 设备性能及工艺应用。

本机主要由一个不锈钢圆盘拨齿和下部的支架、减速箱、电机及转速表组成。圆盘直径为1800～3000mm，可以装载250～600kg颗粒状面团，减速箱是圆柱齿轮一蜗轮蜗杆减速箱，电动机通过齿轮和蜗杆减速传动，立式主轴以5～8r/min的低速搅拌，均匀地分配给复合压片机，通过一段时间的低速搅拌，使面粉充分而均匀地吸收盐及水分，形成初步细密的白面面团和玉米面团组织，从而起到改良玉米白面面团的黏弹性和柔软度。

喂料器（给料机）是为保证连续生产的一个贮料器，玉米白面双色方便面需要2台。它把和好的面料均匀的供给压片机，为了保证物料的疏松，拨齿不断地缓慢转动（拨齿转速为5～8r/min）。搅拌和好的面料自动流入给料机后，由低速拨料齿拨动后，缓慢（定量）地把料胚供给复合压片机的过程称为熟化过程。熟化过程是和面过程的继续，这个过程对白面面团尤为重要，也可称为第二和面机。

实践证明，玉米面团蛋白质吸水膨胀的理想加水量在34%～37%，如加水量在30%左右，就使和面过程中水分子不能完全渗透到面粉颗粒内部，加之玉米面团蛋白质本身吸水膨胀也需要一定的时间，这就要求有一个润水过程，解决这一问题的最好办法，是把和面后的料粉低速搅拌一段时间，再供给压片工序。

通过这一润水过程，可以促进玉米面团弹性的形成，关于润水过程中的搅拌速度，结合供料需求量，在保证不结大块面团的情况下，慢速为好，润水时间以10～15min为宜。

3. 喂料器合理配置与选择。

油炸玉米双色方便面成套设备中喂料器设备的配备与选择标准应为单机打粉机装载重量的2～2.5倍为佳。

4. 复合压延机及连续压延机组。

压片主机分两个部分，一部分是复合压片机，一部分为连续压片机。复合压片机包括三组压辊，其中二组压辊各压出一片粗片，一片可以是玉米粉的，另一片是小麦粉的，第三对辊通过压延把两片合并一片，这就在上下两层形成了双色双物料合一的面片，而后输送给连续压片机。

连续压片机包括5～7级压辊，其作用是将面片逐步压薄，并通过最后一道辊将玉米面片输送到成型器。

（1）主要设备规格及动力配备见表6-7、表6-8。

表6-7 复合压延机组5～16万包设备各项技术参数

压辊号	直径（mm）	r（min）	玉米面片厚度（mm）	压辊宽度（mm）	动力配备（kW）
8	240～450	5	4～7	300～800	5.5～13.0

表6-8 连续压片机组5～16万包设备各项技术参数

压辊号	直径（mm）	r（min）	玉米面片厚度（mm）	压辊宽度（mm）	动力配备（kW）
8	240～450	15～25	2.4～4	300～800	5.5～13.0
6	180～380	30～42	1.7～3.5	300～800	
5	150～320	45～60	1.3～2.8	300～800	
4	120～240	70～95	11～2.0	300～800	
3	90～150	100～120	1.0～1.5	300～800	
2	90～120	—	1.0～1.2	300～800	
1	90～120	—	0.8～1.0	300～800	

（2）设备性能及工艺应用及双色方便面。

压片机分两部分，一部分由三对压辊组成称复合压片，另一部分由五对压辊组成称连续压片。复合压片是其中的两对压辊压出玉米、白面各一片粗片，第三道压辊是把黄色白色两片面带合起来压成一片，面片一面是黄色，一面是白色，双色面就是这样形成的。连续压片机的作用是通过五对不同直径、转速、压延力的压辊把面带逐步压薄后输送给成型器。在前端和面时两个和面机分别和一种单色面，将两对压辊各压一种面（玉米/小麦、玉米/荞麦）就可以制造出双色面片。也就是方便面的两个扁面各是一种面粉，各是面粉独自颜色。其他工序不做任何改变，就形成了双色方便面，且形成了粗粮营养文化理念。

1）压片。

将润水过的粉料，通过数道压辊压延连成所需厚度和长度的玉米白面双色面带，这个过程称为压片。目前，压片工艺的主要形式有合片过程，称为复合压片，就是把润水过的粉料先通过两组压辊同时压出两条粗面带，然后再经过一组合成压辊把两片成面带合压成一个重合面带，再经过连续压片辊（数道）逐步压薄到所需厚度，面带上下保留了两种颜色，很是诱人。

2）压延力。

压片需要一定的压力，压力的大小主要取决于压辊直径大小。第一道压辊要把料粉变成具有一定形状厚薄的面片，需要较大的压力，因此，压辊直径要大一些。同时，压辊直径大进料量也大，进料量大对满足产量是必需的。从第二道压片到切片前的压辊直径要逐步变小，这是因为对已形成玉米白面双色面片已不需初压时那么大的压力。玉米白面双色面片越薄，需要压力就越小，逐步减少压辊直径以控制适度的压延力。

玉米面带每经一次辊压要减少一定厚度，把减少厚度的玉米白面双色面片比称为压薄率。目前生产中的压片道数一般为5～7道，如果压辊道数太多，面片容易发硬，辊子道数越多，压在玉米白面双色面带上的压延力也就越大，也会影响延展性延伸性组织及弹性。

面团组织拉力形成分三步：

第一步：头道压片，料粉经辊压片后初步成型，玉米特强粉小麦粉面团相互压在一起，延伸性显示出来，也有很强的拉力，然后不用静置醒面，可以直接进入下一道压辊。

第二步：连续压延，即从头道压片进入面刀工序前，玉米白面双色面带经数道压辊由厚到薄，逐步压延到所需厚度。

第三步：切条，压好的面片经切条机切为细长的玉米白面双色面条，成型后蒸煮，玉米白面双色面片经切条后，面条主要靠纵向面的拉强来维持，这三步效果好坏，对玉米白面双色面条质量有很大影响。

3）压片机组设备的选择。

复合压片机由三组压辊组成，两组初压成型辊，一组复合压面辊，选择此类设备的标准如下：

①上下辊两端通心度（平行度）误差±0.03mm；

②传动设计合理，最好选用齿型带，链条传动；

③面辊表面光滑，光洁度应在△6以上。

4）面刀及成型器。

玉米白面双色方便面成型器（面刀）分两大类，一类为自然成型，一类为强制成型，但成型原理基本相似。

设备规格及技术参数见表6-9。

表6-9　面刀规格型号

型号	单位	齿槽数	齿槽深度	齿槽宽度	备注
22#	mm	22	3.5	1.36	
24#	mm	24	3.5	1.25	
25#	mm	25	3.5	1.20	
26#	mm	26	3.2～3.5	1.15	
28#	mm	28	3.2～3.5	1.08	
30#	mm	30	3.2～3.5	1.00	
32#	mm	32	3.0～3.5	0.94	

面刀规格：ϕ60mm×300mm，ϕ60mm×360mm，ϕ60mm×450mm，ϕ60mm×600mm，ϕ60mm×800mm，360mm以下为三排面，450mm以上是4～8排；

齿距：根据面刀型号，齿距分别为0.8～1.5mm；

导箱长度×宽度×轨道宽度：300～800mm×100mm×100mm；

面刀转速：100～120r/min（可调）；

面刀辊直径：30～60mm；

面刀与成型小网带速比为：1∶4～1∶8（可无级调速）；

成型小网带线速度为：5～6m/min（可无级调速）；

5. 设备性能及工艺应用。

面刀（成型器）由带齿槽的圆形两对面辊、导箱成型小网带及小网带调速器组成，成型器的作用及工作原理：连续压片机输送过来的玉米白面双色面带进入圆辊带齿槽的一对面刀，由带齿槽的圆辊面刀把压薄的玉米白面双色面带切成一定宽度面条，而后经过导箱，根据面块规格及产量不同分两排、三排或四排，面刀是根据齿槽间距、深度及出条宽度制定型号，如22#面刀齿槽间距为1.36mm，25#面刀齿槽间距为1.2mm，30#面刀齿槽间距为1mm，32#面刀齿槽间距为0.94mm（齿槽深度一般为3.5mm）。

玉米白面双色方便面条花纹的形成和基本原理：由于切面辊的线速度高于输送带的线速度（速比一般为1∶4～1∶5），玉米白面双色面条下来后，经过导箱、溜板，速度急剧下降，受到一定的阻力，形成折叠，这种折叠有一定的规律，经溜板箱输送过来的玉米白面双色面条，通过变速器小网带，把堆积紧密的面花用高于导箱面条前进的速度，逐渐拉开，因此，形成了一种波纹状的花纹，而后输送到蒸面机，通过蒸面机后，把波纹花状花纹基本固定下来。

6. 连续蒸煮机。

（1）设备规格及形式。

连续蒸面机有两种规格形式，一种为隧道式，另一种为折叠往返式，现大部分采用隧道式蒸煮机，以下介绍隧道式蒸煮机。

主要由机架、底槽（加隔热层）、上罩（加隔热层）、传动轴、齿轮、网链、链条、喷管及排气管道组成。

隧道式蒸煮机是一条长12～20m、宽450～900mm的方圆形隧道，内有连续运行的网带通过，并有可供调节两组高温蒸汽喷管，由底槽部喷向整个蒸槽，把网带上的波纹面蒸熟，玉米白面双色面条经过蒸槽的时间为70～120s，面机进口处偏低的一面蒸汽量少，玉米白面双色面条进入蒸汽机进口时温度较低，可以吸收蒸汽中较多的水分，有利于玉米白面双色面条的糊化。高的一端（出口处）温度较高，面条容易蒸熟，蒸汽利用率高。随着玉米白面双色面条本身温度的不断提高，与蒸汽温差近些，温度适宜，防止玉米白面双色面条表层结成过多的水滴。

蒸煮机构造的另一种特点：按照蒸面时间和α度成比例关系，可以按需要调节蒸汽压力和蒸煮时间来控制隧道内的蒸面时间、温度和湿度，以满足生产工艺的需要。

1）蒸面机规格：

蒸槽长度×宽度（12～20m）×0.49～0.90m（分三到五段串接而成）；

网带宽度：350～800mm

蒸面机斜度：$B-A=L/30$。

注：蒸面机出口高度，A——蒸面机进口高度，L——蒸面机长度。

2）蒸面蒸气压力及流量：

蒸气压力：0.7～2.0kg/cm^2；

蒸汽流量：0.4～2.4t/h（根据气温测算值）。

3）蒸面温度：

进口（前段）90～95℃，出口（后段）95～105℃。

4）蒸面时间：80～170s（可调）。

5）蒸面网带线速度：V=3.5～10m/min（可调）。

6）蒸面机排气流量：50～60m^3/min。

7）排气管道：ϕ300～500mm（长度由使用部门自定）。

8）材料：蒸槽、网带均采用不锈钢材质，支架采用普通钢材即可。

（2）设备性能及工艺应用。

把波纹成型生的双色面条，通过隧道式连续蒸煮机，在蒸气动力的作用下使面条中的淀粉糊化（又称α化），蛋白质产生热变性，玉米面条中的生淀粉不易接受淀粉酶的作用，因此不易消化吸收，生淀粉经过加水加热达到糊化温度时，大量吸水膨胀，就变成了熟淀粉，这是制造双色方便面过程中的一个重要环节。

玉米面粉中含有淀粉，原来是以β型状态而存在的，通过加热到60℃以上，就开始向α化转化。β型就是人们通常叫作“生的”，而α型就是所谓“熟的”，实践证明β型淀粉不好吃，也不好消化，而α型淀粉既好吃也容易消化，这是因为β型淀粉分子是按一定规律排列成结晶状态，而α型淀粉的分子排列是混乱的，容易使水分和消化酶渗透进去，膨胀性好，因此，容易对葡萄糖起消化分解作用，所以α过程实际就是一个成熟过程。但是，淀粉α化以后仍然可以逆转，也能够自然地回到β型状态，这就是回生现象。刚刚蒸好的饭好吃，而凉饭则不好吃，也就是回生的缘故。为了把淀粉已经形成的α度固定起来，不让它回生，必须将已经α化的制品迅速脱水，使水分降低到15%以下。脱水的方法有两种：一种是油炸，另一种是干燥。前一种方法比后一种方法更有效。双色方便面条之所以具有方便性，也是因为把面条中的淀粉进行了充分的α化后又把它固定起来。

7. 蒸面α化工艺过程。

（1）蒸熟加热这个工序，根据面的种类不同分为两种，对于烘干面要求熟透，即α度70%以上，蒸面时间比油炸面的时间多1.5～2倍，油炸面一般要求α化80%以上，蒸面时间应掌握在80～100s。从理化指标试验证明，在60℃以上相对湿度100%情况下，淀粉就开始α化，实际蒸面工序的过程就是面粉中的淀粉α化的过程。蒸面温度一般控制在100℃以内。

（2）蒸面机入口处温度比出口处温度低，入口温度85～90℃，出口温度为95～100℃，原因是面条入蒸面机前温度一般比室温高1～5℃，而入口蒸汽温度一般为80～90℃，如果温差过大，对面条表层不利，容易有膨化趋势。待面条到出机口前，温度要求较高，除使面条熟透外，还需起到一定干燥作用，面条入机时温度并不高，但一遇蒸汽后，温度相对增加，使之逐步加温，实际上也起到了相对温度逐步增加的作用，有利于淀粉的α化。

（3）蒸煮机的配置与选择。

以双色方便面成套设备设计产能而论，以保证双色面条蒸煮效果（α化）为标准对蒸煮机长度的选择应按以下标准选择（见表6-10）。

表 6-10　蒸煮机长度选择标准

序　　号	设备规格（万包）	蒸煮机长度（m）
1	3	≤12
2	5	12～14
3	10	16～18
4	16	20～22

（五） 切割分排机

（1）设备规格及动力配备。

切割成型这段工艺比较复杂，蒸机出来的面分为 2～8 排进入切割机，包括将双色面条切断，折叠（将贴在网链底部花纹不好的两面折起来，按规定重量折叠成两面同样花纹的面块，然后经分排网链输送给油炸机）。

切割分配器传动及动力：传动由压片主机通过蒸煮机，下边通过传动轴带动调速电机变速。传动方式：齿轮、链条传动，调速电机型号：D037A，功率为 3.7kW，电机转速为 165～10000r/min，（手调）速比为 1∶8.4，无级变速器转速 35～120r/min。

（2）旋转光辊线速度：$V_{辊}$＝10～35m/min（可调）。

（3）切断刀转速：$n_{刀}$＝36～45r/min（可调）。

（4）折送次数：$n_{折}$＝36～45n/min（可调与刀转速同步）。

（5）分排输出网带线速度：$V_{出}$＝6～8m/min（可调）。

（六） 连续油炸机及辅助设备

1. 主机规格：

油炸机全长：11～25m，高 1.6～1.8m，宽 0.9～2.0m，可根据产能设定长度、宽度。

油锅内装重量：1.8～5.5t（按设计产能设定容量）；

油炸盒规格：长 125mm，宽 100mm，高 25～27mm；

油盒型模传动链条（单项）长：15～35m；

输送链条线速度：0.75～3.5m/min（可调）；

主传动功率：3.7～7.5kW　（根据产能设定电机功率）；

热交换器：根据热交换的规格，承受蒸汽压力（泵压）及换热面积设定选用热交换器规格如：Q500h～16～35，型号：Q——国家标准，500——外壳直径，16——承受最大蒸汽压力 16kg/cm^2，35——传热面积 35m^2；

中转油箱规格：容量 2.5～7.5t，大于油锅容量 1.5～2.0 倍；

油炸温度：135～155℃（可调）；

油炸时间：70～130s（可调）；

蒸汽压力及流量：蒸汽压力 5～7kg/cm^2，蒸汽流量：0.8～2.5t/h；

过滤器形式：过滤器常用两种——一种为网带洗刷式，另一种为浮桶式。

2. 油炸机组功能及工艺应用。

油炸机由主机、热交换器、循环用油泵、过滤器和加油中转油箱组成。

油炸主机由支架底槽、上盖、传动链条型模、型模盖、驱动电机组成，全长 9.7～

25.0m，主体全部用不锈钢角钢、钢板焊接而成。通过齿轮传动，带动链条及油盒、盖，从油锅进口经过加温加热的储油槽到油锅出口，而后再从下部返回到进口，这样循环反复连续进行。油盒上部油盒盖传动和油盒传动同步进行，油盒输送带由一个直流电机驱动，另有一个间歇运动，自动定时由分配器里送出，间歇运动用离合器与制动器配合取得。当装入型模的面块被送至油锅内（接触油面前）模盖传动链条同步供给模盒，将型模盖好，以确保整个油炸过程玉米白面双色面条不溢出，型模与盖都均布孔眼，当面块离开油面时，模盖便自动脱离型模。

油加温的过程为：循环间接加热式油锅底部设 3～5 个口，两端两个口为进油口，加好温的油从热交换器经管路、泵压、输送到油锅，中端有一个出油口防止面渣油污进入油泵或热交换器，油锅出口处附加一台过滤器，经过过滤油污，面渣被清除，炸油经循环油泵输送到热交换器中加热，而后返回到油锅，为保证炸油温度，油锅中的油经油泵压力不断循环，以保证生产的顺利进行。

油炸工序是油炸玉米白面双色方便面生产线的重点工序，辅助设备多，工艺复杂，本工序需要把玉米白面双色面块油炸迅速脱水、补充 α 化及面块外观、形状的定型作用。

（1）脱水 α 化。

玉米白面双色方便面在油炸工艺中，主要是把蒸面中的水分转移出去，起到快速脱水的作用，并补充面条 α 化的不足，起到固定面条结构强度作用。油炸后的玉米白面双色面条水分应降到 10%以下（面条水分过高，容易出现回生现象）。双色方便面条在油炸工艺中，脱水效果的好坏直接影响到产品质量。在面条的油炸脱水过程中，淀粉通过高温油，增强了 α 化，水分子与高温油的热交换水分被蒸发而油分子占据了水分子的空间。

实践证明：油炸时间和三个阶段的温差是影响双色方便面条质量的主要因素。油炸时间应以 70～90s 为宜，低温区的油温不宜过高，因面块本身温度低，与高温的油产生互换，温差越大面条与油的交换过程就越快，玉米白面双色面条进入中温、高温区后交换不利，所以要求低温区油温和面块温差不要超过 80～100℃，玉米白面双色面块与油温温差越小，面块在低温区挥发的水分越少，对以后的油炸过程及含油 α 化都有利。

通过以上分析可以看出，低温区玉米白面双色面条水分挥发得最多，其次是中温区和高温区。要想达到面条水分的标准要求，应适当掌握面块在油炸工序中三个温区的温差，使面条水分分解在三个温区均匀挥发，如掌握不好，在前两个温区面条中的水分消耗过多，到了高温区面条就会形成干吸油的状况，所以在油炸工艺中，玉米白面双色面块从进锅到出锅都要保持面条的适当水分，应该严格掌握此项工艺，另外控制油炸速度也很重要，如油炸时间长则导致含油高，油炸时间短影响玉米白面双色面条 α 化及面块定型。

进油锅前面块温度一般低于油温 3～4 倍，于 35～50℃进入低温区后开始吸收油温的热能，而进入中温区或高温区后面块本身温度只低于油温的 10～20℃，吸收热能量减少，这样在低温区面块吸收热能量多，而到高温区吸收热能量变小，由于低温区面块吸热量大，所以在低温区设计了两个进油喷油器，而高温区上设一个喷射口，低温区油的流量应大于高温区，这也是形成三个温差阶段的主要原因。要想调整，还可利用两个进油口处阀门，根据不同流量进行温差调整。油炸作业中，油锅内油量（或油位）应保持在一定标准上，油锅的容量不宜过大，主要能起到把面炸透脱水、补充 α 化的作用即可。如油锅容量大，浪费能源，过小起不到以上三种作用。油位标准应掌握在以油的水准面高于油炸盒顶部 20～30mm 为宜。如上下浮动较大，会影响油的温差，对面条的 α 度，含油量都有较大影响。所以要求油位油温在正常作业中保持稳定。

(2) 对油炸机的配备及选择。

一般生产厂家对油炸机设备的配制选择应考虑以下标准。

油炸机长度：（有效油炸长度、时间、面块在油中浸炸的长度及时间）油炸时间为 90～110s，油炸机有效长度：

3 万包设备≤4.5～4.8m；

5 万包设备≤4.8～6.0m；

10 万包设备≤7～9m；

16 万包设备≤12～14m。

油炸盒传动链条（轨道）与油炸盖传动链条（轨道）上下间隙应控制在小于或等于 5mm 标准。

油炸机油槽油位设计合理，原则油槽实际油位（从油炸机底部计算）250～300mm。

（七） 冷却机设备

冷却机一般有两种类型：一种是机械风冷（直冷式），就是采用若干直冷式风扇，通过电风扇吹到冷却室的冷风，起到物质冷却的目的；另一种是强制风冷，就是采用两个大型冷风机（一个当吹风机、另一个做引风机）在冷却室内形成风量对流进行冷却。采用后一种冷却方法成本偏高，用于玉米白面双色方便面冷却设备大都采用机械风冷。

1. 冷风机设备规格及技术参数。

冷却室规格：长 8～18m，宽 0.7～1.8m，高 0.5～0.8m（根据设计产能设定）；

传输网带线速度：V＝3～9m/min（可调）；

冷却风扇台数及功率：配备冷却风扇，10～20 台（0.2kW/台）；

冷却机斜度：一般设定为 π/12～π/9；

冷却时间：冷却时间设定一般掌握在 3.5～8min（可调）。

2. 设备性能及工艺应用。

本机主要由机架、冷却隧道、不锈钢网链、传动电机、调速箱和若干直冷式风扇组成（十台风扇均布于冷却隧道顶部），由传动网带送到冷却机里面，一般在 80～110℃左右，通过冷却需要把面块冷却到 35～40℃，冷却的方法就是把面块送上输送网链吹以冷风，使面块温度达到比室内温度高 5～10℃即可，如果达不到预定的冷却目的会使面块包装后在包装袋内产生冷凝水而造成发霉现象。冷却的目的是便于包装和储存，防止产品酸败变质。

油炸面块如不冷却即直接包装会导致面块及汤料不耐储存，为确保产品的货架期，冷却工序用 10～20 台直流风扇在常温下对油炸面块进行风冷（也称强制风冷）把玉米白面双色油炸面块冷却到 30～40℃（比室温高 5～10℃），然后送到包装机上进行包装。

十二、玉米白面双色油炸方便面生产设备操作规程

（一） 和面设备操作规程

(1) 按照工艺要求准备好配制盐水的原料，检查种类、质量、数量是否与配方要求

一致。

(2) 盐水罐中放入规定水量，开动搅拌机，按照要求操作加热或冷却装置，使配料用水达到规定温度。

(3) 按照工艺要求的顺序和加入方法，将各种配料加入盐罐中，持续进行搅拌。加入配料用水和各种配料时，防止杂质混入。

(4) 检查盐水输送泵和原料输送设备是否正常。

(5) 开动和面机前，先检查和面机内有无异物，电源电压是否正常，并手动控制进行盘车空运转，检查是否有异常现象和杂质。

(6) 检查卸料装置是否关闭，气压是否达到规定数值。

(7) 检查盐罐的出口阀门是否处于关闭状态，定量罐液面是否达到规定高度，确认喷液管无堵塞。

(8) 启动盐水泵，向定量罐中加入盐水到定量规定的液面高度。

(9) 如一切正常，停机后按照工艺规定加入面粉和其他干粉原料，启动和面机搅拌，达到规定的预混时间后开始加水，调整喷水装置使加水尽量均匀。

(10) 加水后，按照工艺规定的时间搅拌。

(11) 搅拌时最好不要中途停机，确需停机时间不应超过 10min，因为停机时间超过 10min 以上粒状面团会互相粘结成大面团，此时和面机启动阻力极大，容易损坏传动系统，必须将机内面料卸完后再重新启动。

(12) 调控好下边各工序的初始运转时间，使得和面完成时间正好与下道工序所用最低量时间一致，能保证完成和面后立即卸料，防止在和面机内长时间存放等待现象。

(13) 和面过程中，仔细观察玉米特强粉湿面团与生产要求是否一致，软硬是否合适，升温情况如何，出现异常现象立即处理。

(14) 在设备正常运行的情况下，应保证每锅和面时间的一致性。

(15) 在卸料中，不能停止和面机轴的转动，待全部面团卸完后，再关闭卸料阀门。

(16) 清理和面机内黏结的湿面团，准备下一个工作循环。

(17) 每班彻底清理一次和面机，保证生产卫生。

(二) 圆盘式熟化机的操作规程

(1) 开机空载运转，检查各部件是否正常，拨料杆是否与储料圆盘有碰撞现象。

(2) 检查储料盘内是否有异物，黏附在拨料杆和储料盘表面上的玉米、小麦面团是否清理干净，并、关闭好卸料门。

(3) 检查设备一切正常，可以将和好的玉米、白面双色面团分别放下，放面时间应与和面机操作配合适当，避免在和面机内长时间存面。

(4) 打开卸料闸板，调整闸板开度，保证喂料均匀。

(5) 经常检查固定拨料杆和其他螺钉是否松脱，电机是否发热。

(6) 每天交接班或下班时，必须将储料盘内壁，拨料杆表面及卸料口的玉米、小麦面团清理干净。

(三) 连续压片机操作规程

(1) 开机前应检查轧辊的表面状况，传动链条的正确位置，齿轮的啮合情况，紧固件的固定情况，盖好防护罩。

（2）以空车运转来确认机器是否能正常运转。

（3）按工艺要求的压延比初步调节好各组压片装置的轧辊间隙，然后将调节机构锁紧。

（4）打开复合机的动力电源，并使复合机低速运转。

（5）启动复合机和连续轧面机低速运行，向复合压片机落料斗内供料，开始压片。

（6）当从两组初压辊中压出的玉米、白面两条面带分别落入下方面带输送网带口时，手工将面片前端两角用切刀切下 $\pi/6 \sim \pi/3$ 角，放入复合压延辊缝隙，面片要放正，速度要快。进行此项操作时，严禁不切角而采用将两角折叠起来与双色面片形成双层放入轧辊间隙的操作方法，防止多层面片进入轧辊间隙造成压辊过载而损坏设备。

（7）手工将复合双色面带送入连续压片机的第一道压片装置，然后依次送入第二、三、四、五、六道压辊中。

（8）迅速调整各道轧辊间隙，使压延过程正常进行，双色面带不跑偏，双色面带厚度达到工艺要求，双色面带在各道压辊之间保持一定张弛度，当双色面条从成型器正常出来后，将车速提高到正常车速，开始正常生产。

（9）发现面团不能正常进入初轧辊时，可调节插面机构的插板插入深度，让插板带动玉米、白面面团分别进入压辊，使初轧玉米、白面面带的破边和空洞减少到最低限度。若发现接料斗中玉米、白面面团过大，则要及时取出，撕成小块，重新放入。

（10）玉米白面双色面带两边厚薄不一致时，玉米白面双色面带总是偏向间隙大的一边，这时玉米白面双色面带向压辊一边皱折，另一侧轧空，不能正常操作。操作工应当首先纠正跑偏现象，此时应调节单边间隙，使面带充满压辊全部工作长度，然后用止动扁齿块或手轮锁紧。

（11）玉米白面双色面带在轧辊之间下垂堆积或张紧过度时，说明轧辊间隙不合适。根据工艺要求的最终玉米白面双色面带的厚度，最后一组轧辊间隙是固定不变的，只能逐道向前调节，若某两组压辊间的玉米白面双色面带发生下垂或积叠时，说明后道轧辊间隙小，前道压辊送出的玉米白面双色面带较多，后道轧辊来不及压延，此时应减小前道轧辊间隙。相反，如果面带拉得太紧时，应加大前道轧辊间隙，保持压辊之间玉米白面双色面带张紧适当。

（12）正常生产时，若出现玉米白面双色面带突然松弛下垂，则说明玉米白面双色面团含水量过多，应及时通知和面工序操作减少和面加水量。

（13）在连续压延机速度不稳或玉米白面双色面团软硬不一时，容易出现两台设备速度不协调的现象，经常需要生产人员对复合机速度进行调整。

（14）发现压辊表面黏结较多的面屑，说明刮刀没有靠近压辊，可拧紧刮刀螺丝。若发现刮刀出现不正常的响声，说明刮刀对压辊压得太紧，应重新调整刮刀。

（15）每次交班停机后，必须把各道压辊，刮刀及机上面屑清除干净。

（四）蒸面设备操作

（1）手动或机动升起蒸箱上盖，检查网带上有无异物或卡滞。

（2）检查蒸箱上盖是否盖严，上盖手动升降的蒸箱检查锁扣是否锁好。

(3) 检查蒸箱蒸汽压力表及温度计是否灵敏可靠，排气蝶阀是否调节灵活。

(4) 单独启动蒸面网带，确认运行正常。

(5) 确认减压阀工作正常，分汽缸式蒸气总管压力达到规定值。

(6) 打开分气缸主进气阀，对蒸箱进行预热。调节各段蒸气调节阀，使各段蒸气压力达到工艺给定值。通常前段压力为0.03MPa，中间压力为0.01MPa（或不开），后段压力为0.04MPa，生产运转后视蒸面情况加以调整。

(7) 打开蒸箱分气缸疏水器旁通阀排放蒸气管路中的冷凝水，冷凝水排放后，关闭疏水器旁通阀，使疏水器正常工作。

(8) 打开雾化加湿泵或阀门向网带喷水雾。

(9) 一切正常后蒸箱可以投入正常生产。

(10) 当生面带开始进入蒸箱时，由于吸收热量会导致温度略有降低，这时可适当调整各组蒸气阀门，保持蒸箱维持工艺规定温度。

(11) 随时观察蒸箱上面温度计显示的蒸箱温度读数，通过调整各组蒸气阀门来控制压力，调节蒸箱温度，蒸面温度通常为95～100℃。

(12) 各组蒸气阀门调整好后一般不要经常调动，停机时只关闭分气缸进汽阀。再次开机时只需打开分气缸进汽阀，只要减压阀工作正常，就可以使蒸箱达到规定的状态。

(13) 生产中要随时观察玉米白面双色面条的糊化情况，使玉米白面双色面条达到所需的糊化度，并注意把蒸箱入口段调整为低温、高温状态。当糊化程度越高时，成品面在水泡及水煮时，玉米白面双色面块才不会出现变软、易烂及浑汤现象，从而提高产品质量。

(14) 糊化度简单试验方法：将蒸熟后的玉米白面双色面条放在两块玻璃板之间夹紧，如面条无明显硬心（白心）时，即可认为糊化度达到要求。也可以将蒸后的玉米白面双色面条对光亮处用肉眼去观察，当面条内有一条白线或面条内分布白点的现象出现时，表示淀粉因缺水使糊化质量下降。

(15) 生产中应注意蒸箱或密封门处是否漏气。

(16) 生产中严禁打开蒸箱盖或密封门，防止出现烫伤事故。

(17) 经常检查清理蒸箱底部的出水口，防止发生堵塞现象，玉米白面双色面条在蒸的过程中有较少部分玉米白面双色面条受各种因素影响而断裂，落在蒸箱底部随冷凝水流到出水口附近，如蒸箱清扫不及时，会导致出口堵塞使冷凝水排不出去，故蒸箱内冷凝水排放口及管道应经常清理，保持干净。

(18) 因为某个部位出现故障，生产线全停运转的时间较长时，需要把蒸箱内的面条清理干净，以免黏结。

（五）油炸玉米白面双色方便面设备操作规程

(1) 生产前的准备工作：启动化油设备，准备足够的棕榈油并检查其质量。向油锅加油到规定油位，打开温度控制系统电源，缓慢开启总供汽阀门进行系统预热，气动调节阀置于手动方式，微开调节阀使蒸气进入加热系统。打开疏水器旁通阀放出热交换器中的冷凝水，待有蒸气排出后，关闭疏水器旁通阀。预热排水操作应缓慢进行，让中热系统逐渐预热，不得出现水击现象。启动循环泵，使油锅中的油循环加热，打开运行控制电源，检查各机械传动部分是否正常。启动油炸机运转电机，预热油炸盒及盒盖。将温度控制器转入自动控制位置，使油温上升。当油锅中的油温达到规定值时，放入玉米白面双色面块开始生产，迅速调节油锅各进油装置的阀门开度，调节油锅各温区的油温达到规定的温度曲线。

(2) 运行中的检查和操作：随时注意热交换器出口油温和油锅中各温区的温度。热交换器出口油温在温度控制仪上显示，各温区油温由装在机上的温度表显示，必要时调整温度控制仪的给定温度和各进油装置阀门开度。随时注意油锅的油量消耗和油位高低，调整自流方式补油速度，保持油锅油面的稳定，生产线调速时应首先改变油炸温度，接近调速后的给定温度后再开始调整生产线速度。如果调整量较大，应分几次进行，不应使油炸条件急剧变动，保证调整过程中的产品质量。经常检查面盒、面盒盖、导轨及传动链条是否有变形，连接部位是否有松脱，发现有异常立即停机排除。停止生产后应将油锅、油管路、热交换器中的油全部抽送回储油罐中，以免油温降低变为固体，影响下一班生产。升起上机架，清理滤油箱和油锅中的面渣，关闭电源及各蒸气开关、供油系统各个阀门。

(3) 每个月进行一次煮锅清洗，先放空油槽内的残油，在油锅内放入清水，加入食用纯碱使浓度达到1%，然后打开油泵使水在原来油的管道内流动。同时打开蒸气加热装置，对水进行加热，使水达到沸腾。经2h煮沸后将碱水放掉，向油锅内注入清水，继续循环加热，沸腾1h后，将水放掉，再次注入清水。一般这一过程要重新注入清水四次以上至完全消除食碱在管道内及油锅、热交换器内的残留物。如长时间不对油炸设备清洗，煮碱水的时间要适当延长。每一年要将热交换器两端封头打开进行检查，必要时进行清洗，以保证热交换器的热效率。还可以有效清除黏附在油炸链托轨上的炭化物质。

(4) 油炸设备的维护与保养按照生产线的生产厂家规定进行。

（六）冷却机的操作规程

(1) 冷却机运行前，先检查网带及风扇是否正常。

(2) 启动冷却机，将速度控制调到自动控制的位置。

(3) 检查冷却机同步是否正确，无同步控制时手动调节冷却机到适当速度。

(4) 启动风扇。

(5) 进入正常运行。检查玉米白面双色面块的降温情况。

(6) 冷却机的保养和维护按照冷却机制造厂家的要求去做。

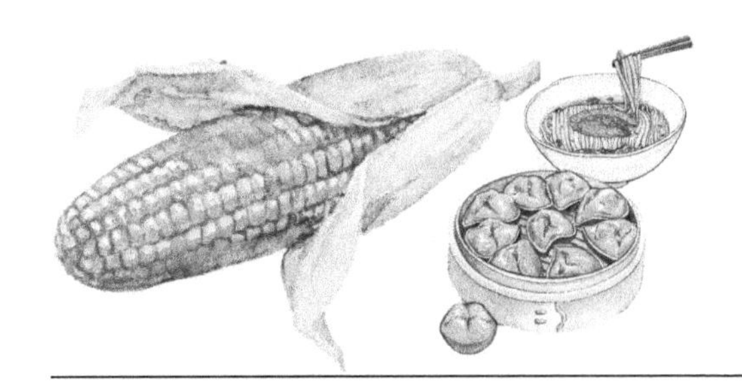

第七章 速冻玉米水饺的工业化生产技术

一、玉米水饺的市场

水饺是中华民族几千年食文化沉淀下来的精华，中国的水饺在世界各地都受到欢迎。人们禁不住要问，玉米水饺是否被人们喜欢，喜欢程度如何，这一点得到包括笔者在内的很多人的关注。结合做玉米特强粉的营销，利用展会等各种形式，在全国20多个城市进行玉米水饺口感和玉米水饺的市场调查，得出如下结论：

科技兴食，刻不容缓，水饺市场的喜新厌旧，非常突出。全民奔小康，人们追求吃粗粮水饺，市场在呼唤着好吃的粗粮水饺，但必须是有科技含量的更好吃、更有营养的粗粮水饺。

在上述调查的同时，我们也发现了全国速冻水饺市场存在的问题。

(1) 追求廉价，不惜偷工减料，甚至以大豆蛋白冒充猪瘦肉做馅，用不好的肉制馅，用向馅里多注水的办法，降低成本。

(2) 生产厂家没有从理论上弄清水饺冻裂的原因及克服的方法。

(3) 速冻水饺馅心只停留在饭店厨师制作水平，专业化水平不高。

(4) 水饺馅心的制作随意性较强，缺乏质量技术标准。

(5) 无人研究馅心、饺子皮速冻后的变化规律，普遍不做饺子馅味道冻融试验，不了解蔬菜、肉及调料，哪些具体品种冻后不变味、不变质，哪些冻后有变化，以及变化的规律。

(6) 不重视冷藏链的衔接延续，常常在最后一段路上出现化冻现象。

(7) 肉馅的多、素馅的少，卖产品的多、卖产品和健康文化结合的少。

我们研究速冻玉米水饺技术，必须面对市场的需求，面对白面水饺生产存在的问题，从技术上保证产品质量是一流的为创造一流的品牌、一流的市场打基础。

二、玉米水饺皮的原料

（一） 玉米特强粉系列中玉米水饺粉

(1) 玉米水饺粉质量标准（参见本书前文）。

(2) 玉米水饺粉的化学成分（每500g含量）：蛋白质43.5g，脂肪17g，碳水化合物376g，膳食纤维22.5g，水41g。

(3) 玉米水饺粉中淀粉的特性：淀粉是玉米水饺粉的主要营养物质，其特性是糊化、老化及其相互变化。淀粉与水一起加热会吸水膨胀，当加热到一定温度时，淀粉会突然膨胀到原来体积的数十倍或更多，使淀粉颗粒破裂，在热水中形成糊状物，这种现象叫糊化。淀粉糊化后使微晶束分离，形成一种间隙较大且不规则的立体网状结构，具有适度的黏弹性，淀粉酶和糖化酶易于渗透到淀粉内部，使之水解为葡萄糖，食用后易于消化。处于糊化状态的淀粉叫作α-淀粉，淀粉糊化的本身就是由β-淀粉转化而来，α-淀粉在常温下缓慢冷却失水而逐渐变硬的现象叫回生，回生后淀粉不再被水溶解，也不易被水解，即使再次加热也难以还原到原状态。

(4) 玉米水饺粉中膳食纤维的特性：膳食纤维对于提高玉米水饺粉的吸水性起到了重要作用，膳食纤维化学结构中有很多亲水基团，因此具有很强的吸水性，吸水能力在自身重量的6倍以上，所以普通玉米粉和面每500g只能加水200g，而玉米水饺粉可加到300～350g。膳食纤维对有机物有吸附螯合作用，有容积作用，因此，玉米水饺粉吸水后包饺子不互相粘连，冻而不裂，煮不粘连，煮熟的饺子相互也不粘连。

(5) 玉米水饺粉中β-胡萝卜素的特性：玉米水饺粉中含有较多的胡萝卜素，又称维生素A原，植物本身不含维生素A，只含胡萝卜素，被人体吸收后，可以在肝脏中水解而产生双分子维生素A。

即β-胡萝卜素＋水→2维生素A，胡萝卜素的含量可以从颜色上判断出，β-胡萝卜素也是构成橙黄色的组成部分，胡萝卜素遇碱褪色，强烈的光照也褪色。

（二）水

生产玉米水饺，对水的要求也是比较高的，不论是自来水，还是深井水，必须符合国家饮用水标准，要特别指出的是不能用碱性水，用玉米特强粉制作任何产品都不能加碱，加碱后将会破坏玉米中的营养成分之一——β-胡萝卜素，营养降低的同时，使产品趋近褐灰色，失去一个重要的卖点。

（三）植物油、乳化剂

生产玉米速冻水饺，有时为了防止冻裂和水分干耗，需要添加1%～3%植物油。

三、饺子馅的原料

（一）肉的营养

肉是营养价值很高的食品，除了可供给人类大量的全价蛋白、脂肪、无机盐及维生素外，还具有人体吸收率高、耐饥、适口性好和适合制作多种佳肴等特点。肉的化学组成，决定了肉的营养价值，它几乎包括了人体生长、发育和保健所需要的蛋白质、脂肪、碳水化合物、各种无机盐和维生素等主要营养素。几种做饺子馅肉的营养成分见表7-1。

表7-1 主要肉类的营养成分（每100g含量）

名称	蛋白质(g)	脂肪(g)	糖(g)	热量(kJ)	钙(mg)	磷(mg)	铁(mg)	硫胺素(mg)	核黄素(mg)	尼克素(mg)	抗坏血酸(mg)
猪肉肥瘦	9.5	59.8	0.9	2428	6	101	1.4	0.53	0.12	4.2	—
猪肉（瘦）	16.7	28.8	1.1	1382	11	177	2.4	0.92	0.18	3.9	—
牛肉肥瘦	20.1	10.2	0.0	720	7	170	0.9	0.07	0.15	6.0	—
羊肉肥瘦	11.1	28.8	0.8	1285	11	129	2.0	0.07	0.13	4.9	0.0
鸡肉肥瘦	21.5	3.5	0.7	465	11	190	1.5	0.03	0.09	8.0	—

1. 蛋白质是肌肉中最重要的成分，有的肉含量高达18%左右，而肌肉组织又是肉的

最主要的组成部分。肌肉中的蛋白质，主要包括肌浆中的蛋白质（占20%～30%）、肌原纤维中的蛋白质（40%～60%）及间质蛋白（10%～20%）。肉、禽蛋白质的氨基酸组成基本相同，其所含人体需要的各种必需氨基酸，不仅含量高且比例与合成人体蛋白质的模式相比也较接近，生物学价值都在80%以上。肉中完全蛋白质含量丰富，而且利用率也相当高，几乎与全鸡蛋接近。存在于结缔组织中的蛋白质，主要是胶原蛋白和弹性蛋白，其中色氨酸、酪氨酸及蛋氨酸的含量极少，生物学价值很低。

2. 肉类含有无机盐总量在1%左右，主要有硫、钾、磷、钠、氯、镁、钙、锌等，其中以钾、磷、硫、钠含量较多。在精肉中各无机盐含量为：钾0.184%～0.415%、磷0.131%～0.343%、硫0.230%～0.187%、钠0.066%～0.168%。肉中铁含量与屠宰放血程度有关，钠与氯的含量常因盐渍或干制处理而增多。肉中无机盐的含量不平衡。肉不是钙的良好来源，但是骨组织中却含有较多的钙和磷，血液中则含有较多的铁，更主要的是肉类食品中无机盐的生物有效性（即利用的实际可能性）优于植物性食品。此外，肉中维生素虽然总的数量不多，却是大部分B族维生素的良好来源，硫胺素、核黄素、烟酸、泛酸、生物素、叶酸都有一定含量，其中特别是硫胺素含量最多。内脏实质性器官中含有维生素A和维生素C，特别是肝脏含维生素A、维生素C、维生素B、维生素B_1较丰富，这些都能保证它们作为动物性食品的营养价值。肉在加工（特别是加热）时维生素含量常会降低，其损失程度决定于处理方式和维生素敏感性，但是由于含量高，即使煮好的肉，仍被认为是上述几种维生素的良好来源。

3. 肉类脂肪含量大约为10%～36%，是由各种脂肪酸的甘油三酯（如硬脂、软脂等）、少量的卵磷脂、胆固醇、游离脂肪酸及脂溶性维生素组成。肌肉组织中的脂肪含量和品质因动物种类和特性而异，因性别不同而体内脂肪的分布也不同。畜类脂肪多为各种脂肪酸的甘油三酯，以饱和脂肪酸为主，熔点较高。羊肉具有特殊的膻味，这与其所含的饱和脂肪酸辛酸和壬酸有关。牲畜肉中的脂肪酸，虽然多半是饱和脂肪酸，含卵磷脂又较少，但除羊脂消化率较低（88.0%）外，猪脂、牛脂的消化率分别为97%与93%，并不算低。当肉中含有脂肪时，可以提高肉的适口性。脂肪多，产热能也多。但过多的脂肪影响肉的口味甚至食用者的消化情况。好的牛肉中大约1/3是脂肪，猪肉中大约1/2是脂肪。一般来说，含有大约同等数量的蛋白质和脂肪的肉被认为是最好的肉。饺子馅中是不可缺少脂肪的。

肉类食品的营养成分随动物的种类、年龄、肥度及畜体部位的不同而有明显的差别，因而其食用价值也有所不同。如肉中含水的多少和肉中脂肪的含量有关系，肉越肥脂肪越多，则水分的含量就相对减少。随着水分的减少，含氮物及无机盐的含量也相应减少。这种情况反映在组织结构上，就是随着肥度增加和脂肪组织日益丰满，肌肉、骨骼和腱等组成成分所占比例会相应变小。

总之，肉是营养价值很高的食品，它除了可供给人类大量的全价蛋白、脂肪、无机盐及维生素外，还具有吸收率高、耐饥、适口性好和适合用做多种佳肴等优点。

4. 国家规定的肉类卫生标准。

(1) 国家规定的鲜猪肉卫生标准（GB 2707）：

鲜猪肉系指生猪屠宰加工，经兽医卫生检验符合市场鲜销而未经冷冻的猪肉。

1）感官指标如表 7-2 所示。

表 7-2　感官指标

序号	项　目	一级鲜度	二级鲜度
1	色泽	肌肉有光泽，红色均匀，脂肪洁白	肌肉色稍暗，脂肪缺乏光泽
2	黏度	外表微干或微湿润，不粘手	外表干燥或粘手，新切面湿润
3	弹性	指压后的凹陷立即恢复	指压后的凹陷恢复慢且不能完全恢复
4	气味	具有鲜猪肉正常气味	稍有氨味或酸味
5	煮沸后肉汤	透明澄清，脂肪团聚于表面，具有香味	稍有浑浊，脂肪呈小滴浮于表面，无鲜味

2）理化指标如表 7-3 所示。

表 7-3　理化指标

项　目	指　标	
	一级鲜度	二级鲜度
挥发性盐基氮（mg/100g）	≤15	≤25
汞（mg/kg，以 Hg 计）	≤0.05	

（2）国家规定的鲜牛肉、鲜羊肉卫生标准。

（3）猪肉、牛肉、羊肉新鲜度的一般标志如表 7-4 所示。

表 7-4　肉类新鲜度的标志（牛肉、猪肉、羊肉）

序号	项目	新鲜肉	次新鲜肉	变质肉
1	外观	白条肉表面有一层干皮	白条肉表面有一层干皮或粘手的黏液，有时还有发霉现象	白条肉表面明显干缩或很潮，很黏，有发霉现象
2	色	干皮为淡玫瑰色或淡红色，肉的刚切开处表面稍潮湿，但不发黏，带有每种牲畜肉所特有的色彩，肉汁透明	干皮为暗黑色。刚切开处的表面比新鲜肉的表面色较暗，较湿，稍黏。透明纸贴在切开处留下潮湿的痕迹，肉汁混浊	表面为灰色或绿色，刚切开处的表面很黏，很潮，为暗黑色、绿色或灰色
3	坚度（节开面）	肉紧密而富有弹性，用手指压下，凹陷处立即恢复	比新鲜肉松软，用手指压下的凹陷，不能立即恢复，肉不紧密	肉松软，用手指压下的凹陷不能恢复
4	味	具有每种牲畜肉所特有的气味	有酸味、霉臭味，有时皮表面有腐败臭味，但较深处无腐败臭败	在肌肉组织的空处发出刺鼻的腐败臭味
5	脂肪颜色	牛脂肪呈白色、黄色、淡黄色，坚硬，可压碎，没有酸败味和油气	灰色，无光。用手指压下的凹陷不能恢复。粘手，有时看到发霉处。稍有酸败味	灰色，稍带污秽，表面发霉并有黏液，有腐败和强烈的油污气味，在强烈分解时呈肮脏的淡绿色
	—	母山羊和绵羊是白色，紧密，无酸败味	—	切开面粘手

续表 7-4

序号	项目	新鲜肉	次新鲜肉	变质肉
6	骨油（骨髓）	骨髓里充满管状骨液，有弹性，黄色，折断处有光。脂肪充满骨内，不离骨	管状骨的骨壁与骨髓稍稍离开，与新鲜肉相比。骨髓较软，色较暗，灰白色或灰色，无光	管状骨的全部空腔里不满，柔软，粘手，色暗，灰白色
7	腱和骨关节	有弹性，紧密，有光。关节和腱鞘的骨液透明	腱有些松软，灰色或淡灰色。关节外覆黏液，骨液混浊	腱潮湿，灰污色，有黏液，骨关节两侧覆有极多的黏液
8	肉汤（煮肉时）	肉汤透明，芳香。油汤味很好，油脂大滴地聚在肉汤表面	肉汤混浊，没有芳香味，往往有陈肉的发霉味，肉汤表面油滴很小	肉汤混浊，带有花絮状的东西，有霉臭和腐败味。肉汤表面几乎无油滴。油脂有酸味和苦味
9	化验检查 TVB—N（mg%）	15 以下	15～30	30 以下

5. 玉米水饺馅的用肉选择及处理。

玉米水饺馅的用肉要选择嫩的部位，这是因为肉老的部位，成馅包到饺子里，放到锅里蒸或煮，不易煮烂，就造成皮熟馅不熟，继续煮到肉熟时，饺子皮就化汤了，并且口感口味都会降低。如用猪肉制馅时，应选用猪的前槽肉，不能选用后鞧肉，后鞧虽然瘦肉多，拌成馅好看不好吃，不容易煮熟煮嫩，这是部位选择。若选用加工厂的分割肉，可以选用成熟后的肉。肉的成熟与腐败，是牲畜屠宰后的一系列生化变化的结果，肉组织在酶和外界微生物的作用下，会发生僵硬→成熟→自溶→腐败四个阶段，则屠宰后的肉呈中性或碱性是柔软的，并有很高的持水性，经 2～3h 后，肉质变得粗糙，持水性大为降低，失去肉的风味，称为肉的僵硬。屠宰后的肉，随着血液和氧气的供应停止，肌肉内糖原在无氧条件下分解产生乳酸，致使肉的 pH 值下降，由刚宰的弱碱性 pH 值为 7.0～7.2 很快变为酸性。当乳酸生成到一定界限时，分解糖原的酶类逐渐失去活力，而无机磷酸化酶的活性大大增强，开始促使三磷腺苷迅速分解，形成磷酸，因而 pH 值可以继续下降直至 5.4，一般肉类在 pH 值为 5.4～6.7 时即僵硬。

肌肉僵硬出现的早晚和持续时间的长短与动物种类、年龄、生长的环境温度、牲畜生前生活状态和屠宰方法有关。从肉的冷加工质量来看，必须使僵硬过程迅速完成而进入成熟过程，因为处于僵硬期的肉弹性差，无芳香味，不易煮熟，消化率低。所以刚宰杀牲畜的肉味道并不鲜美，而且不易被人体吸收。

将僵硬的肉继续放置一定的时间，则粗糙的肉又变得比较柔软嫩化，具有弹性，切面富含水分，有愉快香气和滋味，易于煮烂和咀嚼，而且风味也有极大的改善。肉的这种变化过程，称为肉的成熟。成熟的肉的呈弱酸性，pH 值在 5.7～6.8。由僵硬到成熟过程也称为排酸。

肉的成熟过程中，随着肉中的酸性不断增加，凝胶状态的蛋白质长期处于酸性条件下，因而引起肌纤凝蛋白和肌纤溶蛋白的酸性溶解，蛋白质又重新变为溶胶状的肌凝蛋白和肌溶蛋白，部分蛋白质分解为氨基酸等，成为水溶性的物质，使僵直的肉变得柔软而多汁。

成熟的肉之所以芳香，是由于在软化过程中三磷腺苷分解，产生游离的亚黄嘌呤。此外，在蛋白质的分解中，产生游离的谷氨酸和其钠盐而具有鲜味。

肉的成熟过程与温度有关，温度高则成熟所用时间短，温度低时将延缓成熟过程。但是用提高温度的办法促进肉的成熟是危险的，因为不适宜的温度也可促进微生物的繁殖，故一般采用低温成熟的方法。温度0～2℃，相对湿度86%～92%，空气流速为0.15～0.50m/s，完成时间约三周左右，而温度为12℃时需5d，18℃只需2d即可。在这样的温度下，为防止肉表面可能有微生物繁殖，可用杀菌灯照射表面。成熟好的肉立即冷却到接近0℃冷藏，保持其质量。

肉在供食用之前原则上都需要经过成熟过程来改进其品质，特别是牛肉和羊肉，成熟对提高风味是完全必要的。

由于在冷藏条件下，肉的成熟需要较长的时间，为了加速肉的成熟，人们研究了各种化学、物理的人工嫩化方法。

(1) 抑制宰后僵直发展的方法：在宰前给予胰岛素、肾上腺素等，减少体内糖原含量，动物宰后乳酸处于低水平，pH值处于高水平，从而抑制了僵直的形成，使肉有较好的嫩度。

(2) 加速宰后僵直发展的方法：用高频电或电刺激，可在短时间内达到极限pH值和最大乳酸生成量，从而加速肉的成熟。电刺激一般采用60Hz交流电，电压550～700V，电流5A效果最佳。

(3) 加速肌肉蛋白质分解的方法：采用宰前静脉注射蛋白酶，可使肌肉中胶原蛋白和弹性蛋白分解从而使肉嫩化。常用的蛋白酶有木瓜蛋白酶、菠萝蛋白酶、元花果蛋白酶等。

(4) 机械嫩化法：机械嫩化是通过机器上许多锋利的刀板或尖针压过肉片或牛排。机械嫩化主要用于畜肉组织的较老部位，如牛颈肉、牛大腿肉等。机械嫩化可使肉的嫩度提高20%～50%，而不增加烹调损失。

6. 肉的自溶。

各种肉在存放过程中仍在不停地变化，肌肉组织成分继续发生分解，致使肉的鲜度下降，风味消失，这时即进入了肉的自溶阶段。肉的存放过程中酸性不断增加，虽然抑制了腐败菌的生长，但酵母菌和霉菌仍可繁殖，并产生酶类，使蛋白质和氨基酸进一步分解，产生氨和挥发性盐基氮等，这些碱性物质的积蓄，导致肉中的pH值上升，肉又趋于碱性。在碱性环境中，腐败微生物得以大量生长繁殖。此时肉的品质逐步劣化，肉的弹性逐渐消失，肉质松散，边缘显出棕褐色，同时肉的脂肪也开始分解，产生轻微酸败味。烹调后肉的鲜味、香味明显消失。因此，制馅时，自溶阶段应当尽量避免，买肉计划好用量，自溶阶段的肉制作馅会严重影响产品质量。另外，包制玉米水饺调馅时应做到快速加工，缩短加工时间，调出的馅应及时包制，不应在室温中长时间放存，同时应尽量降低肉馅操作间、包制操作间的工作温度，用以控制肉的自溶。

7. 肉的处理方法。

了解上述知识，恰当选择好肉对于制馅来说是十分重要的。任何饺子馅都希望肉嫩，除选择好肉以外还要在制馅工艺上下功夫，这里介绍几种方法。

（1）漂烫嫩化法：用牛肉、鱼肉或其他的肉做馅时，将肉切成3～5mm厚的肉片，肉片尺寸以操作得手为宜，用淀粉抓轻糊。在较大锅内加足量水并且烧开，把抓糊的肉片放在锅中漂烫，烫到肉片四周围刚刚发白，而中间尚有1/2～1/3红色时迅速出锅冷却，然后再放到绞肉机中，有条件的用电动切肉机切成碎粒，待拌馅时用，这样的肉拌馅鲜嫩不发柴，且有咀嚼回味余地，同时去掉了肉腥味，效果十分明显。

（2）可以向发柴不易煮烂的肉中加3‰～5‰的小苏打水，拌匀。

（3）可以添加木瓜蛋白酶水溶液：食盐1. 5%，糖1%，木瓜蛋白酶2%。

（4）将肉成馅料后，加调味料入锅爆炒，翻勺两次即刻出锅，也就是餐饮业中传说的生熟馅。

（二）菜

1. 玉米水饺馅用菜的分类。

（1）叶菜类：叶菜类的可食部分是菜叶和肥嫩的叶柄，含有大量的叶绿素、维生素C和无机盐等。这类蔬菜含水分多，不易保管，在冷库内较难储藏。如大白菜、洋白菜、小白菜、菠菜、甘蓝、油菜、大葱、芹菜、茴香、韭菜等，注意采购时间、数量，不能储藏过多，以免损失。

（2）茎菜类：茎菜类的可食部分是肥嫩且富有营养的茎。这类菜大部分富含淀粉、糖和蛋白质，含水分少，适于在冷库内长期储藏，但在储藏过程中必须控制温度和湿度，否则会出芽，如莴笋、茭白、香椿、芋头、洋葱、蒜、姜、竹笋等。这类菜做馅时采购、保存成本低，可以跨季节储藏，但必须能保证新鲜，降低成本。

（3）根菜类：其可食部分是变态的肥大直根，含有丰富的糖和蛋白质。这类蔬菜生长地下，耐寒而不抗热，在常温下耐储藏，如萝卜、土豆、胡萝卜、山药等。这类菜制馅成本低，含水量少，储藏成本低，且含有果胶，做馅体积收缩不明显。

（4）果菜类：可食部分是菜的果实和幼嫩种果。富含糖、蛋白质、胡萝卜素及维生素C，如番茄、茄子、辣椒、黄瓜、冬瓜、丝瓜等，在冷库内能短期储藏。

（5）花菜类：花菜类的可食部分是菜的花部分，如菜花、黄花菜等。

（6）食菌类：食菌类是以无毒真菌的子实体作为食用的，主要有蘑菇、木耳等。

2. 蔬菜的营养和损失的原因。

为了保证加工玉米水饺产品的质量，不仅采购蔬菜要选购适宜的成熟度，而且需了解蔬菜的营养成分以及营养损失腐烂的特性原因，科学合理地选择蔬菜配馅，真正做到色、型、味及营养的协调统一。

（1）蔬菜的水分。

水分是蔬菜的主要成分，其含量因蔬菜的种类和品种而异，一般在80%～90%，最高的可达96%左右，低的在65%左右。水分的存在是生物完成全部生命活动过程的必要条件。水分与蔬菜的风味品质有密切的关系，如失去水分就会降低蔬菜的鲜嫩程度，使蔬菜萎缩，从而促使酶的活性增强，加快蔬菜中一些物质的水解反应，造成营养成分损耗，导致蔬菜的品质劣变，同时，水分又为微生物和酶的活动提供了有利条件，容易引起蔬菜的腐烂变质。

（2）蔬菜中各种维生素的含量见表 7-5 所示。

表 7-5　蔬菜中各种维生素的含量（mg/100g）

蔬菜名称	胡萝卜素	维生素 B_1	维生素 B_2	维生素 C	蔬菜名称	胡萝卜素	维生素 B_1	维生素 B_2	维生素 C
白萝卜	0.02	0.02	0.04	30.0	冬瓜	0.01	0.01	0.02	16.0
胡萝卜	2.80	0.04	0.04	8.0	苦瓜	0.08	0.07	0.04	84.0
大葱	1.20	0.08	0.05	14.0	辣椒	1.56	0.04	0.03	105.0
小葱	1.60	0.05	0.07	12.0	油菜	1.59	0.08	0.11	61.0
蒜头	0.00	0.24	0.07	3.0	椰菜	0.01	0.04	0.04	39.0
青蒜	0.96	0.11	0.10	77.0	芹菜（茎）	0.11	0.03	0.04	6.0
大白菜	0.11	0.02	0.04	24.0	雪里蕻	2.69	0.07	0.14	83.0
菠菜	1.03	0.03	0.08	36.0	莲藕	0.02	0.11	0.04	25.0
韭菜	2.96	0.04	0.13	31.0	苋菜	1.92	0.04	0.14	35.0
鲜黄花菜	1.77	0.19	0.13	33.0	莴苣（茎）	0.02	0.03	0.02	1.0
萝卜(叶)	1.78	0.06	0.15	68.0	莴苣（叶）	2.14	0.14	0.12	15.0
番茄	0.31	0.03	0.02	11.0	茄子	0.04	0.03	0.04	3.0
黄瓜	0.26	0.04	0.04	14.0	丝瓜	0.32	0.04	0.06	8.0
蒜黄	0.03	0.12	0.07	16.0					

（三）常用的天然调料

1. 花椒。

花椒与胡椒一样，除含有油脂、淀粉、蛋白质外，还含有异茴香醚、丁子香酚等。所以花椒具有特殊的强烈芳香气，味麻辣而持久，是上等的调味料。花椒经干燥粉碎后的粉末，在海鲜味、肉香型玉米水饺馅中都可以使用。在玉米水饺馅中起着重要的调味作用。加入量一般占馅料总重的 0.3%～0.5%。

2. 大蒜。

大蒜是我国普遍种植和食用的蔬菜，具有独特的蒜香味。在调制玉米水饺馅时添加蒜制品是为了采其香味、掩盖其他异味，以使馅料的香味更加宽厚柔和。固体汤料一般使用的是其粉末，这种粉末一般是由大蒜切片、干燥、粉碎后包装制成的。干燥也是大蒜粉末生产重要的工序，最好是冷脱水。因为这种产品质量高，其营养水分保留率高。值得注意的是，干燥后的蒜粉极易吸潮，因而原料储存过程中要谨防吸水霉变，馅料中也不可太多添加，以免馅料吸水变质而影响玉米水饺的货架期，大蒜粉末添加在玉米水饺馅中主要用于改善风味，在肉馅中使用效果好。

3. 洋葱。

洋葱又名洋葱头、玉葱、红葱；原产印度和西亚，栽培历史已久，我国现在普遍栽培；属百合科；叶圆筒形，中空，浓绿色；鳞茎呈圆球形、扁球形或其他形状。洋葱可直接作为蔬菜，也可加工成香辛料。将葱头切片、浸渍、干燥得到洋葱片，然后粉碎即可得到洋葱粉。洋葱中因含有硫醇、二甲二硫化物、三硫化物等挥发性物质而具有独特气味，而且其中还含有少量的有机酸、氨基酸（主要为精氨酸与谷氨酸）、维生素 C 等。按口味分为甜洋葱和辣洋葱，欧美多为甜洋葱，我国则多为辣洋葱。按皮的颜色又分为红、黄、白皮三种。白皮品种成熟早，柔嫩，但不耐运输，辣味淡；黄皮品种中熟或早熟，结构致密，耐储运，辣味较浓；红皮品种中熟或晚熟，结构致密，耐储运，现在以红、黄色品种较多。洋葱有近似葱的臭辣味，干燥后辣味明显减少，加热甜味增加。在调制牛肉馅料中应用广泛。

4. 葱。

我国盛产葱，葱属百合科，叶呈绿色，管状，先端尖。葱的绿叶下部白色部分为叶鞘，俗称葱白。

葱的表皮细胞中含有大量的挥发油，主要成分是二硫醚、三硫醚和丙硫醇等。葱的种类很多，各种葱的全身都含有“葱蒜辣素”，具有强烈的香辣味。因此可以调味，并可掩蔽鱼、肉的腥味。葱加工后可以制成粉末，是鸡味馅料的主要香辛料之一，也是其他肉味、海鲜馅料的重要香辛料。脱水葱有两种产品，一为干燥粉末，另一种为脱水干燥的小葱叶，以其添加于馅料之中，可以改善香味。

5. 姜。

为姜科植物的鲜根茎，多年生草本，根茎肉质，具有芳香和辛辣气味。鲜根茎为扁平、不规格块状，质脆，表面为黄白色或灰白色，以块大、丰满、质嫩者为佳。全国大部分地区均适宜栽培。姜产品有姜干片、姜汁、姜油、姜粉等。姜中含有挥发性物质如姜醇、姜烯、樟烯、龙脑、桉油醚等。提取的姜辣素为黄色油状液体，具有明显的辛辣味。姜是一种常用的调味物质，在肉、鱼食品中加入则具有显著的去腥作用。同时，姜及其制品还具有增强和加快血液循环、刺激胃液分泌、兴奋肠管、促进消化、止呕吐及解毒作用，是一种对人体健康有益的调味品，在馅料中可以添加到0.3%～0.5%。

6. 酵母提取物。

酵母提取物一般是以啤酒厂回收的酵母或糖蜜培养的面包酵母等为原料，采用自溶法、酸解法、酶解法等工艺，将酵母蛋白水解为氨基酸，再经脱臭脱苦得到的抽提物。商品有膏状和粉状两种，其中含有5.5%～16%的谷氨酸钠，0.5%～1.5%的呈味核苷酸，因而具有增鲜效果。酵母中还含有较多的低分子糖类、低分子肽类，所以具有浓厚的美味感，使食品风味更为柔和稠厚。与其他化学调味料合用，可以形成很强的味平衡，味质好，耐热性强，适应于高温杀菌食品。有强烈的掩盖酸味、苦味、咸味和食品异味的效果。酵母抽提物由于提取工艺不同因而质量有较大差异。自溶法和加酶法本身都是酶解，因而与酸碱法相比，其产品成分较复杂，水溶性维生素含量丰富。加酶法制得的产品糖类含量高，氮含量低，氨基酸以外的肽类氮化物较多。从氨基酸组成看，自溶法的赖氨酸、缬氨酸含量较高，加酶法则以谷氨酸含量丰富为特色。自溶法含有的核苷酸类物质是不呈鲜味的3′-核苷酸，而加酶法则因5′-核苷酸与谷氨酸含量高而呈较强的鲜味。酵母调料在馅料中主要是作风味增强剂和调味剂。同时，该产品还具有抗氧化的作用，对馅料保存的稳定性有作用。但其含量不稳定，影响制馅的标准化操作。

7. 咸味剂。

能使馅料产生咸味的原料是食盐，盐素有“味中之王”的美称，在馅料味道中所占的地位是极其重要的。苹果酸钠盐及葡萄糖酸钠盐，亦有像食盐一样的咸味，可用作无盐酱油的咸味料，供肾脏病等患者作为限制摄取食盐的调味料。

食盐中如含有氯化钾、氯化镁、硫酸镁等其他盐类，则除有咸味外，还带有苦味，这也说明了为什么有些酱产品后味是苦的。食盐经精制后，苦味就会减少，馅料用盐应是精制盐。由于食盐易吸潮，给生产和产品贮藏带来很多麻烦，有些厂家在配料之前把它烘干，或者用大锅把它炒干过筛后使用才更为精确。

8. 味精。

味精亦称味素，英文缩写为 MSG，是谷氨酸的一种，具有强烈的调味和增鲜作用。目前调味用的味精几乎都是用微生物发酵法生产的，所采用的原料有玉米淀粉、大米淀粉、糖蜜等。味精实际上是 NaCl 的助味剂，若没有食盐则感觉不出鲜味。味精的鲜味与其离解度有关。当 pH 为 3.2 时，味精呈味最低；pH 为 6～7 时，则几乎全部电离，鲜味最高；pH 在 7 以上的，鲜味消失。所以味精无论在酸性或碱性条件下都会使鲜味降低。味精溶于水后加热至 120℃以上或长时间加热会发生化学变化，不仅鲜味会消失，还会对人体不利。

我国生产的味精是以淀粉或糖蜜为原料，发酵用菌种也经过毒理试验，产品出厂也经严格检测，其安全性是可靠的，已被世界许多国家所认识。

关于味精的安全性及允许摄取量早有定论。联合国粮农组织（FAO）和联合国世界卫生组织（WHO）经一系列实验，认为除不满 12 星期的婴儿不宜食用外，味精作为食品添加剂是安全的。体重 50kg 的成年人，每日可摄取 6～7.5g。在荷兰海牙召开的第十九届联合国粮食及世界卫生组织食品添加剂法规委员会会议上又做出了决定，取消过去成年人每天摄入 6～7.5g 味精食用限量的规定。该决定意味着作为食品添加剂的味精，成年人可以无疑虑地按各人喜爱程度摄取，而不再受食用量的限制。专家们经几十年的动物生化生理学研究及对顾客进行调查，获取大量数据，证明味精属于所需要的营养成分之一。谷氨酸本身就是蛋白质中氨基酸的一种，对人体有营养价值，人体摄入味精可以完全消化、吸收，并进行正常的生理代谢。

美国也曾对味精的安全性进行过反复讨论，并于 1980 年 5 月 6 日由美国食品和药物管理局发表专门委员会的调查报告，对这场讨论做出结论：按现在使用的水平，摄入味精对人体有害的说法是没有依据的。

我国生产的味精中谷氨酸钠的含量在 80%～99%之间。在 80%的味精中，食盐含量为 20%。另外，还有“复合味精”，也叫特鲜味精，是在普通味精中强化呈味核苷酸，这种味精的鲜度比普通味精高 2～5 倍。

四、玉米水饺馅配方设计中的问题

玉米水饺馅的好坏，直接关系到产品质量，设计一个水饺馅的配方必须做到：①了解肉、菜、调料的性质，使用方法、使用量、使用效果；②清楚各种原料混合后的效果，根据工艺要求对原料进行加工，根据消费者需求标准进行设计；③及时小试，严肃认真公正公平地进行卷面打分品尝，根据反馈意见再改，直到多数消费者满意为止。为了设计配方不走弯路，必须掌握下列注意事项：

（1）咸味在食品调味中极其重要，百味咸为先。咸味是调味的主体，咸味辅佐鲜味，任何鲜味离开咸味就不会被人们喜欢。到目前为止，只有食盐才能产生纯咸味，但咸味不能过重，咸味重就会有苦涩感。人们对咸味适应量因地区、因人群有差异，北方城市对于饺子馅的含盐量适应范围为1.0%～1.2%，农村为1.1%～1.4%，南方为0.8%～1.0%。

（2）鲜味是一种特殊的美味，常用的鲜味剂有味精（学名谷氨酸钠）、核苷酸等。鲜味剂是设计玉米饺子馅不可缺少的调料，可以提高玉米饺子馅的风味，增强人们的食欲，但加量大了，鲜味过头，也会使人感到口干舌燥。一般添加量是食盐的40%～50%。

（3）味觉有一定的适应性，应注意不能因为对某种调料产生适应性而对其味道程度错误判别。

（4）味觉相互影响，糖里加一定量盐，感觉更甜，鲜味剂中加盐味觉更鲜，辣椒加麻椒，辣味麻味全降低，增加了适口性。

（5）味精英文缩写为MSG，5′-肌苷酸钠为IMP，5′-鸟苷酸钠为GMP，IMP、GMP混合物为I+G。在使用时，若将IMP与MSG混合使用时，可大大减少味精的添加量，能使肉味更鲜美，并能减少味精的使用量，若将GMP和味精混合使用时，较之单独使用味精效果更佳，这是因为二者具有味道互补作用。将I+G与味精混合使用时，可以大大提高肉香味，还可降低成本，可以节省费用60%左右（和单独用味精比较）。

（6）注意每种馅都要有一种特定的主导味，制作玉米饺子馅味道不能千篇一律，张扬个性化产品，口味不能脱离大众化。

（7）胡椒、葱类、大蒜、生姜等都有消除肉类特殊异臭增加风味的效果，大蒜效果最好。

（8）在口中5′-肌苷酸能被感受的最低量为0.025%，5′-鸟苷酸能被感受的最低量为0.0125%，味精能被感受的最低量为0.030%，利用此数据，可推导拌水饺馅时添加的最低量。

（9）拌馅常用的调料油有香油、花椒油、大料油、葱香油，不同口味的馅，可以成为复合口味，但主导口味必须突出，例如芹菜馅，吃到嘴里必须先感受到的是芹菜味，仔细咀嚼才是复合味。

（10）做饺子馅时所用的肉，颗粒不能太细，一般以3～5mm为宜，颗粒细往肉馅里多加水方便，可以降低成本，但是打水的肉馅后味不足，易产生油腻感，难以吃出回头客人。

（11）拌馅中的主导菜应保持一定颗粒，也应在3～4mm左右。

（12）拌馅中的姜、蒜、葱尽量切得细、碎，为的是均匀分布，有效利用其味道，防止入口后过浓过淡不均衡。

（13）蔬菜的脱水必须用机器，小规模的用新购置的洗衣机甩干桶，大规模的用离心脱水机，保障脱水后蔬菜中水分的稳定性及标准，才能使馅心味道稳定和标准化，但必须在实际中摸索出每种菜的甩干时间及含水量，这是至关重要的，水分波动大，馅中所有调料相对比例都发生变化。如菜的水分多出10%，口味有明显的差异，并且10%的水对肉味冲淡，对包馅工艺操作等带来一系列不良影响。

(14) 一般用菜做馅时不宜用水漂烫，切碎后，加0.5%～1%盐拌匀后，强力脱水，脱水后的汁液，用干净的容器收起，拌肉时将汁代替水拌在肉内，就能保证特征主导味浓，原汁原味。

(15) 拌好的水饺馅在0～5℃保存较好，其味道变化相对小些。

(16) 必须会用三种调料油：香油、花椒大料油、葱香油，其中熬制葱香油需要过硬的功夫。熬制花椒大料调料油时，若先将花椒大料用蒸汽蒸10min，再温油下锅效果较好。熬制葱香油时，一定冷油下锅（注意将葱切成1～1.5cm的碎片）文火加热，到葱片周边刚刚发焦且产生香气时即可出锅，出锅后油的余热恰好完成熬制，使易挥发的香味留在油中。将油冷却，并捞出固性物备用。

(17) 调馅用的调料，应在十分可靠的商业部门采购，不能随意调换采购部门，不能随意更换品牌，随意更换会改变产品质量的稳定性。这是保证标准化的必要条件。

(18) 批量生产时，拌馅用的葱花（切碎的葱）不能用高速剁馅机切，易出苦味，这是因为高速切割时，切刀带进足量的空气使葱片容易升温后在空气中氧化，产生苦味，正确的做法是在很低的温度下切碎，并且在切刀上涂色拉油，如改成人工切碎，刀上也需涂色拉油。

(19) 试拌馅时，必须用量具称量、记录，以备试验成功后重复配料。假如称取各种调料均为100g，如拌完馅的效果好，就称取各容器中缺少的量，就是馅的配方用量，这种配方数据比较可靠，可以指导生产。

(20) 工业化生产的拌馅标准和饭店、家庭即煮即食的要求标准不一样，对于当时现场确认的口感，必须做冷冻试验，冻后在10d、20d、30d、60d、180d、360d煮时和新拌馅进行口味比较，冻后口味变化大的淘汰，变化不大的或没有变化的配方予以整理保留，用于指导工业化生产。

(21) 工业化生产速冻玉米水饺必须有研发机构，研发机构不仅开发适销对路的新产品，还要做基础技术研究。如当地山菜、野菜特色菜及其中的阔叶菜、茎菜、根菜、果菜、花菜、菌菜哪些适合做馅，适应什么调料，哪些菜做馅后速冻长时间不变色，不变味，不变形，哪些菜适合在玉米饺子中久煮不变味。如白菜、菠菜久煮会出现腐败味，做馅适用于蒸饺，不适合煮饺，用其做馅必须漂烫，漂烫的菜加5‰的碱液效果明显改善。开发部门还要研究各种肉类制馅在速冻过程的变化规律。

(22) 拌馅注意东西南北不同区域的口味特征，还要注意富裕人群和非富裕人群的口味追求标准，如刚刚从温饱中解脱出来的人群则认为：好的饺子馅应该肉多、汤肥，咬开饺子就流油，肉馅形成一个完整的球团；而追求营养、讲究健康、讲究生活质量的人则认为：好的饺子馅色型味俱全，不肥不腻，有期望的营养，且卫生、安全、绿色无公害。馅料设计者一定要知道所拌的馅是给哪个地域及哪个消费层次的人群食用。

(23) 对研究出的馅进行评价时要注意公平、公正，不带有感情因素，更不要以企业老总的口味标准代替消费者，不要以最高行政长官的口味标准代替消费者，应到陌生的人群中，不加以任何说明品尝打分确认。

(24) 工业化生产必须建立调馅监督办法，防止拌馅时由于人的情绪变化使某种调料漏加或重复添加，如食盐一旦重加后果十分严重。拌馅员自检的具体做法是将每种调料量计算灌装，所用容器恰好完全装满，拌完馅后回头查，若有调料量没动的容器那就是漏加，可马上纠正。

(25) 具有肉腥味的猪肉，可以先漂烫一下再用。

(26) 肉的采购员、保管员、技术人员必须能识别什么是一类肉，因为只有一类肉才能做馅，卫生质量好，合乎食用拌馅的肉，盖“兽医验讫”印章。

(27) 新鲜鱼肉包饺子必须做嫩化处理，否则冻后的饺子馅中的鱼肉口味大打折扣，鱼肉发柴出水。

(28) 拌馅就是要增加香味，饺子馅的香味分头香、体香和底香。底香由食盐完成约占62%；体香由味精I+G、香辛料、糖等完成，占30%左右，而头香由脂香料和葱蒜等具有挥发性的物质来实现。底香、体香不足回味不好，头香过大显得燥烈。

(29) 老龄动物的肉，由于胶原蛋白的交联作用，形成分布广泛的粗糙、坚韧的结缔组织，严重影响肉的质量和食用。用于制馅口感不好，煮不易熟，因此必须人工嫩化。嫩化的方法是将肉切成块，浸于嫩化液中，于60～65℃的温度浸30～60min。嫩化液的配制，木瓜蛋白酶2%，盐1.5%，味精2%，加65℃水溶解即可使用。

以上的拌馅注意事项，也是在实践中摸索出的规律，是拌馅中必须注意的原则，在以下拌馅实施例中将有体现，不再特殊加以说明。

五、拌馅前的准备工作

（一） 肉的解冻处理

肉品的冻结和解冻是可逆过程。市场上批量供应的肉大多是冻肉，若用冻肉制馅就必须先解冻。解冻的目的是将冻肉的温度回升到所指定的温度，使冻肉的冰晶融化，并保证最完善地恢复到冻结前的状态，获得最大限度的可逆性。常用的解冻方法如下：

(1) 空气解冻法：这是一种在空气温度为15℃以下的缓慢解冻法，此法对肉品的质量及卫生都有较好的保障，肉品温度比较均匀，汁液流失较少，因为肉品内的组织细胞有充足的时间来吸收冰融化后的水分。例如将肉放在空气温度为3～5℃的室内，相对湿度在90%～92%，为使肉温从－15℃上升到零上2～3℃，解冻时间为2～3d，这是空气处于静态状态。若用动态空气解冻肉品，可用风机连续送风使空气循环，可以加快解冻肉品的速度，缩短解冻的时间。例如将猪肉放在空气温度为15～20℃的室内，相对湿度在85%～95%，采用风速1m/s的空气循环放热，解冻时间为15～20h。

(2) 水浸式解冻：此方法适用于带有不透水包装物的肉品，例如，肉品在水中解冻，水温为20℃，解冻时间为9～10h，较空气解冻快1倍，同时因肉品表层胀润会增加重量3%～4%，但由于肉中有色物质被浸出使表面颜色变浅，外观欠佳。

(3) 真空解冻：在0.003MPa压力下，水在26℃就可以沸腾，从而利用水在真空状态下低温沸腾产生大量热的水蒸气与冻结肉品进行热交换，水蒸气在冻结肉品表面凝结而放出凝结热，这部分热量被冻结肉品吸收，使其温度升高达到解冻目的。

真空解冻一般是在圆筒状金属容器内进行。容器一端是冻结肉品的进、出口，冻结肉品放在小车上送入容器内，底部盛水。水封式真空泵容器压力降为0.001～0.002MPa时，水在10～15℃时即沸腾为水蒸气，每千克水蒸气在冻结食品表面凝结时将放出2093.4kJ

热量。

温度在－15℃的冻结猪白条肉，解冻2～3h即可使肉表面温度达到16℃。

厚0.09m的－20℃的冻结牛肉，在90min内即可完成解冻。

真空解冻比空气解冻可提高效率2～3倍。而且因在抽真空、脱气状态下解冻，大多数细菌被抑制，有效地控制了肉品营养成分的氧化和变色。由于脱离了与水直接接触，肉品的汁液流失量比在水中解冻有显著减少。同时由于是低湿的饱和水蒸气，使肉品不会出现过热现象和干耗损失，而且色泽鲜艳，味道良好，从而保证了肉品的质量。

（4）微波解冻：用波长在0.001m到1m之间的电磁波，若干秒钟，间歇照射肉品进行解冻，全解冻时间为10～30min左右。

微波解冻用的解冻室由不锈钢制成，上部有微波发生器和搅拌器，为防止冻结肉品突出部分过热，用－15℃的冷风在肉品表面循环。如使用传送带输送解冻肉类，可使生产连续化。

微波解冻迅速而温度又不高，可以保持肉品完好无损，质量好，维生素损失较少，并能很好地保持肉品的色、香、味，而且解冻时间短，如40～50kg的冻结肉，只需10～15min。一般微波解冻时间只需常规解冻时间的十分之一到百分之几。对于带有纸箱包装的肉品也能解冻，既方便又卫生。同时微波解冻占地面积小，有利于实现自动化。

若是采购新鲜肉，应将买回来的猪肉经过僵化期后先进行分割，分割成200～400g的小块，进行肥瘦搭配，将搭配完的肉送到绞肉机中进行绞制，选择具有颗粒较大的漏板，绞出的肉馅待用。若能开发将冻肉直接切割成做馅所需的颗粒，冻状时直接和馅包制饺子，这样的饺子速冻时间会更短，节省更多的能源。

（二）蔬菜的处理

蔬菜的处理内容和工序因其种类和制品的形状等不同而异。一般蔬菜的处理内容和工序是经过蔬菜的前处理（包括去除异物和砂子后用水洗涤，去除根皮、种子等不可食部分）后，依成熟度、形态、大小进行挑选，成形、漂烫、冷却、甩脱水、装包等。在处理过程中原料不能与铜、铁等易被氧化的金属容器直接接触，否则产品易变色变味，加工过程中应使用不锈钢器具。蔬菜的前期处理属于生活中的常识，这里主要谈谈蔬菜的漂烫。首先是漂烫不能过度，否则蔬菜的叶绿素常常会变成橄榄色乃至褐色的脱镁叶绿素，这个变化的速度在漂烫的温度下是相当快的，蔬菜失色后是不能用其制馅的。漂烫过度还会造成蔬菜软化失水，也不利于制馅。漂烫的方法可分为热水漂烫和蒸汽漂烫。热水漂烫的水质应符合生活饮用水的水质标准，水温为80～100℃，多用93～96℃。蒸汽漂烫是把蔬菜放入流动的高温水蒸气中进行短时间的加热处理，蒸汽的压力在100kPa以上，温度100℃以上。除上述两种漂烫方法外，近几年来还出现用微波漂烫。漂烫后的冷却和沥水比较重要，蔬菜漂烫完了就要立即冷却，以使其在短时间内温度降至室温以下。冷却的方法有：①浸入水中冷却；②用冷水喷淋冷却；③冷风冷却，冷却得及时能保证其色、型、硬度满足于制馅的要求。冷却完了必须马上沥水。沥水、冷却、漂烫都应有严格的时间及相关的参数。沥水完毕应根据制馅工艺要求，切成丝、条、丁、块等，装到相应的塑料容器中，存放在冷藏库中备用。

六、调馅料实施案例

（一）工业化生产调馅实施案例（见表7-6～表7-15所示）

表7-6 实施案例一 小白菜肉馅

序号	物料名称	配方量	制作工艺要领
1	小白菜（洗净焯后）	245	1. 小白菜洗净，用0.2%碱水液漂烫，变绿即刻捞出，冷却甩干水分，切成2mm碎块。 2. 把各种调料加入肉馅中拌匀。 3. 再将菜加入共同拌匀。 注：小白菜可以任意换成其他阔叶菜
2	猪前槽肉（切碎）	245	
3	鲜姜末	3.0	
4	鲜葱末	6.0	
5	食盐	7.0	
6	鸡精	2.0	
7	胡椒粉	0.1	
8	白糖	0.6	
9	香油	3.0	
10	葱香油	60	
11	味精	2.0	

表7-7 实施案例二 韭芹虾仁肉馅

序号	物料名称	配方量	制作工艺要领
1	鲜冻虾仁（净）	300	1. 将虾仁洗净，沥水，切成4～6mm的颗粒，或整粒包进馅中。 2. 猪肉选前槽，绞碎成颗粒3～5mm的。 3. 韭芹洗净切成细末，晾干水分。选2/3用葱香油拌匀，以防脱水，另1/3用豆浆机高速打成浆汁。 4. 将韭芹浆汁拌到肉馅中以强化肉的鲜味。 5. 将用葱香油拌过的韭菜拌到虾肉中。 6. 将盐以外的调料全部加进去拌匀。 7. 最后加食盐共同拌均匀即可。 8. 包馅时每个饺子内加一整粒虾
2	韭菜	250	
3	肉馅	450	
4	葱香油	80	
5	食盐	9.0	
6	蔗糖	3.0	
7	花椒粉	0.8	
8	香油	15	
9	I+G	0.5	
10	味精	3.0	
11	鸡精	1.5	

表7-8 实施案例三 榛蘑猪肉馅

序号	物料名称	配方量	制作工艺要领
1	山榛蘑（净）	240	1. 将速冻榛蘑解冻5成，直接放入刹菜机中切成碎，颗粒为3～5mm。 2. 用离心机沥干水分。 3. 将洗净的小白菜以1%碱水漂烫变绿立即捞出，用冷水冷却后，以离心机（甩干桶）沥干水分，将韭菜切成细末。 4. 将鸡油炸开，放入姜屑。 5. 用葱将植物油炸香冷却后用，把所有称好的调味料加入肉馅中搅拌匀。 6. 加榛蘑小白菜拌匀，待包饺子用。 注：可以用任一种菌类菜代替山榛蘑，例如香菇等，处理方法及添加量相同
2	小白菜（净）	10	
3	韭菜	10	
4	猪肉	240	
5	鲜葱屑	5.0	
6	鲜姜屑	2.0	
7	食用精碘盐	7.0	
8	白糖	2.0	
9	花椒油	2.0	
10	炸酱	8.0	
11	炸熟鸡油	20	
12	葱 香 油	30	
13	香油	10	

表 7-9　实施案例四　白菜馅

<table>
<tr><th>序号</th><th>物料名称</th><th>配方量</th><th>制作工艺要领</th></tr>
<tr><td>1</td><td>白菜（净菜）</td><td>350</td><td rowspan="9">一、工艺过程：
1. 将大白菜清理去杂后切碎，置于透气的布袋中，用甩干脱水机 40～60s。
2. 将干粉条用水烫泡后，切成和白菜颗粒大小粒度。
3. 将生葱切成碎块。
4. 准确称量各种组分，共同放置于拌馅机中充分拌匀即可包制。
二、操作要领：
1. 白菜不可漂烫时间过长，入开水锅 20s 即出锅。
2. 食用说明：白菜馅蒸煮时间不超过 4min。
3. 粉条选用地瓜粉或土豆粉</td></tr>
<tr><td>2</td><td>粉条（泡制好的）</td><td>140</td></tr>
<tr><td>3</td><td>生葱（净碎的）</td><td>10</td></tr>
<tr><td>4</td><td>葱香油</td><td>40</td></tr>
<tr><td>5</td><td>芝麻油</td><td>2</td></tr>
<tr><td>6</td><td>花椒粉</td><td>0.5</td></tr>
<tr><td>7</td><td>食盐</td><td>6.5</td></tr>
<tr><td>8</td><td>熟猪油</td><td>20</td></tr>
<tr><td>9</td><td>鸡精</td><td>5</td></tr>
</table>

表 7-10　实施案例五　西葫芦鸡蛋馅

<table>
<tr><th>序号</th><th>物料名称</th><th>配方量</th><th>制作工艺要领</th></tr>
<tr><td>1</td><td>西葫芦（净脱水后）</td><td>350</td><td rowspan="10">一、工艺流程：
1. 将西葫芦清理去杂切丝，用盐拌、脱水。
2. 用 30g 植物油爆炒鸡蛋，炒至 1/2 变色逸出香味切碎。3. 将生姜切成碎末。4. 将生葱切成葱末。5. 充分拌匀即可包制。
二、操作要点：
1. 切碎的西葫芦 500g 用食盐 20g 拌充分静止 30min，脱水后再用清水洗涤 2 次再脱水。
2. 炒鸡蛋入锅应十成油温。
3. 蒸制时间不得超过 4min。
注：可用各种可食瓜类代替西葫芦，其他配料不变</td></tr>
<tr><td>2</td><td>鸡蛋（净脱皮后）</td><td>150</td></tr>
<tr><td>3</td><td>生姜（净碎）</td><td>2.0</td></tr>
<tr><td>4</td><td>生葱（净碎）</td><td>10</td></tr>
<tr><td>5</td><td>葱香油</td><td>30</td></tr>
<tr><td>6</td><td>芝麻油</td><td>4.0</td></tr>
<tr><td>7</td><td>熟猪油（用洋葱炸）</td><td>28</td></tr>
<tr><td>8</td><td>鸡精</td><td>4.5</td></tr>
<tr><td>9</td><td>盐</td><td>6</td></tr>
<tr><td>10</td><td>花椒粉</td><td>0.5</td></tr>
</table>

表 7-11　实施案例六　三鲜韭菜馅

<table>
<tr><th>序号</th><th>物料名称</th><th>配方量</th><th>制作工艺要领</th></tr>
<tr><td>1</td><td>韭菜（净）</td><td>350</td><td rowspan="6">一、工艺流程：
1. 将韭菜清理去杂，晾干切碎。
2. 将鸡蛋打碎取液，用 30g 油爆炒后切碎。
3. 将姜切碎。
4. 将配方中各种成分准确称量后放在盆中，充分搅拌匀就可包制。
二、操作要点：
1. 炒鸡蛋油必须翻开，否则鸡蛋不香。
2. 韭菜切成细颗粒，如果含水量较大，通风晾 1h。</td></tr>
<tr><td>2</td><td>鸡蛋</td><td>150</td></tr>
<tr><td>3</td><td>海虾皮</td><td>10</td></tr>
<tr><td>4</td><td>食盐</td><td>5.0</td></tr>
<tr><td>5</td><td>花椒粉</td><td>0.5</td></tr>
<tr><td>6</td><td>味精</td><td>3.0</td></tr>
</table>

续表 7-11

序号	物料名称	配方量	制作工艺要领
7	鸡精	2.0	3. 买细条韭菜为好。 4. 和馅时先用调料油将韭菜拌匀后再拌全料。 5. 在不粘手的情况下，尽可能将蒸饺面和的软一些。 6. 蒸出的饺子放置时饺子边出现发干时，可反向用温热水醮一下再上桌。 7. 正常室温蒸制 4min 出锅（开锅算起），不可随便超时
8	葱油	50	
9	芝麻油	1.0	
10	姜	2.0	

表 7-12　实施案例七　猪肉芹菜馅

序号	物料名称	配方量	制作工艺要领
1	芹菜（净菜）	250	一、工艺流程： 1. 将芹菜清理去杂切碎；将猪肉清理去污绞碎。2. 将切碎的芹菜装在透气的布口袋中，扎紧布袋口后放在离心甩干机脱水。3. 将生葱切碎，将生姜切碎。4. 准确称量各种馅料，先将调料放入芹菜中拌匀，再将其他料混合均匀，置于一盆中，充分拌匀就可包制。 二、操作要点： 1. 必须将芹菜甩干水分，以脱水机（可用洗衣机甩干桶）不再出汁液为准。2. 必须选用猪前槽肉，并且肥膘在三指以上（5cm 以上）为好。3. 用甩出的芹菜汁 20～50g 拌到切好的肉中。4. 芹菜生切，生甩脱水分，不得以开水烫漂。5. 水饺馅调料必须上下搅拌匀再添加。6. 室温情况下大火开锅上汽后计时，蒸 4min，冬季加 1min，不得超时。7. 芹菜和肉的颗粒应在 4～6mm 为宜，细则口感不好。8. 在不粘手的情况下，提倡蒸饺面和得软一些，和面多揉些时间更筋道。9. 若饺子边因放置时间长而发干，可把饺子边放在热温水中醮一下再上桌。10. 消费者喜欢水饺可以把蒸好的饺子放在热水中煮 1min 即可
2	猪肉	250	
3	生葱	20	
4	生姜	5.0	
5	葱香油	30	
6	炸开猪油	25	
7	芝麻油	10	
8	食盐	7.0	
9	鸡精	1.0	
10	味精	2.0	

表 7-13　实施案例八　蕨菜肉馅

序号	物料名称	配方量	制作工艺要领
1	蕨菜（净）山菜	240	1. 蕨菜洗净，切碎后加入 10%白醋液中浸泡（去腥味）2～3min，捞出以冷水洗涤 2 遍。沥干水分（用离心机高速甩干）。 2. 韭菜洗净切成碎末以豆浆机打成汁，加入蕨菜中拌匀，浸渍。
2	韭菜（鲜）	20	
3	猪前槽肉	240	
4	鲜葱末	5.0	
5	鲜姜末	3.0	
6	食用精碘盐	7.5	

续表 7-13

序号	物料名称	配方量	制作工艺要领
7	胡椒粉	0.5	3. 将猪前槽肉剁成 2～4mm 的肉粒，取出三分之一加盐 2，油 15 从配方总量里取出，旺火炒 4～5 翻，冷却后和另三分之二混合拌匀。 4. 将所有调料加入肉粒中拌匀。 5. 蕨菜和肉料调料共同混合拌匀，成为蕨菜肉馅待包饺子用。开锅以后蒸 6min，速冻饺子加 2min
8	白绵糖	1.0	
9	芝麻油	4.0	
10	葱香油	30	
11	炸熟猪油	25	

表 7-14　实施案例九　素什锦馅

序号	物料名称	配方量	制作工艺要领
1	洋葱	160	1. 洋葱切成颗粒状，切时将刀醮些色拉油。 2. 将干品鲜菇提前 8～12h 发后，洗净甩干水，使干品 7 份变成 40 份左右。 3. 饭店的油炸油条买回后，切成 2～4mm 的颗粒。 4. 猪油炸成洋葱油后，把洋葱末捞出。 5. 拌馅时将盐最后放入。 6. 猪油也可换成植物油，必须炸开，去掉腥味
2	香菇（湿）	300	
3	油炸果子（油条）	100	
4	胡萝卜	50	
5	白糖	5.0	
6	鲜姜	5.0	
7	味精	3.0	
8	鸡精	2.0	
9	盐	6.5	
10	猪油（植物）	40	
11	葱香油	20	
12	芝麻油	5.0	

表 7-15　实施案例十　牛肉大葱馅

序号	物料名称	配方量	制作工艺要领
1	牛肉	500	1. 牛肉切成做馅颗粒。 2. 牛油切成做馅颗粒。 3. 大葱切成颗粒。 4. 将以上三种混合一起，加水充分搅拌匀。 5. 将其他调料放到一起，混合均匀即可成馅。 6. 蒸制 8min 出锅
2	牛油	150	
3	大葱	150	
4	食盐	10	
5	味精	5.0	
6	鸡精	4.0	
7	花椒粉	1.5	
8	葱香油	45	
9	牛油大料油	45	
10	水	100	

拌馅要点说明：掌握以上的制馅方法后，即可举一反三，融会贯通。

山野菜可用各种可食山野菜代替。猪前槽肉香嫩，开锅即熟，能和水饺菜馅同步煮熟，猪前槽肉也可以用牛、羊嫩肉部位替代。熬制麻椒油、葱香油参照前文提示的制作要点，掌握好这些，可以衍生一系列馅，同时依据各地口味的不同，可以对其中盐、糖等调味料进行上下浮动，就变成当地口味，每次调馅的量可以同比例放大或缩小。注意，同样一个配方，不同的人配成的效果不一样，这就是工艺操作的问题，制作馅关键是掌握工艺本质，熟练操作，前边提到的配馅注意事项一定要引起注意，特别是蔬菜中的水必须甩干净。这些馅的实施方案都是根据玉米特强粉包饺子的特性设计并经实际验证是受欢迎的。配方是固定的，但实际操作中有很多变量，刚拌好的馅料咸度正好，放 1h 以后味就变淡了，原因是表面的盐渗透到肉或菜的内部，咸淡口感也是变化的。

（二） 制馅设备

制馅设备主要是切肉机、多功能切馅机、脱水器、拌馅机，设备大小及数量依速冻水饺厂规模而选定，设备的使用方法生产厂家负责培训，用设备代替人工，工效可以提高几倍到几十倍。

七、和面

（一） 和面机的选择

和面机的选择依玉米水饺粉特性决定，玉米水饺粉和成面团以后，其拉力黏度明显高于小麦面粉，因此选择和面设备只能选择直翅型面桨和面机。

（二） 和面加水量

加水多少是影响面团好坏的主要因素。和面的目的是使水和玉米水饺粉充分混合，使玉米水饺粉中的脂肪、蛋白质、碳水化合物充分吸水膨胀，从而产生具有黏弹性、可塑性、延伸性、延展性的面团。

玉米水饺粉中含有 4.5%左右的膳食纤维，并且细度是小麦粉 2 倍，因此，玉米水饺粉吸水能力明显大于小麦面粉，通常和面是每千克玉米水饺粉加水 0.65～0.70kg。若是新出厂的面粉加水量向上限浮动，若是出厂时间相对较长，且在运输和存放过程中存在着吸潮的情况则加水量下浮，春、秋、冬三个季节比较干燥，和面加水量向上浮动，上下浮动的幅度根据每次和面前的小试数据确定，通常在每千克玉米水饺粉加水 0.66kg 上下。

玉米水饺粉加水量对于下道工序的操作影响较大，加水量偏大，所和面团发黏，影响下剂、擀皮、包制；加水量偏低时，所和的面团发干，则在擀皮、包制、冻结时容易使饺子开裂，影响饺子的卖相，甚至到消费者手中，煮制时影响到复水和口感效果。

（三） 和面用水要求

水的好坏对和面有很大的影响，小麦面粉和面需要加盐、加碱，而玉米水饺粉是绝对不能加碱的。因构成玉米面粉的黄颜色的主要成分是 3，3′-二羟基-β-胡萝卜素和隐黄素（3-羟基-β-胡萝卜素），加碱会使胡萝卜素遭到破坏，同时玉米粉的颜色发生改变。同理对于硬度高的水，应软化后再用。如用自来水和面就能完全满足工艺质量要求。在没有自来水和面时，可以将深井水烧开，同时加万分之二的柠檬酸或醋酸，将水降温到室温后再用其和面。

（四） 和面用水的温度

玉米水饺粉中含有 4.5%的膳食纤维，并且细度是小麦粉 2 倍，对于和面起到一定制约作用。在同等条件下，不仅玉米水饺粉比小麦面粉吸水多，而且玉米水饺粉吸水的速度也低于小麦粉，更主要的是玉米水饺粉对水的温度变化比小麦面粉更敏感。在 30℃条件下，每千克玉米水饺粉加 0.65kg 的水（30℃）就能感触到面团有些粘手；而在 10℃条件下，每千克玉米水饺粉加 0.72kg 的水（10℃）所得到的面团仍然不粘手。对玉米水饺粉而言，和面用水温度超出40℃时，所获得的面团黏性特别大，不易达到和面的“三光”标准。和面用水低于10℃时，玉米水饺粉能超常吸纳水分，对于包制造型也无障碍，甚至冻结成果也十分出色，不开不裂。但产品到消费者手中煮食时，面皮口感的筋道滑爽略低些。通常情况下，用15～20℃的水和面是比较适宜的。其实和面的温度是个综合温度，如玉米水饺粉的温度、和面用水的温度、机械设施的温度都有影响。玉米水饺粉的温度、和面机械的温度是不可调整的，二者受环境温度制约，而这种环境温度因素在设计包饺子房间时是应该考虑到的，和面、包制车间必须安装空调，保持恒温或上下浮动不超过2℃，这样不仅对于和面质量有好处，对于擀皮（或机械制皮）包制过程中控制馅心的变化都是必需的。在和面的现场只有和面用的水温是可以调节的，如果我们设定面团的温度在20℃时，在充分考虑季节变化带来的环境温度变化，利用水温进行调整，每次和面前通过小试的办法，就能找到当时和面用水的温度，在工业化生产中，实现上述工艺也是比较容易的。

（五）和面时间

玉米水饺粉中膳食纤维的特性面粉超细状况决定吸水多而时间长，其吸水速度比蛋白质和淀粉吸水速度慢，因此和面时间相对于小麦面粉的和面时间要拉长。不仅如此，玉米水饺粉相对于小麦面粉比重小，含水量低，和面的水与面粉颗粒的传递速度慢，这也拉长了和面时间。玉米水饺粉在机器中和面，是靠相互搅拌混拌、摩擦、挤压、揉搓达到和面的工艺要求。和面的时间与玉米水饺粉的含水量有关，含水量越低需要的时间越长。和面的时间与颗粒大小有关，颗粒越小和面时间越长。和面的时间与加水的方式有关，加水、在机器上面覆盖均匀，且雾化程度越高和面时间越短。和面时间和设备性能有关，前文已提到，玉米水饺粉和面必须选用直翅式面桨和面。用这种设备和面一般要求时间在10～15min为宜，和好的面团不能马上取出，静止放在机器内冷却10min左右，降低黏度后再取出就能满足生产工艺需要。

（六）添加剂

玉米水饺粉包制水饺，在通常情况下，不需要添加剂。如果冻结玉米水饺没有速冻隧道在冷库中冻结，或者因冷库的冻结产品温度负荷增加而达不到工艺要求的低温时需用添加剂。一是用食用色拉油，添加量可以在2%～5%范围内，直接添加到和面机中玉米特强粉内搅拌即可。色拉油能均匀地混合在玉米面团中，起到保湿、防止水分挥发的作用，同时还能使面团表面细腻润滑便于加工，对于口感没有妨碍作用。乳化剂也是用来防止水分挥发的，膏状乳化剂添加量在0.3%左右，根据需要向玉米水饺粉中加一些黏稠剂也可以，但效果不显著。

八、玉米饺子皮的制作

（一）机器的选择

传统的饺子皮制作是将面团揪成大小合适的小面团（称为面剂），用手将面剂揉圆放在面板上压扁后，左手持皮，右手掌压在擀面棍上，左手将压扁的面片不断转动，右手掌压制擀面棍在暴露面片的部位前后滚动擀压，使面片不断变薄。左手转动一次，右手擀压一次，擀压的原则是向圆缺方位擀压。擀制小麦面粉的饺子皮要求擀面棍滚动的行程不超过面皮的圆心，这是因为小麦粉有面筋，包制饺子装馅以后捏合要向四周拉动，会导致中间变薄，留出圆中心加厚部分，经过包饺子拉动后恰好使面皮各部位厚度均匀。而擀制玉米水饺皮要求擀面棍滚动行程必须越过面皮的圆心部分，中间不留加厚圆心，保持整个面皮薄厚均匀。机器包饺子时，采用灌肠式的饺子成型机工业化生产饺子，揪剂、压剂、擀皮工序都省略掉了。用机器包制饺子的优点是速度快、节省工时、降低成本。但用机器包饺子口感没办法和人工包饺子比，主要原因是机器包饺子面皮是通过机械传导力对面片挤压，加水多了面团变软黏机器不易脱模，面的机械力传导受阻，不能从面团添料口传导到前边饺子成型处，不能完成生产造型。为了防止这样的问题产生，就必须调低加水量，才能顺利成型。这样条件下包制的饺子皮含水量低，煮食时难以复水，饺子皮密度大，煮后也发硬挺，口感不好。近些年市场流行手工饺子，大规模生产也是手工包制为主流，因此，机器制造商注意到工业化生产饺子需要解决下剂、压剂、擀皮的机械化作业，饺子皮机应运而生。这种饺子皮机可以提高工效 30～100 倍，应用得比较成功，也适合制作玉米饺子皮，生产饺子厂家应根据包饺子人数规模，选择生产能力相应的饺子压皮机。

（二） 压制玉米饺子面皮的注意事项

（1） 常用设备的使用、保养和维护方法生产厂家会培训指导，这里不做介绍。

（2） 使用饺子压皮机生产玉米饺子皮，首先要和好玉米饺子面团，上文已介绍过。玉米面团软硬对环境温度敏感度极高，压皮机是按照小麦面粉的特性设计的，因此在使用时注意环境因素的调整。玉米水饺粉加水量每千克低于 0.62kg，则煮食时的复水状况明显不好，加水多时又容易粘辊。有效的解决方法是降低和面的环境温度，设计和面车间通过制冷空调，使和面这个车间温度最低可调到 15℃。另外，利用低温水在夏季和面效果也是明显的，天最热时可用冰水和面，即利用玉米面团软硬对环境温度敏感度极高的特点来实现工艺目标。添加面粉量 5%的色拉大豆油也是行之有效的办法。

（3） 压皮机就是压延机的改进，压出的面片经过模具冲压获得规矩整齐的饺子皮，远远超出手工擀皮的水平，非常适合工业化生产。就玉米水饺而言，一般包制 15g 重的水饺，皮重约 8g。注意冲压饺子皮剩下的边角料应有序地返回到机器前边加料口，这样使得饺子皮的含水量比较平均，冻结时质量容易均衡。

（4） 冲压下来的饺子皮应及时用塑料膜遮盖，防止水分挥发。水分挥发，就等同加水量不足，就容易产生冻裂。

（5） 玉米水饺皮冻裂的原因是不能消除分子应力。消除分子应力的最好办法是和面团时把握好加水量，若玉米水饺皮在每千克玉米饺子粉中加水量低于 0.62kg 时就存在冻裂的可能。不但水要加够，还必须和面均匀。均匀的检验标准是在和面机中任意一处取 1g 面团，测量其含水量都是一致的，这也是消除分子应力的一个标志。防止水分挥发，首先要保证加水量，其次防止水分挥发，包括和面、压皮、包制、冻结、运输、销售的全过程，直至消费者下锅，这都是我们应当注意到的，这也是保证饺子皮质量的重要因素。和面时加 2%～5%的色拉油是防止冻裂的有效方法，并且对防止粘压皮机有很好的效果。

九、玉米饺子的包制方法与造型

（一） 饺子造型

用压皮机制玉米饺子皮，这为我们统一手工饺子的形状和饺子大小创造了有利条件，工业化生产必须统一造型，不论几十人、几百人还是几千人包饺子都必须统一饺子的形状，也是增加卖相的需要。手工饺子形状各种各样，什么样的饺子造型为好，市场调研结论：饺子肚大，前后鼓肚饱满，趋近于“金元宝形”最佳，如图 7-1 所示。实践得知，金元宝造型包制容易统一，包制速度快，造型美观。这种造型饺子馅里能保留部分空气，应对热胀冷缩，保障冻时不易裂，煮时不塌型，特别是饺子侧面有三条立筋，不仅有装饰效果，又有支架支撑作用，保障煮熟不塌型。

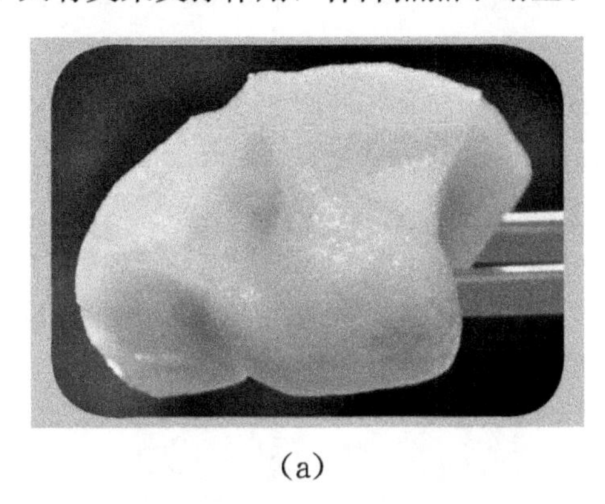

(a)

(b)

图 7-1 “金元宝形”玉米饺子

（二）“金元宝形”饺子的包制方法

1. 拨馅。

(1) 盛馅的容器：为保证拨馅的速度，盛馅的容器必须用浅盘而不能用盆碗或深陡的容器。

(2) 拨馅工具：拨馅在北方用牛骨制的馅匙，也有特制的塑料馅匙，但不可用筷子。

(3) 拨馅方法：拨馅的手法决定拨馅的快慢，拨馅的快慢影响包饺子速度约 20%～50%。拨馅的方法通常是左手轻轻托着平放于手掌上的饺子皮，并且平移到盛馅的盘子边沿下端，轻轻挨上，右手用馅匙从馅盘中馅的边角部位从上向下切拨下来一团适合一个饺子的用馅量，回拉到左手掌上饺子面皮中间，如图 7-2 所示，再用馅匙轻压后迅速抹平，然后右手的拇指将馅匙回推到右手食指与中指间夹住，腾出的拇指和食指待参与包制饺子。

图 7-2 玉米饺子拨馅图示

2. 包制方法。

(1) 包玉米饺子手型要领分解。

1) 拨完馅的饺子皮平放左手上，饺子皮的一端向食指横向前沿探出半指宽后将圆形的饺子皮向横向前端对折 [图 7-3 (a)]，对齐后用双手的食指拇指捏住 [图 7-3 (b)]。

2) 右手食指放在左手食指前边，中间指关节对齐，且贴在一起。两拇指呈人字形放在食指中间关节上，左右手拇指肚紧紧贴在一起，稍呈弯曲状，并分别向左右两侧翻转25°左右 [图 7-3 (c)]。

3) 右手食指拉动左手食指向内收拢，同时左右两个手掌根相向向一起合拢 [图 7-3 (d)]。

4) 两拇指紧紧贴住玉米饺子皮，用力下沉（沉到两个拇指关节充分压到玉米饺子皮上）同时向后一拉 [图 7-3 (e)] 就包出了合格的饺子 [图 7-3 (f)]。

(2) 摆盘。

玉米面饺子皮在一起相互不粘连；包好的饺子紧紧贴在一起也不粘连，因此摆盘时可以让饺子相互贴着摆盘，而不用像小麦面粉那样担心粘连（见图 7-4、图 7-5）。

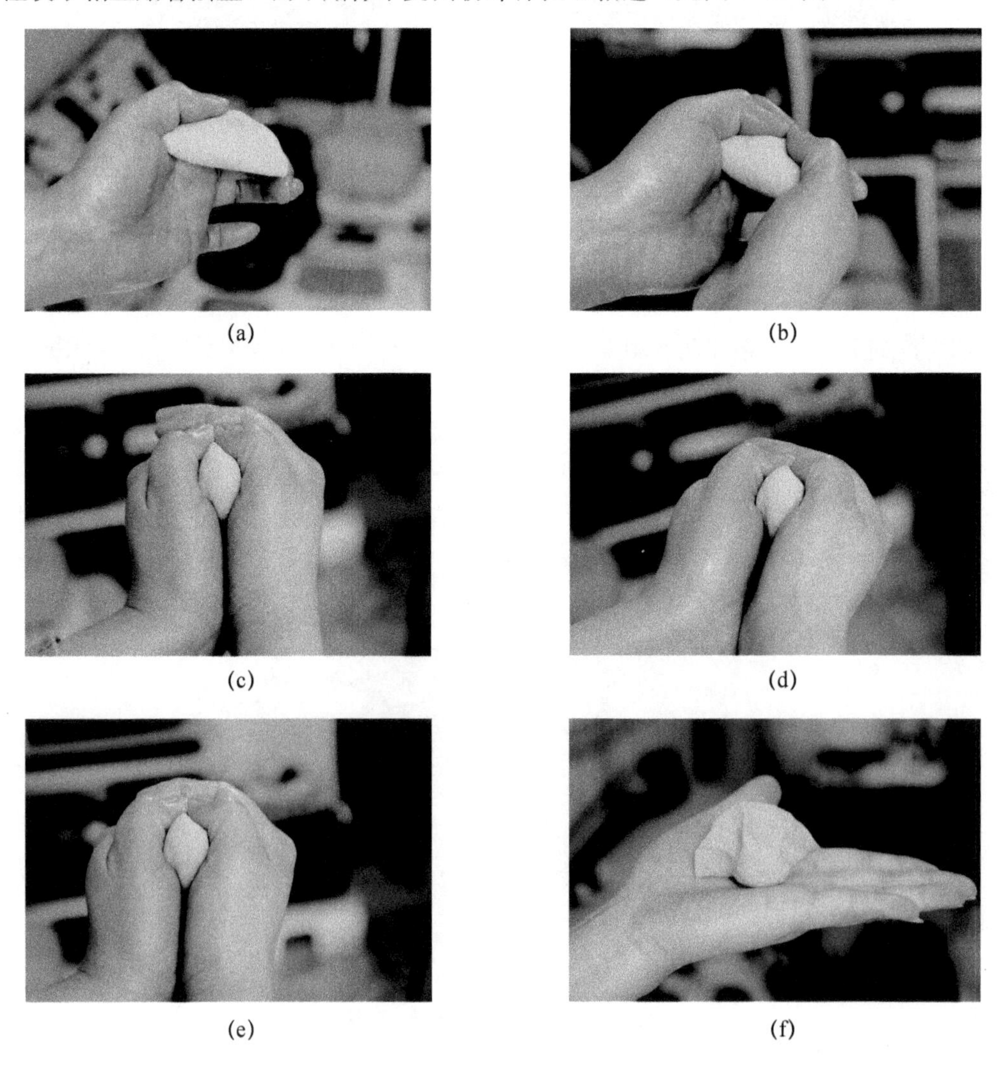

(a) (b) (c) (d) (e) (f)

图 7-3 玉米饺子包制要领分解

图 7-4　玉米水饺的摆盘方法

图 7-5　玉米蒸饺

十、玉米水饺的冷冻原理及设备

（一）玉米饺子的冷冻原理

玉米饺子的冷冻原理就是将玉米饺子中所含的游离水分从液体状态转变成冰，使玉米饺子温度降低到冷冻点以下，使微生物无法进行生命活动，以达到长期储藏的效果。

玉米饺子在冷冻过程中将发生各种变化。如形态变化，水变成冰更为坚硬，产生物理光学色泽的变化。水分冷冻时体积膨胀而使比重及比热变低、导热性增加，也会导致肌肉纤维组织被破坏、部分蛋白质变性、淀粉老化等。

（二）玉米饺子的冷冻条件

（1）在冷冻过程中，玉米饺子组织内的水分会发生结冰现象。结冰的晶体的大小与分布情况对玉米饺子的冷冻质量有很大的影响。较大的结冰晶体能使玉米饺子内各种成分的细胞结构遭到破坏，在解冻后，水分不能还原到最初新鲜状态，质量下降。慢速冷冻，较大颗粒的结冰使玉米饺子中各成分细胞受到挤压，细胞膜破裂，原保水性的淀粉、蛋白质变成脱水型，在解冻时冰晶融化成水，不能再与淀粉、蛋白质等分子重新结合恢复成冻结前的原料状态，造成饺子的品质下降。而玉米饺子在快速冻结时，由于换热作用强，使结冰形成速度大于水和蒸气的渗透、扩散速度，因而使玉米饺子各组分细胞内外的水分同时达到结冰温度，在原地形成分布均匀细小的结冰，从而避免因结冰引起的冷冻膨胀、细胞破裂脱水等问题，快速冷冻成细小颗粒的结冰可以保证玉米饺子中各成分的细胞结构不被破坏，玉米饺子才能在解冻后还原到新鲜状态。为了保证质量，一般提倡在 30min 左右把饺子冻透。

（2）玉米饺子在冷冻过程中，因其水分从表面蒸发，造成重量减少，俗称“干耗”。“干耗”会给生产企业带来很大的经济损失，如果控制不好，“干耗”可达到 2.5%～3.0%，一个年产万吨速冻饺子的工厂，可因“干耗”损失近 300t 饺子。“干耗”发生的原因是冷冻室内的空气未达到水蒸气的饱和状态，其蒸气压小于饱和水蒸气压，在蒸气压差的作用下食品表面水分向空中蒸发，表面层水分蒸发时，内层水分在扩散作用下向表层移动，冷冻时相当于冰的升华，所以“干耗”不断进行着。为防止“干耗”的产生一般应减少裸露速冻做法，采取塑料膜包装或覆盖。此外，速冻过程中换热风也使“干耗”增加，如果采取了高湿度低温，加大风速可提高冻结速度，缩短冻结时间，玉米饺子的冻结“干耗”也可避免。

(3) 构成肌肉的主要蛋白质是肌原纤维蛋白质。在冻结过程中，肌原纤维蛋白质会发生冷变性。蛋白质变性后，持水力降低，质地变硬，口感变差，将严重影响馅的口感，这主要是慢速冻结时形成未冻结浓缩盐液，对蛋白质形成盐析作用造成的。避免的办法还是要提高冻结速度。

（三）玉米饺子生产中的冷冻设备

间接式冻结装置冻结效率较高有带式流态化冻结装置、螺旋带式冻结装置、隧道式冻结装置等。

1. 流态化冻结装置。

随着我国速冻果蔬、肉类、虾类和速冻调理食品的迅速发展，用于单体快速冻结食品，如小形鱼、虾类、草莓、青豌豆、颗粒玉米等的带式流态化冻结装置得到广泛的应用。

流态化冻结是使小颗粒食品悬浮在不锈钢网孔传送带上进行单体冻结的。风从传送带底部经网孔进入时风速很高，达 7～8m/s，由于传送带上部的空间大，故冷风的速度降低，不会把冻结后的玉米饺子吹走。生产能力为 1t/h 的冻结装置，其外形尺寸为 9m×5m×3m，安装在一个有隔热层的隧道内，温度为－30～－35℃。玉米饺子在带式流态化冻结装置内的冻结过程分为两个阶段进行，第一阶段为外皮冻结阶段，要求在很短时间内，使玉米饺子的外皮冻结，这样不会使饺子相互黏结，这一阶段为 5～8min，这个阶段的风速大、压力高，一般采用离心风机。第二阶段为玉米饺子的馅心冻结阶段，要求将饺子的中心温度冻结到－18℃以下，以 15g 饺子为例，大约需 10～15min。生产玉米水饺，应在隧道中配有搁架小车。

2. 螺旋带式冻结设备。

这种设备是将玉米水饺放在金属传送带上，进行螺旋输送冻结。螺旋带式冻结装置外部有一个隔热壳体，内部设有转筒，外围绕有向一个方向转动的不锈钢传送带，可绕 10～20 圈。传送带的一边紧靠在转筒上，由转筒带动，不论传送带有多长，其所受张力都不大，因而使用寿命长，驱动功率小。由于传送带的圈数可任意确定，所以时间、速度、进出料方向等都可以自由选择，将玉米水饺放在传送带上，传送带由下部进去上部出来，空气由上部向下吹，或者采用双向垂直状态空气吹流，温度为－30～－40℃，使冷空气与冻结的玉米水饺呈逆流换热状态，玉米水饺在这里进行冻结。当初温为 20℃，终温为－20℃，20min 左右的时间就可以冻好（15g/个水饺）。

3. 隧道式冻结设备。

隧道式冻结设备用保温材料制成一条保温隧道，隧道内装有缓慢移动的饺子输送装置，隧道入口装有进料和提升装置，出口装有卸货装置和驱动设备，玉米饺子在缓慢移动时遇强烈冷风面快速冻结。隧道内的温度一般为－35～－40℃，冷风速度为 4～6m/s，冷风风向和玉米饺子移动方向相反，所以冻结速度较快，产量也比较大。该设备配有轴流风机，风速较大，冻结速度快，但玉米水饺的干耗也大，因此必须在冻结过程中，用塑料软膜覆盖在玉米水饺盘上，盘子四边用夹子夹住。隧道式冻结设备在速冻饺子厂中应用较广，在速冻玉米水饺过程中，应注意以下问题。

(1) 均匀冻结的问题。

在隧道式冻结设备中，对于装有数百盘乃至上千盘玉米水饺，要求在同一时间内使每个盘得到相等的冷量是比较困难的。在选购设计隧道式冻结设备时，一定注意冷风气流的均匀分布，不仅如此，在组织生产冻结玉米水饺时，冻结摆盘密度不能大，注意均匀分布，这对保证速冻玉米水饺的品质是有明显作用的。

（2）风机的位置对玉米水饺冻结的影响。

对于空气横向循环的冻结设备，若整台风机放在冻结室内，那么应将轴流风机放在上部位置比较合适。因为风机放在上部，可以使风机出口的高速气流有一个扩展均匀阶段，造成空气进入冻结区以前形成紧密而均匀的气流，以利于下一步均匀分配。空气经过均匀分导，形成上下比较均匀的气流，这种条件有利于玉米水饺的冻结。气流组织对玉米水饺冻结影响较大，主要是气流和冻结的玉米水饺接触方向，实践证明，最好的方式是采用逆流接触换热。

十一、玉米水饺的速冻条件

速冻是保证玉米水饺质量的关键因素之一，速冻质量优良的标志是两方面，一是玉米水饺皮冻不裂，二是玉米水饺馅心冻透且不脱水，为保证实现以上两目标，必须做到以下事项。

（1）和玉米水饺面，必须把水按工艺要求加足加准。

（2）必须把玉米面和均匀，保证任取 1g 面团的含水量是相等的。

（3）必须把玉米面团揉到规定的时间，真正做到光滑、细腻、均匀。

（4）包饺子时，包九成馅，留出一些膨胀空间。

（5）包饺子成型时，防止局部受力拉伸变薄。

（6）工业化生产玉米饺子必须包成前文中提倡的“金元宝形”。

（7）从和完面开始，在下剂，擀皮时，要注意防止水分挥发。

（8）擀皮少用薄面（为防止粘连的面粉），擀制出来的饺子皮及时包制，防止放久脱水干皮。

（9）冻饺子的盘不宜太大，勤周转。

（10）饺子皮中可以适当加植物油和面。

（11）冻结时必须将玉米水饺盘用薄膜遮盖住，最好是用塑料袋将饺子盘整体套住。防止风吹使水分挥发，同时防止循环冷风将薄膜吹走。

（12）冻结透的玉米水饺可以在温度 1～5℃的冰水中迅速通过一次，待饺子表面形成冰膜后再包装。

（13）冻结的温度一定要低，通常在－40℃左右为好，或保证玉米水饺能在 30min 以内冻透（将玉米水饺在垂直地面 1m 高的位置上，自由落地后不摔裂不变形为标准）。

（14）冻结好的玉米水饺要及时包装、封口，入冷库存放。

（15）存放速冻饺子的冷库最佳温度为－25℃，还要保障库房恒温，忽高忽低饺子里的水分还会跑掉的。

十二、玉米水饺冷库的管理与卫生

（一）正确使用冷库，保证安全运行

（1）及时清除库房的墙、地面、门、顶棚等部位的冰霜。

(2) 及时清扫库内冷风和排管上的霜，以提高制冷效率。

(3) 及时清除冷风机水盘内的积水。

(4) 商品饺子进出时要随手关门，库门损坏要及时维修，做到开启灵活，关闭严实，不跑冷。

(5) 空库时保持在−5℃以下，防止冻融循环，或滴水受潮。

(6) 不得把冻结的玉米水饺直接放到冷库地面上，防止把冷库地面冻臌冷坏。

(7) 库内电线路要常检查维护，出库房随手关灯，防止发生漏电事故。

(8) 玉米水饺成品及其原料在库房中堆垛，给排管和通道都要留有一定距离，保证行人通过流畅。

(9) 建立玉米水饺及其原料保管卡，按垛位编号、品种、数量、等级、质量、包装，以及进、出、存的动态变化，将卡片悬挂在明显的地方。

（二） 冷库的卫生管理

1. 冷库周围的场地道路应经常打扫，定期消毒。冷库四周不应有污水和垃圾。垃圾箱和厕所应在厂区 25m 以外。

2. 冷库堆放玉米水饺及其原料，必须有垫木，垫木表面应做刨光处理；也可采购塑料专用垫板。

3. 冷库应经常消除霉菌。

(1) 常用的抗霉剂：

1) 氟化钠法：在白陶土（含钙盐量不大于 0.7%或不含钙盐）中加入 1.5%的氟化钠或氟化铁或 2.5%的氟化铵，配成水溶液粉刷墙壁；也可用 2%的羟基联苯酚钠溶液刷墙。此法能使冷库在 0℃下，一两个月内不会发霉。

2) 羟基联苯酚钠法：当发霉严重时，在正常的库房内用 2%的羟基苯酚钠溶液刷墙，或用同等浓度的药剂溶液配成白混合剂进行粉刷。用这种方法消毒，无气味，也不腐蚀器皿，但不可与漂白粉交替或混合使用，以免壁上呈现褐红色。

3) 硫酸铜法：将硫酸铜 2 份和钾明矾 1 份混合，取此 1 份混合物加 9 份水，在临粉刷前再加 7 份石灰刷墙，对杀灭墙壁上霉菌效果很好。

4) 用 2%过氧酸钠盐水与石灰水混合粉刷，也具有足够抗菌的效能。

(2) 常用的消毒剂：

1) 次氯酸钠消毒：库温在−4℃以下时，用 2%～4%的次氯酸钠溶液加入 2%的碳酸钠配成混合液，喷洒在库内，并关闭门。消毒完毕，应进行通风换气。

2) 二苯酚醚钠消毒：库温在−4～4℃时，可用 2%的二苯酚醚钠水溶液洗刷墙、柱、地板和天花板等消毒。

3) 漂白粉混合液消毒：当库温升至 5℃时可用漂白粉与碳酸钠混合热水配制溶液（30～40℃）进行消毒。对冷库中使用的工具设备以及操作人员穿戴的衣物等可用紫外线辐射杀菌消毒，也可用 10%～20%的漂白粉溶液消毒。

4) 福尔马林消毒：库温 20℃以上的库房，可用 7.5%～12%的福尔马林溶液，每立方米空间喷射 0.05～0.06kg。

5) 乳酸消毒是一种可靠的方法，能除霉、杀菌。无论库内是否存放肉类时都可采用，同时也能除臭味。使用方法是将 80%～90%的乳酸和水等量混合，按库容积 1mL/m³ 乳酸比例，将混合物用 2000W 电炉加热，直至药液蒸发完后关闭库门 6～24h 即可。

6）乙内酰脲是一种无毒无害的新药品，因不耐热（60℃），常将其配成 0.1%的水溶液，按 0.2kg/m² 剂量进行喷雾消毒。

7）多菌灵是目前鲜蛋灭菌抑毒较好的药物。将多菌灵粉配成 0.1%的水溶液或将 50%的多菌灵可湿性粉配成 0.1%的水溶液进行喷雾或浸渍鸡蛋。

8）过氧乙酸是目前较好的一种消毒新药。常按 5～10mL/m³，20%过氧乙酸的剂量采用电炉熏蒸消毒，也可按上述剂量配成 1%的水溶液喷雾消毒。

9）新洁尔灭是一种较好的食品消毒除霉剂，能使细菌几分钟内死亡，具有很强的杀菌作用。使用时将 0.1%的新洁尔灭溶液按 40mL/m³ 喷雾消毒，可使霉菌下降率达 50%～84%。

10）酒精煤酚皂溶液是一种既灭菌又除臭的消毒剂。使用时将 70%的酒精 49.75kg 与煤酚皂溶液 0.25kg 混合，按 80mL/m³ 剂量喷雾消毒，杀菌率可达 82%～99%左右。

11）用紫外线方法既能杀菌，又能除霉，也有除臭作用。一般在每立方米库房的空间用 1W 的紫外线光灯，每昼夜平均照射 3h，即对空气起到杀菌消毒作用。

（3）灭鼠及其方法。

在冷库内灭鼠要注意防灭并重，讲究科学。老鼠会破坏冷库隔热结构，污染食品，传播传染病。老鼠咬破电线容易引起火灾。鼠类一般由周围环境潜入冷库，有时与食品一同进入。在接收物品时应仔细检查，特别是带有外包装的食品，更应仔细检查，以免把鼠类带进冷库内。

目前冷库内灭鼠方法常用的有机械捕鼠方法，效果并不理想。比较理想的办法是二氧化碳灭鼠，具体做法是在每立方米的库房间加入 35%浓度的二氧化碳 0.5kg，紧闭库门一昼夜就可消灭老鼠。另外还有用电子捕鼠器，电源电压 220V，有三根输出电线，经电子设备产生 1500V 电压，三根单线各能延长 1000m，分别安置三个方向，可以同时捕鼠，命中率很高。其他灭鼠方法，可到当地卫生防疫站咨询。

十三、玉米水饺的冷藏链及其冷藏运输

冷链正常延续到消费者家中对保持速冻玉米水饺品质极其重要，不可轻视。一般应注意以下几方面。

（1）速冻隧道的选择参数是多项的，但必须满足在 30min 内能将重量 15g 的饺子冻到合格为止，当然测试时还要注意能满足设计产量。

（2）冷库贮藏温度应在－25℃以下。设计建造冷库时，一定要对冷库的保温层提高标准，虽然一次投入高些，但对于玉米水饺在库房中品质的保证有极大的好处，而且还能明显节电。

（3）作为冷藏链的一个中间环节，玉米速冻水饺的运输必须使用冷藏车。冷藏汽车是陆地运输易腐食品用的运输工具，作为短途运输的分配性运输工具，其任务是将由铁路或船舶卸下的食品送到集中冷库和分配冷库。汽车冷藏运输保证将食品由生产性冷库到从周围 200km 内的郊区直接送到消费中心而不需转运。在消费中心，汽车冷藏运输的任务是

将食品由分配性冷库送到食品商店和其他消费场所。当没有铁路时，冷藏汽车也被用于长途运输冷冻食品。

冷藏汽车运输批量较小，运输灵活，机动性好，能适应各种复杂道路地形，对沟通食品冷藏网点有十分重要的作用。

目前我国使用的冷藏汽车主要有两大类型：一类是以一定制冷装置为冷源的冷藏汽车，另一类是无冷源的冷藏汽车（又称为保温车）。冷藏汽车有隔热的车厢，外壳有薄钢片和铝片的两种。隔热材料的热导率要小，具有不吸水和良好的防潮性，同时清洁卫生、无异味、阻燃性好、价格低廉。隔热层通常采用聚苯乙烯泡沫塑料、聚氨酯泡沫塑料和其他新型隔热材料。车厢的载重分1.5t、3t、4t和7t等几种。后面的壁上开有小门以装运食品。

无冷源的冷藏汽车由于在运输过程中没有冷源，只在壳体上加设隔热层，主要依靠车体隔热和货物本身的蓄冷量维持一定的温度，因而要求车厢的隔热性能良好，传热系数$K \leqslant 0.4W/(m^2 \cdot K)$，造价低，适合于短途运输。有冷源的冷藏汽车采用特定的制冷装置，根据混合制冷等多种。这些制冷系统彼此差别很大，选择使用时应从玉米水饺特性、运行经济性、可靠性和使用寿命等方面综合考虑。

机械制冷冷藏汽车是采用适当的制冷机组使车体内降温的特种运输工具。机械制冷冷藏汽车的蒸发器通常安装在车厢的前端，采用强制通风。此种冷藏汽车冷风贴着车厢顶部向后流动，从两侧及车厢后部下到车厢底面，沿底面间隙返回车厢前端。这种通风方式使整个玉米水饺都被冷空气包围着，外界传入车厢的热量直接被冷风吸收，不会影响食品温度。

所谓食品冷藏链是指易腐败变质的食品在生产、贮藏、运输、销售直至消费前的各个环节中始终处于规定的低温环境，以保证食品质量，减少食品损耗的一项系统工程。冷藏链是随着科学技术的进步、制冷技术的发展而建立起来的，以食品冷冻工艺学为基础，以制冷技术为手段，冷藏链是一种在低温条件下的物流现象。机械制冷冷藏车的优点：车内温度比较均匀稳定，温度可调且范围广，运输成本较低。在北方冬季运输更为节约费用。

(4) 以上(1)、(2)、(3)项冷藏链的主导权在饺子的生产厂家手中，容易做好。但到冷藏链第4个环节是经销商的冷库，如经销商有投机意识，只注重既得利益，为了节省成本，往往不去租用合格的冷库，或者为节省用电降费用而拉高冷库温度，那样冷藏链就被破坏了。这就要求厂家在选择经销商时，将此条件作为具有一票否决权的条件，必须保证冷藏链不断，还要经常实地检查，否则前功尽弃。

(5) 冷藏链第5个环节就是在商场（或超市）的冰柜（或冰船）储藏的过程。往往商场为节约用电，不把冷柜开到深冷程度，表层的速冻食品极易融化，煮食很容易破碎或浑汤，从而导致消费者流失。避免的方法：①选择冰柜经常处于深冷状态的商家或超市；②厂家和超市谈判时作为条件列入协议中；③生产玉米水饺的厂家实力俱备，可以在超市里设置生产厂家的小型专门冷柜，也便于宣传生产厂家的品牌。

(6) 消费者携带。冷藏链第6个环节是消费者购买后往家携带的过程，在北方的冬季是不会产生问题的，而冬季以外的季节经常出现水饺融化现象。解决方法就是在包装上下功夫，若在纸箱内再设置一个苯板泡沫保温箱，就得以解决。实践证明，在如上箱子内放置 5kg 以上速冻水饺，封好箱，在夏季也可坐火车带到 1000km 处。

(7) 家庭冷藏。往往消费者将饺子买到家中，不能马上煮食，就会放在家庭冰箱内，生产厂家在包装袋上必须提示消费者注意冷藏保存。

(8) 应当补充的是，从经营商冷库到商场中这段运输，也要同样坚持保护冷藏链。

总之，在这 8 个环节中，都应保持速冻玉米水饺不能冻融，只要冻融一次，玉米水饺的适口性就会大打折扣，冷藏链其他环节的努力也变得毫无意义。如果生产玉米水饺的厂家具备实力能在各地设专卖店。那么冷藏链要简单多了，水饺质量也容易得以保证。

十四、速冻玉米水饺的包装

速冻食品在市场上能发展到如此兴旺程度，除了冷藏链的主要作用外，包装也起了重要作用。包装能保持速冻玉米水饺的卫生，能防湿、防气、防脱水，使贮藏期延长。包装不但保护了速冻玉米水饺，而且可以宣传、介绍玉米水饺。规范速冻饺子必须加包装出售，散装饺子有很多缺点，露置在空气中对冷藏链有很大破坏，必然会挥发水分，出现“干耗”现象，“干耗”使速冻饺子表面水分挥发，面皮中的水分快速降低，面皮表面出现干粉颗粒，放到锅中煮食浑汤、破裂，面皮丧失了咬劲和筋性，严重时，馅心发干、发“柴”，对于打造产品的品牌增加了风险。另外，散装饺子露置空气中是不卫生的，加之顾客选取饺子时，图方便者就用手拣也十分不卫生。因此，速冻玉米水饺必须加以包装，而且包装物还要符合食品卫生的要求，还要具备耐低温、耐油、气密性好等性能。

（一）速冻玉米饺子包装材料

(1) 包装玉米水饺的包装材料，要求能耐－30℃的低温，一般选用铝箔和塑料。铝箔价格较高，大多数都选择塑料，在－30℃时，塑料仍然具有柔软性。

(2) 玉米速冻水饺的包装材料，要求具有透气性低的材料，因为透气性低的材料能防止干耗和保持速冻水饺的香气，包装材料经长期贮藏或流通，会因老化出现气孔，增加透气性就增加了氧化机会，选择包装材料时应选择添加抗氧化剂或紫外线吸收剂的包装材料。

(3) 速冻玉米水饺的包装材料应防止水分渗透以减少干耗。

(4) 速冻玉米水饺放在超市冻藏陈列柜中必然受到荧光灯照射，选用的包装材质及印刷颜料必须考虑到耐光性能。

（二）常用的速冻玉米饺子包装材料性能要求

速冻玉米饺子的包装分为内包装、中间包装和外包装。内包装材料有聚乙烯、聚丙烯、聚乙烯与玻璃纸复合，聚酯复合、聚乙烯与尼龙复合、铝箔等。中间包装有塑料托盘纸质托盘或聚苯泡沫板。外包装有瓦楞纸箱、耐水瓦楞纸。

1. 内包装的技术要求标准。

(1) 印刷性：易印刷，图案清晰印墨不易脱落、褪色，印墨没有污染。

(2) 耐油性：速冻玉米饺馅中有油，包制不慎会有外溢。

(3) 透明性：使金黄色的速冻玉米水饺能清晰被顾客看到。

(4) 不透气性：防止干耗和氧化。

(5) 热封口性：易热封，保证封口严密不透气，有物理强度。

（6）不产异味：防止塑料内包装物有异味转移到玉米水饺上。

（7）耐高温性：能耐120℃左右，方便应用微波炉加热。

（8）耐低温性：要求在－18～－30℃保持弹性，防止脆裂。

（9）价格合理适用。

2. 常用的内包装材质。

（1）聚乙烯，缩写PE，是石油副产品中的气体乙烯聚合而成。聚乙烯品种很多。因制造方法不同，使用性能各异。高压法生产的聚乙烯软化点低，耐热性差，薄膜中树脂密度为0.942～0.964g/cm^3。聚乙烯的密度对其性能有很大影响，随着密度的提高，其抗张强度，韧性和隔绝性能增强，透湿量中透氧量降低，而耐冲击强度和抗扯性能有所降低。

（2）聚酯（PET）

它以乙二醇和对苯二甲酸为原料，采用挤出法制成原片，再与双向拉伸工艺相配合制成薄膜。其相对密度为1.38～1.40，PET薄膜具有优良的透明度及光泽，有较强的韧性和弹性。力学强度大，比其他薄膜具有更大的抗张力，其强度等于乙烯薄膜的6～9倍，而冲击、挺力强。耐热耐寒性好，熔点为260℃，软化点为230～240℃。即使采用双向拉伸工艺，在高温下长时间加热，或是在低温下仍不改这种特性。具有良好的防潮性和防水性，水蒸气、水和气体透过度极小，在过分干燥和过分潮湿的双向极端适应性最好。PET透明度好，可视光线90%以上可通过，印刷性和适应机械操作性能好。PET的缺点是价格高，不耐碱，易带静电，防止紫外线透过性稍差，单层薄膜的热合性差。

（3）聚丙烯（PP缩写）

丙烯单体通过催化剂，发生配位络合聚合反应，得到同构型的聚丙烯或间同构型的聚丙烯。

由于加工工艺不同，聚丙烯薄膜分为双向拉伸和未拉伸两种。聚丙烯薄膜透明度高、弹性大、耐折、耐油、耐热、耐酸碱，蠕变性小，不易变形且可防潮、防水等。其相对密度小，与其他同样重量的树脂比，可以生产更多的薄膜。聚丙烯薄膜的缺点是防止氧气透过性一般，隔绝异味和防止紫外线穿透性差，并且带静电，但是耐低温性能好，可以达到－40℃，印刷效果较好。

（4）尼龙（NL）

尼龙是一种热塑聚高分子化合物。尼龙薄膜是用T型模挤出工艺和吹塑工艺制成的。在加工过程中有双向拉伸和未拉伸两种，双向拉伸的用途最广，产量最大。双向拉伸薄膜尼龙具有优良的耐热性、耐寒性，而且撕裂强度和耐针孔穿刺性好。作为复合薄膜材料与其他薄膜复合使用时能起到增强、加固、耐撕裂、阻隔气体的作用。

（三）常用的复合包装材料的种类特殊性能

塑料复合包装技术是先进的包装技术，是根据被包装物的贮存条件需要而把两种以上的塑料、尼龙、铝箔、玻璃纸、纸等复合成一体，使之各种单一包装材料的优势得到互补，对比进行了解，方便于选择包装材质以便和印制厂谈判。

目前使用较多的复合包装材料如下：

聚丙烯/聚丙烯复合薄膜（PP/PP）

尼龙/线型聚乙烯复合薄膜（PA/线型PE）

聚酯/流延聚丙烯复合薄膜（PET/CPP）
电化铝/聚乙烯复合薄膜（AL/PE）
双向拉伸聚丙烯/流延聚丙烯复合薄膜（OPP/CPP）
尼龙/聚乙烯复合膜（PA/PE）
聚酯/铝箔/改性聚丙烯复合薄膜（PET/AL/PP）
聚乙烯醇/聚乙烯复合薄膜（PVA/PE）
流延聚丙烯/聚乙烯复合薄膜（CPP/PE）
双向拉伸聚丙烯/聚乙烯复合薄膜（OPP/PE）
玻璃纸/聚乙烯复合薄膜（PT/PE）
聚酯/聚乙烯复合薄膜（PET/PE）

（四）速冻玉米饺子的内包装材料的一般选择

速冻玉米饺子的内包装塑料袋，经常被选择的有聚乙烯（PE）薄膜、聚酯薄膜（PET）、聚丙烯薄膜（PP）和尼龙薄膜。复合膜有聚酯/流延聚丙烯膜（PET/CPP）、尼龙/聚乙烯膜/聚酯/聚乙烯薄膜（PET/PE）。高档速冻玉米饺子，在塑料袋中需加塑料托盘，这种托盘一般用可降解的，或者是聚乙烯塑料的。生产高档玉米水饺，为保证冷藏链，还需要在包装纸箱里层附加泡沫箱子，其材质为聚苯乙烯（PS），一般采用发泡工艺制成，其组成是10%的聚苯乙烯和90%的空气，其密度为0.05g/cm^3。外包装普遍采用纸箱包装，纸箱由瓦楞纸组成，普通纸箱的瓦楞纸是用硅酸钠水溶液胶粘贴成的。若是出口国外，必须用淀粉胶粘贴。

十五、速冻玉米饺子包装袋设计注意事项

（一）包装物上的必须标识要素

（1）质量标准号：质量标准有国家标准的，按照国家标准执行，没有国家标准的新产品，就应根据生产和销售的要求，由企业自行制定标准，称为企业标准。这个标准的实施前必须报到当地质量技术监督局批准备案方可执行，报批的企业标准有特定的编号，国家要求包装袋上面，必须清晰标识出这个编号。

（2）产品条码：为了方便速冻玉米水饺进超市，必须要有条码印在玉米水饺包装物上，该条码也必须到当地质量技术监督局办理。

（3）生产许可证号：在当地食品药监局办理生产许可证号，也必须印到包装物上。以前是用QS表示，现在用SC表示。

（4）产品的名称、产品配料、产品商标、生产日期、保质期、保存方法、食用方法、产品重量、生产单位、生产单位地址、电话和营养成分表都必须印在包装物上。

（5）必须把速冻玉米水饺的煮食方法写清楚准确，勿用“煮几分钟”、“煮几个开”等模糊语言。水饺煮熟的标志是：用手触摸饺子，饺子皮和馅明显分离且皮有弹性。同时，煮饺子用水应是饺子重量的5倍以上开水下锅，煮饺子待水二次再沸腾后改用文火煮熟为止。煮饺子是个多变量的操作，很难煮到好处，因此说明必须写清楚。

（二）设计注意事项

（1）基本色调为绿色、黄色、白色、橘红色等（食品自然色）。

（2）整体版面清新亮丽、健康向上。

（3）突出主题，可采用玉米水饺的实物照片。

拍制前要由包制造型较好的技术工人包制，包制好的生饺子摆好盘，上屉蒸3成熟出锅，出锅后向玉米饺子上涂食用色拉油，再向玉米饺子喷点雾状的水珠，然后拍照，拍照时请摄像师打背光，和正面光互映，就可拍出十分诱人的玉米饺子照片。

（4）参考广告语。

※ 21世纪高档粗粮水饺。

※ 若是素馅玉米水饺，则有“皮里不含一粒细粮；馅里不含一粒肉；绿色、营养、安全、健康”。

※ 水饺袋两侧，或礼品箱上可以沿边有红底黑字醒目对联。

“非粗粮非细粮粗粮细做粮更良；是土膳是金膳土膳金琢膳中善”，横批为“善膳良粮”。

※ 可以是“拆袋煮吃就后悔，后悔怎么不早尝”。

※ 可以把玉米特强粉营养分析报告列上。

十六、速冻玉米饺子及其他速冻玉米食品的企业标准

任何一种新产品在没有国家质量标准前，企业自行根据市场销售、卫生以及生产工艺、所能实现情况制定产品质量标准，用来指导企业、约束企业生产，同时该标准也是购销双方因产品质量产生争议请质量技术监督局裁定的根据。标准定得太低，使产品缺乏市场竞争力，也是降低了同类企业进入的门槛；标准定得太高，企业生产成本、工艺难度增加或不易实现，也会造成损失浪费。在这里介绍几种速冻玉米食品企业质量标准仅供起草企业标准参考。

（一）速冻玉米面水饺的企业标准

1. 范围。

本标准规定了速冻玉米水饺产品的技术要求，试验方法，检验规则和标志、包装、运输、贮存及保质期。

本标准适用以玉米粉、鲜（冻）肉、各种蔬菜、海产品、大豆油等为主要原料，经手工包制、速冻而成的速冻玉米面水饺。

2. 规范性引用文件。

下列文件中的条款通过在本标准的引用而构成为本标准的条款。凡是注日期的引用文件，随后所有的修改单（不包括勘误的内容）或修订版均不适用于本标准，然而，鼓励根据本标准达成协议的各方研究是否可以使用这些文件的最新版本。凡是不注日期的引用文件，其最新版本适用于本标准。

《食品安全国家标准　食品添加剂使用标准》 GB 2760

《食品安全国家标准　食品中总砷及无机砷的测定》 GB/T 5009.11

《食品安全国家标准　食品中铅的测定》 GB/T 5009.12

《食品安全国家标准　预包装食品标签通则》 GB 7718

《食品安全国家标准　食品中脂肪的测定》 GB 5009.6

《食品安全国家标准　食品中氯化物的测定》 GB 5009.44

《食品安全国家标准　食品中水分的测定》 GB 5009.3

3. 技术要求。

(1) 原材料。

在产品加工中使用的各种原料均应符合相应的食用品标准的要求。

(2) 感官指标。

感官指标应符合表 7-16 的规定。

表 7-16　感官指标

项　　目	指　　标
外观	大小均匀一致，外形完整，无破碎、裂缝及杂质。外包装清洁，无破损
色泽	浅黄色或金黄色，煮熟冷却后有光泽
滋味和气味	煮熟后除具有玉米所特有的香气和滋味外，还具有相应品种特有的香气和滋味，无异味
内部组织	皮馅一体，结合紧密，小料均匀，无异物

(3) 理化指标。

理化指标应符合表 7-17 的规定。

表 7-17　理化指标

项　　目	指　　标
水分（%）	≤63.0
食盐（%）	≤1.8
脂肪（%）	5.5～22.0
皮量（%）	≤65.0
酸价（以脂肪计）(mg KOH/g)	≤4.5
过氧化值（以脂肪计）(%)	≤0.28
砷（以 As 计）(mg/kg)	≤0.5
铅（以 Pb 计）(mg/kg)	≤0.5
食品添加剂	使用量应符合 GB 2760 的规定

4. 试验方法。

(1) 感官检验。

1) 外观和色泽：肉眼观察。

2) 滋味、气体：蒸熟后品尝。

3) 内部组织：肉眼观察。

(2) 理化指标检验。

1) 水分的测定：按 GB 5009.3 的规定进行。

2) 食盐的测定：按 GB 5009.44 的规定进行。

3) 脂肪的规定：按 GB 5009.6 的规定进行。

4) 皮量的测定：

仪器设备：感量 0.5g 的架盘天平。

测量：随机抽取 10 个冻水饺，称重。剥下饺皮，将饺皮放在架盘天平上称量。

结果与计算：结果按（7-1）式计算。

$$X = m'/m \times 100 \tag{7-1}$$

式中：X——饺皮量，%；

m'——饺皮质量，g；

m——水饺质量，g。

5）酸价的测定：

按 GB 5009.229 的规定进行。

6）过氧化值的测定：

按 GB 5009.229 的规定进行。

7）砷的测定：

按 GB 5009.11 的规定进行。

8）铅的测定：

按 GB 5009.12 的规定进行。

5. 检验规则。

（1）出厂检验。

出厂时对每批产品进行检验，并出具产品合格证。

出厂检验项目包括：感官指标和皮重量。

（2）型式检验。

型式检验每季度进行一次。有下列情况之一时，亦应进行型式检验：

1）原料、工艺、设备有较大变化时。

2）长期停产恢复生产时。

3）质量监督机构提出要求时。

（3）抽样与组批。

同一班次、以同一批原料生产的同一品种和规格的产品每 500kg 为一组批，不足 500kg 时以一组批次。

由检验人员自同一批产品中，随机抽取 2kg 样品用于检验。

（4）判定规则。

出厂检验在其全部检验项目均符合相应的指标要求时，判该批产品出厂检验合格。

型式检验在其全部检验项目均符合相应的指标要求时，判该批产品型式检验合格。

出厂检验或型式检验过程中，如有一项或一项以上检验项目不符合相应指标要求时，可自同一组批中再次加倍取样进行复检，复检只需检验不符合项目。复检结果合格时判该产品合格，复检结果不合格时判该批产品不合格。但卫生指标不合格时不得进行复检，直接判该批产品不合格。

供需双方对检验结果有争议时，由具有仲裁资格的质量监督单位仲裁。

6. 标志、包装、运输、贮存。

（1）标志：

销售包装中的标志内容应符合 GB 7718 的规定。

（2）包装：

内包装采用塑料袋，外包装采用纸箱，包装材料应符合相应食品包装卫生标准的要求。

（3）运输：

运输工具、车辆必须清洁、卫生，备有保温设施，避免挤压和碰撞。

（4）贮存：

产品应贮存在－18℃以下清洁、干燥处，离地和墙30cm以上。包装箱码放高度不得超过1.5m。

7. 保质期。

在标准规定贮运条件下，产品保质期为12个月。

（二）速冻玉米面包子的企业标准

1. 范围。

本标准规定了速冻玉米面包子产品的技术要求，试验方法，检验规则和标志、包装、运输、贮存及保质期。

本标准适用于以玉米粉、鲜（冻）肉、各种蔬菜、海产品、大豆油等为主要原料，经手工或机器包制、速冻而成的速冻玉米面包子。

2. 规范性引用文件。

下列文件中的条款通过在本标准的引用而构成为本标准的条款。凡是注日期的引用文件，随后所有的修改单（不包括勘误的内容）或修订版均不适用于本标准，然而，鼓励根据本标准达成协议的各方研究是否可以使用这些文件的最新版本。凡是不注日期的引用文件，其最新版本适用于本标准。

《食品安全国家标准　食品添加剂使用标准》 GB 2760

《食品安全国家标准　食品中总砷及无机砷的测定》 GB/T 5009.11

《食品安全国家标准　食品中铅的测定》 GB/T 5009.12

《食品安全国家标准　预包装食品标签通则》 GB 7718

《食品安全国家标准　食品中脂肪的测定》 GB 5009.6

《食品安全国家标准　食品中氯化物的测定》 GB 5009.44

《食品安全国家标准　食品中水分的测定》 GB 5009.3

3. 技术要求。

（1）原材料：

在产品加工中使用的各种原料均应符合相应的食用品标准的要求。

（2）感官指标：

感官指标应符合表7-18的规定。

表7-18　感官指标

项　　目	指　　标
外观	大小均匀一致，外形完整，无破碎、裂缝及杂质。外包装清洁，无破损
色泽	浅黄色，蒸熟冷却后有光泽
滋味和气味	蒸熟后除具有玉米所特有的香气和滋味外，还具有相应品种特有的香气和滋味，无异味
内部组织	皮馅一体，调料均匀，无异物

（3）理化指标：

理化指标应符合表 7-19 的规定。

表 7-19　理化指标

项　目	指　标
水分　（%）	≤63.0
食盐　（%）	≤1.8
脂肪　（%）	5.5～22.0
皮量　（%）	≤65.0
酸价（以脂肪计）（mg KOH/g）	≤4.5
过氧化值（以脂肪计）（%）	≤0.28
砷（以 As 计）（mg/kg）	≤0.5
铅（以 Pb 计）（mg/kg）	≤0.5
食品添加剂	使用量应符合 GB 2760 的规定

4. 试验方法。

（1）感官检验。

1）外观和色泽：肉眼观察。

2）滋味、气体：蒸熟后品尝。

3）内部组织：肉眼观察。

（2）理化指标检验。

1）水分的测定：按 GB 5009.3 的规定进行。

2）食盐的测定：按 GB 5009.44 的规定进行。

3）脂肪的规定：按 GB 5009.6 的规定进行。

4）皮量的测定：

仪器设备：感量 0.5g 的架盘天平。

测量：随机抽取 10 个冻包子，称重。剥下饺子皮，将包子皮放在架盘天平上称量。

结果与计算：结果按（7-2）式计算。

$$X=m'/m\times 100 \tag{7-2}$$

式中：X——包子皮量，%；

m'——包子皮质量，g；

m——包子质量，g。

5）酸价的测定：

按 GB 5009.229 的规定进行。

6）过氧化值的测定：

按 GB 5009.229 的规定进行。

7）砷的测定：

按 GB 5009.11 的规定进行。

8）铅的测定：

按 GB 5009.12 的规定进行。

5. 检验规则。

(1) 出厂检验。

出厂时对每批产品进行检验，并出具产品合格证。

出厂检验项目包括：感官指标和皮量。

(2) 型式检验。

型式检验每季度进行一次。有下列情况之一时，亦应进行型式检验：

1) 原料、工艺、设备有较大变化时。

2) 长期停产恢复生产时。

3) 质量监督机构提出要求时。

(3) 抽样与组批。

同一班次、以同一批原料生产的同一品种和规格的产品每 500kg 为一组批，不足 500kg 时以一组批次。

由检验人员自同一批产品中，随机抽取 2kg 样品用于检验。

(4) 判定规则。

出厂检验在其全部检验项目均符合相应的指标要求时，判该批产品出厂检验合格。

型式检验在其全部检验项目均符合相应的指标要求时，判该批产品型式检验合格。

出厂检验或型式检验过程中，如有一项或一项以上检验项目不符合相应指标要求时，可自同一组批中再次加倍取样进行复检，复检只需检验不符合项目。复检结果合格时判该产品合格，复检结果不合格时判该批产品不合格。但卫生指标不合格时不得进行复检，直接判该批产品不合格。

供需双方对检验结果有争议时，由具有仲裁资格的质量监督单位仲裁。

6. 标志、包装、运输、贮存。

(1) 标志。

销售包装中的标志内容应符合 GB 7718 的规定。

(2) 包装。

内包装采用塑料袋，外包装采用纸箱，包装材料应符合相应食品包装卫生标准的要求。

(3) 运输。

运输工具、车辆必须清洁、卫生，备有保温设施，避免挤压和碰撞。

(4) 贮存。

产品应贮存在−18℃以下清洁、干燥处，离地和墙 30cm 以上。包装箱码放高度不得超过 1.5m。

7. 保质期。

在标准规定贮运条件下，产品保质期为 12 个月。

（三）速冻玉米面面条的企业标准（笔者起草供参考）

1. 范围。

本标准规定了速冻玉米面面条产品的技术要求，试验方法，检验规则和标志、包装、运输、贮存及保质期。

本标准适用于以玉米粉为主要原料，经手工包制、速冻而成的速冻玉米面面条。

2. 规范性引用文件。

下列文件中的条款通过在本标准的引用而构成为本标准的条款。凡是注日期的引用文件，随后所有的修改单（不包括勘误的内容）或修订版均不适用于本标准，然而，鼓励根据本标准达成协议的各方研究是否可以使用这些文件的最新版本。凡是不注日期的引用文件，其最新版本适用于本标准。

《食品安全国家标准　食品添加剂使用标准》 GB 2760

《食品安全国家标准　食品中水分的测定》 GB 5009.3

《食品安全国家标准　食品中总砷及无机砷的测定》 GB 5009.11

《食品安全国家标准　食品中铅的测定》 GB 5009.12

《食品安全国家标准　食品酸度的测定》 GB 5009.239

《食品安全国家标准　预包装食品标签通则》 GB 7718

《食品安全国家标准　食品中氯化物的测定》 GB 12457—1990

3. 技术要求。

(1) 原材料。

在产品加工中使用的各种原料均应符合相应的食用品标准的要求。

(2) 感官指标。

感官指标应符合表 7-20 的规定。

表 7-20　感官指标

项　目	指　标
外观	粗细均匀、光滑整齐、长短基本一致
色泽	浅黄色，煮熟冷却后有光泽
滋味和气味	熟后除具有玉米特有的香气和滋味，无异味
口感	柔软爽口，不牙碜
内部组织	煮熟后的面汤较清、无明显断条

(3) 理化指标。

理化指标应符合表 7-21 的规定。

表 7-21　理化指标

项　目	指　标
水分（%）	≤46.0
酸度（%）	≤4.2
食盐（以 NaCl 计）（%）	≤2.0
烹调损失（%）	≤14.0
砷（以 As 计）（mg/kg）	≤0.5
铅（以 Pb 计）（mg/kg）	≤0.5
食品添加剂	使用量应符合 GB 2760 的规定

4. 试验方法。

(1) 感官检验。

1) 外观和色泽：肉眼观察。

2）滋味、气体：蒸熟后品尝。

3）烹调性：按食用说明煮熟后观察。

（2）理化指标检验。

1）水分的测定：

按 GB 5009.3 的规定进行。

2）酸度的测定：

按 GB/T 5517—1998 的规定进行。

3）食盐的规定：

按 GB/T 12457—1998 的规定进行。

4）烹调损失的测定：

仪器设备：

①分析天平：感量 0.1mg；

②干燥箱；

③可调电炉。

测量：

准确称取 12g 样品（称准至 0.1mg），放入盛有 500ml 沸水（蒸馏水）的烧杯中，用电炉加热，保持水处于微沸状态，10min 后用筷子将面条挑出。面汤放冷至室温后，转移至 500ml 容量瓶中，加蒸馏水定容并摇匀，吸取 50ml 溶液于已在 105℃±2℃干燥箱内烘至恒重的 250ml 烧杯中，将烧杯放在可调电炉上挥发掉大部分水分后，擦净烧杯外壁置于 105℃±2℃干燥箱内干燥 3h 后取出，放入干燥器内冷却 30min，称量（称准至 0.1mg）。然后再将蒸发皿放入干燥箱内干燥 30min，取出放入干燥器内冷却 30min，称重（称准至 0.1mg）。重复此过程直至恒重（前后两次称量质量差不超过 1mg 为恒重）。

结果与计算：

结果按（7-3）式计算。

$$X=(m_1-m_0)\times 10/G\times(1-W)\times 100 \quad (7\text{-}3)$$

式中：X——烹调损失，%；

m_1——烧杯的质量，g；

m_0——烧杯、样品干燥后的质量，g；

G——样品的质量，g。

W——样品的水分，%；

10——稀释倍数。

5）砷的测定：

按 GB 5009.11 的规定进行。

6）铅的测定：

按 GB 5009.12 的规定进行。

5. 检验规则。

（1）出厂检验：

出厂时对每批产品进行检验，并出具产品合格证。

出厂检验项目包括：感官指标和皮量。

（2）型式检验：

型式检验每季度进行一次。有下列情况之一时，也应进行型式检验：

1）原料、工艺、设备有较大变化时；

2）长期停产恢复生产时；

3）质量监督机构提出要求时。

（3）抽样与组批：

同一班次、以同一批原料生产的同一品种和规格的产品每 500kg 为一组批，不足 500kg 时以一组批次。

由检验人员自同一批产品中，随机抽取 2kg 样品用于检验。

（4）判定规则：

出厂检验在其全部检验项目均符合相应的指标要求时，判该批产品出厂检验合格。

型式检验在其全部检验项目均符合相应的指标要求时，判该批产品型式检验合格。

出厂检验或型式检验过程中，如有一项或一项以上检验项目不符合相应指标要求时，可自同一组批中再次加倍取样进行复检，复检只需检验不符合项目。复检结果合格时判该产品合格，复检结果不合格时判该批产品不合格。但卫生指标不合格时不得进行复检，直接判该批产品不合格。

供需双方对检验结果有争议时，由具有仲裁资格的质量监督单位仲裁。

6. 标志、包装、运输、贮存。

（1）标志：

销售包装中的标志内容应符合 GB 7718 的规定

（2）包装：

内包装采用塑料袋，外包装采用纸箱，包装材料应符合相应食品包装卫生标准的要求。

（3）运输：

运输工具、车辆必须清洁、卫生，备有保温设施，避免挤压和碰撞。

（4）贮存：

产品应贮存在－18℃以下清洁、干燥处，离地和墙 30cm 以上。包装箱码放高度不得超过 1.5m。

7. 保质期。

在标准规定贮运条件下，产品保质期为 12 个月。

（上述引用标准遇有国家新发布的标准，则以新发布的标准为准）

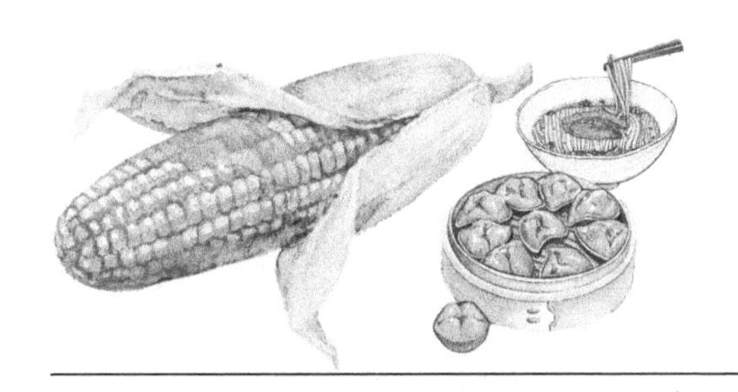

第八章 非油炸玉米方便面

一、方便面市场

（一）方便面市场徘徊的原因

1958年日籍华人吴百福发明了方便面。由于方便面具有方便快捷的特点，所以多年来方便面市场经久不衰，20世纪80年代进入高峰。

我国方便面生产始于20世纪70年代，20世纪80年代开始被人们接受。1986年以后，我国经济迅速发展，方便面需求迅速增加，成为消费量增加最快的食品。巨大的消费市场吸引了众多的国内外方便面生产厂商，日本、中国香港、中国台湾、新加坡等国家和地区的厂商纷纷投资建厂，从而加速了方便面的市场竞争，同时也促使方便面的质量不断提高。

中国是面条的发源地，亚洲则是世界上消费面条最多的地区。全世界已有80多个国家和地区食用方便面。20年前，亚洲人均每年消费方便面30包，而我国人均每年消费10包。

据统计当时我国城乡各地共有方便面生产厂家800余家，方便面生产线1600多条，年生产能力可达350万吨，但实际年产量仅有100多万吨。

一方面市场潜力很大；一方面已有的生产线大部分闲置或生产能力不饱和。其主要原因是：

（1）当时城市下岗人数增多，居民家庭收入降低，这在一定程度上影响了当时方便面市场的扩展。

（2）农村方便面市场尚未全面启动。

（3）多年来白面方便面尽管竞争激烈，但品种单一，品种变换只局限于调料包花样翻新变化。

（4）油炸方便面问世以来，由于口感好，风味独特，受到消费者喜爱。但使人们开始对其冷落。

随着我国改革开放的深入，国民经济水平不断提高，生活节奏加快，人们对方便面的需求不断增加，方便面的花色品种也不断在创新，到2013年时，我国方便面已形成2000多亿产值，生产方便面多达600多万吨，人均每年消费达50多包，超过了亚洲平均水平，但到2015年以后，方便面产量停滞不前，甚至明显下滑，方便面著名大企业效益下滑50%以上，其主要原因是现有油炸方便面被一部分人认为是垃圾食品缺少营养而造成的。

（二）非油炸粗粮方便面是消费者期盼的产品

方便面最初设计油炸主要是解决干燥和复水问题，也解决了面香的问题。油炸方便面因油炸温度高达135～150℃，所以干燥脱水时间仅用

70～80s。油炸方便面经过高温油炸，水分迅速气化、面条里产生很多微孔、面块比较膨松，加水容易被吸收，复水性能好。用90℃以上的开水冲泡，一般只需3min即可食用。

但是随着人们生活水平的不断提高，人群中的高血脂肥胖症也在不断增加，人们选择食品的标准也随之提高。对低脂、天然食品的崇尚已成为一种潮流。油炸方便面含油量高达20%～24%，其酸价、过氧化值都很高，油炸方便面含油高、保质期短，尤其到夏季，气温高容易氧化变质，因此在生产中必须加抗氧化剂，长期食用会对人的健康产生一定的影响。

在这种市场条件下，各种非油炸的方便面应运而生。如：热风干燥面、微波干燥面、蒸煮面、港仔面、乌冬面、速冻方便面等。

热风干燥方便面属于低温干燥。在工艺上要求根据每种面的特性，严格掌握加热的干燥曲线，严格把握干燥过程中每一阶段的温度要求。控制把握好这些参数，生产出来的方便面复水性才能更佳。若原料面筋相同，复水后这种热风干燥生产出的方便面要比油炸方便面更滑爽、更有咬劲、更接近手擀面的口感。

微波干燥方便面是用高温瞬间完成，也能产生微小孔隙，也能保留油炸方便面的一些复水及口感特性。

速食湿面是将面条基本煮熟后，通过水冷装袋、灭菌制成的，没有干燥脱水工序，这种面条复水后加入调料可制成凉拌面，口感好，食用快捷。

速冻方便面是将面条α化后，将其速冻。面条在冷冻时，快速通过“最大冰结晶生成温度区”（通常在－1～－5℃之间）以便不损坏面条的组织。速冻可以解决防腐问题，不加任何保鲜防腐剂就可长期保存。解冻后，面条口感容易恢复到水煮初时状态，再者速冻面比干燥面成本有明显降低。

事实证明，未来方便面市场将是非油炸方便面和油炸方便面平分秋色。

（三）方便面应当做好“面的文章”

这些年方便面市场竞争十分激烈。尽管方便面生产厂家在汤料、配料上花样翻新，在宣传上花大气力投广告，方便面本身却无大的变化。假设不加商标、配料，只拿面饼放在一起无法分出是哪家的，也无法识别哪个面饼是名牌。从20世纪70年代开始到现在，“面的文章”都在围绕着用添加剂改良。

从理论和实践上都可以证明，各种杂粮都可以做成方便面，只是这些年在这些方面搞研究的人太少。玉米可以做成方便面，笔者在1992年就试验成功，当时通过了吉林省科技成果、新产品鉴定，但是自动生产线一直因没有经济条件很好地试验，现今我们与天津市圣昂达面机厂很好地解决了这一问题，见图8-1。

图8-1 非油炸玉米方便面生产线

我国是全世界杂粮资源大国，在国际上有不可替代的优势，我国玉米产量在全世界排第二，我国传统玉米品种角质含量高，利用这种品种优势，搞绿色有机种植，特别搞好非转基因玉米种植，用来发展玉米方便面产业，都是得天独厚的优势。用这些杂粮做方便面，可以形成一个极好的产业，成为国民经济新的经济增长点。

21世纪，人们喜欢杂粮方便面，主要是追求其中的营养成分。人们在习惯上把粮食分为"粗粮"、"细粮"，一般视大米、小麦粉为细粮，把玉米、大麦、高粱都视为粗粮。同时也把大米和白面因加工精度不同分成精细。低精度的米面为"粗"；高精度的米面为"细"。

细粮和粗粮各有优点和缺陷。细粮有好的口感、易于消化，但由于加工精细，粗纤维、膳食纤维严重缺乏，这种现象在全世界普遍存在，造成"三高一胖"人群快速增多，造成便秘人群迅速增多。粗粮虽口味粗糙，但营养价值较高。例如：

玉米：不仅含有细粮缺少的镁、硒及β胡萝卜素，并含有人体必需的亚油酸、维生素E和卵磷脂。利用各种粗杂粮生产方便面，首先满足的是人们对营养的需要。若能把杂粮互相搭配起来，达到营养互补的效果更是锦上添花。如玉米缺少赖氨酸，而大豆富含赖氨酸，两者混合起来加工成玉米方便面的蛋白生物价就有明显地提高。此外，小麦粉、玉米、高粱、荞麦、小米等都可以做到营养互补。随着人们对饮食文化认识能力的提高，人们已经普遍认识到粗粮的营养高于精米、白面。在未来的市场上口感好的粗粮方便面将被人们不假思索地接受。因此，研制开发玉米非油炸方便面大有前途。

二、玉米方便面全自动生产线

玉米方便面的生产线是由和面机、提升输送机、自熟成条机、波纹成型机、风冷定条机、面条汽蒸机、升温干燥机、冷却排潮机、袋碗包装机共同组成，全长在100m左右。

三、生产粗粮方便面的原理、工艺过程

（一）生产玉米方便面的原理

制作非油炸玉米方便面是由特殊的高温挤出机来完成的。（机器是将电能转变成机械能，再将机械能转为热能）。机械通过螺旋将玉米湿粉往前推送过程中生成摩擦热，摩擦热能使物料瞬间产生高温、高压（约110～140℃、2～3kg/cm^2），使得物料迅速处于α化状态，80%以上的淀粉变成胶状物质，熔融状态物料在压力作用下向压力减小的方向移动，通过模具孔连续向机器外释放，形成无数条几何线条，线条通过波纹成型机形成波纹状面块，再用风冷定条后进汽蒸，然后进行干燥和包装。

（二）工艺流程简图（见图8-2）

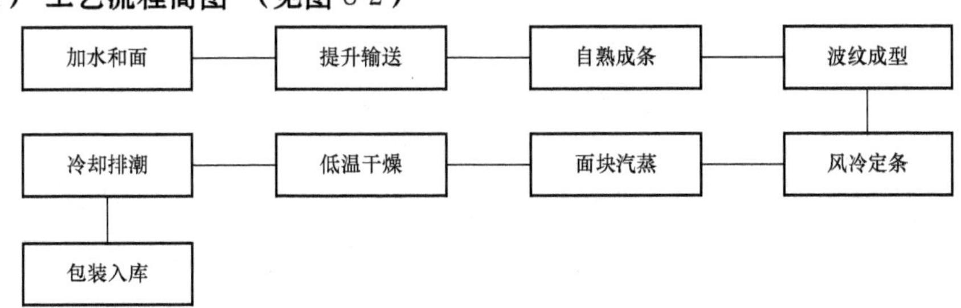

图8-2　工艺流程简图

1. 和面。

和面又叫打粉、拌粉、搅拌，在玉米方便面生产称为拌粉更为准确。拌粉是生产玉米方便面的第一道工序，是做好玉米方便面的第一关键。拌粉的好坏，对以后几道工序的操作及最终产品关系极大。

(1) 拌粉的基本原理与工艺要求。

拌粉的基本原理：在玉米方便面的原料面粉中加入一定量的清水或盐水，或者其他必要的添加物质，如黄豆粉等。通过一定时间拌粉，在常温下玉米面粉中的淀粉粒子也吸水浸润，逐步膨胀起来，溶于水的玉米粉由点连接变成小球体，看上去有些松散的面粉，实际上是由无数个小球体组成，这些小球体受到挤压形成有一定密度的面团。

拌粉的工艺要求：拌粉时间充足，是小麦粉和面时间的 1.3～1.5 倍，拌好的面粉的状态是水和面粉形成的小球体，均匀分布在拌粉机内，在任一几何空间取样其含水量都应是均匀的。视觉也可评估：①任意点的颜色均匀一致；②任意点小球体大小都是均匀的；③手抓拌好的面粉，轻握成团，轻搓又松散还原回来状态。

(2) 拌粉设备。

拌粉设备为卧式直线状搅拌杆拌粉机。其主要结构是一个不锈钢制的拌粉槽和一根不锈钢轴，轴上装着许多不锈钢棒状搅拌杆，依靠轴的转动进行拌粉。但是这种拌粉连续操作效果不好。连续拌粉机有一个圆筒形的拌粉筒，内有一根与筒壁平行搅拌轴，一端上方装有进粉口，另一端下方装有出料口。玉米方便面原料面粉从进粉口进入，从出料口排出。两个圆筒首尾连接组成一个连续式的拌粉机。还有一种拌粉机为卧式双轴拌粉机。这种拌粉机制主要结构是搅拌槽内有两根搅拌轴，一根作顺时针方向旋转，另一根作逆时针方向旋转。装在两根轴上搅拌杆相互错开，旋转时两根轴上的搅拌杆不会互相碰撞。搅拌杆的截面积为菱形或椭圆形，与轴垂直安装，搅拌棍端面与轴线相交的角度可以调整。两根轴旋转时，不但可以带动面团作相对旋转运动，还可以带动面粉小球左右移动，使加入的水分均匀分布，得到满意的拌粉效果。

(3) 影响拌粉效果的因素与主要技术参数。

1) 面粉的创新。

从 20 世纪 80 年代后期，在全国兴起研究玉米方便面的热潮，在湖南、北京、河北、东北三省都曾见过，如雨后春笋。但时过二十多年，一直没有取得彻底成功的，更多科研人员前赴后继，有许多所谓玉米方便面设备，生产线变成了废铁，究其原因，存在诸多误区。

注重设备，而不注重面粉的品质。

玉米方便面设备在南方起源于米粉米线设备；在北方起源于“钢丝面”和冷面设备。不论南方北方机械原理都是一样的，都是把电能转化为机械能，把机械能转化为热能，通过螺旋推进物料，产生热能的同时产生压力，使面条熟化并成条状，但各家表现形式不一样，核心都在实现玉米面粉的 α 化。例如早期湖南桃江出的设备，把挤条机做成类似一大鸭嘴形，使得熔融状态物料增加了在机器内停留的时间，也就是增加了熔融状态的胶质面团互相传导热量的时间，对于提高产品的 α 化有明显的帮助，但是操作起来比较困难。广州某机械厂出的设备，其主机前边加了一道用蒸气对搅拌好的物料进行换热，造成部分熟化，再进挤出机。长春市出的主机设备是将螺杆加长。而延边的冷面机率先实现二次挤压。还有更多的实例说明，大家在设备实现更多的提高α化上确实下了很大的功夫，但在面粉上做的功课还是不足的。

玉米粉细度：细度常用目数来表述，专业上定义为在一平方英寸上能制造出孔（眼）数的筛子，用这样的筛子筛出来的筛下物料就称为相应的目数。如我们生活中吃的小麦面粉，一般是用70目的筛子筛出，称为70目小麦粉，小麦粉多数是70目，特殊的有80目的。

研究玉米方便面时，大家力争让玉米粉更细点。玉米安全存放时的水分含量控制在14%，也称为安全水，也就是在14%以下的含水量存放时不容易发霉变质。玉米成熟以后，14%以上的水为游离水，如果玉米样品含水量29%，其中有15%的水是游离水。游离水比较容易去掉，刚收获的玉米在地上晾晒就可以达到安全水分。由于安全水存在于玉米中，玉米有很大的韧性，整粒玉米粉碎时，只能获得45目左右的面粉，在常规粉碎机中再往细磨就很困难了，磨出粉的物理几何形状是片状，不是圆方形的细粉颗粒。人们发现安全水主要在胚芽之中维护玉米的生理活性，还有存在籽粒的皮质中。一些人为了磨细进而采用扒掉皮子，去掉胚芽（暂且不讨论营养丢失问题）。去掉皮子，去掉胚芽后的玉米，大颗粒的民间称谓玉米碴；小细粒称为玉米糁儿。玉米碴含水量可以降到10%左右，这时磨粉的细度可以达到70目～80目。用这样细度的面粉通过挤压生产的玉米面条，口感有很大进步，但只局限于民间的玉米米粉、玉米碴条。有人将这种面条变成直条，干燥后称其为玉米挂面。挂面传统概念是指低温压延成扁条型挂着干燥的面。挤出的玉米面条称为玉米挂面有点牵强附就。这种工艺和加工粉条完全相似，如叫玉米粉条，又不具备粉条的商品属性。

将玉米粉的细度加工到80目挤压出的玉米面条口感超出20世纪70年代的玉米钢丝面，玉米方便面研究人员，将这种食品做成玉米方便面。湖南、广州、河北、吉林各地纷纷研究这类玉米方便面，但是使用这种成套设备很少有厂家能成功坚持到最后。设备制造上存在着差异，但失败的根本原因不在于设备，而是败在玉米粉的细度。

相关人员认为玉米粉达到70目～80目已经和小麦粉一样了，但现实并非如此。

首先是两种作物的物理加工属性不同。小麦粉是粉质型粮食，在研磨过程中受到轻微的物理作用力就散开了，用70目～80目筛将皮和面粉能分离比较彻底，分离后的面粉质地松散，加水和面在搅拌或揉面过程中，颗粒再进一步细化，其实际细度可达到90目～100目，这一现象被大家忽略了。而玉米是角质型粮食，其角质部分是玻璃体结构，密度大、硬度高，在研磨过程中需要极强的冲击力、剪切力，尤其是用玉米碴粉出的70目～80目粉粒，仍然是一种坚实的硬粒子，用这样细度做玉米方便面，受到高温高压后可以成为熔融状态而成条，但是，由于颗粒相对大，密度相对大，其粒子核心并没有彻底熔融转化为淀粉胶体，通过实验可以证实，将获得的熔融状态面条冷却4h以后，用放大镜观察横截面就可看清楚，还有一部分玉米淀粉仍处于直链状态，其淀粉的分子排序还是在β状态，处于α、β状态都是物理变化，但是口感（食物受嚼后对口腔作用后使人感受的舒服程度）就不一样了。这就是玉米方便面口感达不到理想程度的重要因素，这是任何玉米方便面设备所无法解决的。

让玉米粉加工成超细的原理：用乳酸菌在一定温度下浸泡玉米，在其体积增加到1倍时进行锉磨，所获玉米浆料通过80目筛进行筛分，再脱水干燥就可获得140目～160目的玉米粉，而此时的玉米粉是松散状态的。

关键在于膨胀一倍的玉米粉碎后通过80目筛时是80目，脱水干燥以后体积又收缩一倍，颗粒由湿润状态的 80 目变成干燥状态 160 目（由 80 目收缩 1 倍），这也是研究玉米特强粉的意义所在。用这样细度的玉米粉加工玉米方便面口感自然超出小麦面粉及 70～80 目的干法加工的玉米粉。

这种玉米粉不仅颗粒变小了，而且干燥收缩时，没有强大的物理压力，所以面粉是松散的，加水和面拌粉时，受到摩擦、冲击、挤压等物理作用力时，颗粒可以进一步细化。

这种玉米粉还含有很高的膳食纤维，持水量相对高，每一细小颗粒都得到很好润水机会，而传统的玉米粉粒子体积大、密度大、粒子中间很难润透水。

玉米面粉中的膳食纤维、粗纤维对玉米方便面缩短复水时间也是有贡献的。

2）加水量。

拌粉用水多少，首先是关系到能不能做成面条的问题，其次是做得好不好吃的问题。

玉米特强粉中也含有 9%左右的蛋白质，主要是醇溶蛋白、谷蛋白、球蛋白、白蛋白，这些蛋白不具有小麦粉面筋的特性。在考虑加水时，不用考虑醒面对水的要求。

玉米方便面挤出出条机这类机器的特点是：外观看上去就是粗大的结构件，但操作起来，加水量波动 1%～2%就可显示产品质量上有差异的。实际生产中，拌成的粉中含水量在 30%上下，视一些温度、吸潮等原因还要现场调动。

3）温度。

①设备温度：设备温度受设备所处室内温度影响，在北方夏季可以达到 30℃以上，而是秋季或冬季室温只有 10℃左右，那样温度要相差 20℃，在生产中影响会很大的，如同常压下蒸馒头相差 5℃都会影响熟的程度，烧开水差 5℃也不是开水。

②水的温度：应将主机设备处在全年室温变化幅度不大的环境有利于生产，供给拌粉机的水如果是自来水，在北方一般说是随着气温变化而变化，但是，北方在 3 月份自来水管里的水是最凉的。因为东北冻土层一般在 1.5m 深，为了防止自来水管被冻，把自来水管都埋在 1.5m 以下。一月份是温度最低的，贴近 1.5m 深处就会冻实。冷量会使水管附近温度逐渐降低，当冻土屋从地面开始融化时，热量最后传到水管附近要在 3～4 月份，这点说明自来水温度变化的特殊性，这应提醒我们生产时注意水的温度变化。

③物料的温度：面粉库房在机器旁，那样和机器属于同温，如果面粉库在没有供热的房间里，面粉的温度就比室温低，在东北冬季里，车间温度是 16℃，没有保温的库房可能是－20℃，绝对温差 36℃，这对生产影响是非常大的，这种情况应当在车间附近设置缓冲库房，将面粉提前 48h 搬到缓冲库里，使面粉能达到室温。温度高时加水量要相应减少。

④应对措施：室温、设备温度、水的温度、面粉温度尽可能取全年平均值，然后参考平均值设计，比方说夏季室温最高达到 35℃，冬季最低 15℃，就应该将厂房设计成 25℃±3℃，在这种相对变化小的环境中，设备操作参数选定之后，就可以稳定操作。通过挤压出条的设备，对于温度非常敏感，如果在室温 25℃时正常生产，突然从室外库房里搬回一批 5℃的面粉，添加到机器中，出条的熟化程度立即出现变化，这就是为何同一台设备生产的方便面有时合格，而有时就不合格的原因所在，而这一点被一些企业忽略了。

4）物料产地品种的差异。

同样是玉米做方便面效果也不一样，因为玉米有高角质玉米、高淀粉玉米、高油玉米、高直链淀粉玉米。同一种玉米生产地域环境不一样也有影响，我国吉林、辽宁、黑龙江部分地区农作物生长期长，冷热温差大，玉米籽粒沉积的密度大，容量好。山东、河北、河南的玉米是在热的环境成长的，南北玉米差别很大。

生产玉米方便面必须把这些参数波动缩小，达到基本稳定，争取标准化，才能保证出相对合格的产品。

5）拌粉时间及速度。

做玉米方便面按规定加水后，在保证面粉在拌粉容器里不外溢的情况下，需要速度快些搅拌更容易均匀，时间一般在 12min 左右。若拌粉机容积大，时间适当拉长。为防止有死角落，拌粉机应设置倒转。

（4）操作要求与操作方法。

根据上边讨论的原理及影响因素，为了标准化，必须对面粉的含水量有所了解，要经常进行水分的测定。在车间库存时间长的面粉，尤其是潮湿季节，面粉含水量将有 1%～2%的变化。如果不知吸水多少，按正常工艺设定参数加水会影响产品质量，其次要注意水是井水还是自来水。如果是深井水必须要知道水的硬度及酸碱性，如果是碱性水，不适合用来拌粉，因为碱性水会使产品颜色变为绿黄色，实际上是碱性水和玉米中的天然颜色β胡萝卜素反应所至。遇到此种情况可以将水加热至开水，冷却后再正常添加拌粉；同时还要水质化验单，查其重金属和有害菌是否超标，超标则必须处理，排除各种变化因素，将水一次加准加足。

按照终端产品的标准需要，还要加 1%的食盐。小麦粉做面条加食盐是为了更好地形成面筋网络，做玉米方便面加盐是为了更好地复水。用水泡方便面时，食盐是先溶于水的，食盐溶掉以后会出现微孔，形成水的通路，便于水能渗到面条之中。另外，玉米方便面熔融后形成了玉米淀粉胶状，食用有很好的滑爽感，但是带来的副作用是泡面时入味慢，在拌粉时加点盐就能得以调整。

玉米特强粉作为玉米方便面的原料，因面粉含有 4.5%的膳食纤维，泡面复水时，膳食纤维及粗纤维容易吸收水分，会将水沿着膳食纤维导入玉米方便面之中，对于玉米方便面复水起到助推作用。根据实际情况还可强化增加纤维含量，达到 3%～4%之间不会破坏玉米方便面的口感。

（5）玉米方便面的命名及其复配。

玉米及其杂粮方便面是人们需求的产品，追求健康的、讲究营养、讲究养生的人不断寻求粗粮食品，包括玉米食品。这就吸引了很多食品厂家，经过多年研发，发现纯的玉米无论做方便面还是做其他食品，口感问题都解决不了，于是生产厂商就向粗粮食品中添加小麦面粉，这就出现了命名的问题，对于几种物料在一起做食品时，应当以含量超出 50%的成分的名称命名。但是，在超市里可随处见到，向小麦粉中添加 3%的玉米粉也称之玉米食品，这就有些不负责任，比方说叫玉米方便面，其中玉米原料应在 50%以上，若不足 50%叫多粮面也是智慧。

1）复配的基本知识：

向玉米方便面中复配些物料，应当清楚复配的目的。

①促进复水物质：如食盐、蔗糖、粗纤维、保水剂等；

②强化营养：如钙剂、氨基酸、维生素、硒、南瓜、鸡蛋、黄豆等；

③提高滑爽：马铃薯粉、红薯粉、魔芋精粉；

④强化颜色：如南瓜粉、黄姜粉、栀子粉，这些是天然的，不可以使用柠檬黄、日落

黄等化学色料。

2）操作要领：

①当属少量添加时，应当将添加物放在水中，溶解后，再一起拌粉，就容易达到均匀目的。

②当属微量添加时，应当取 500～1000g 面粉于微量添加物共同放在高速磨粉机中，进行充分搅拌后，采取逐级稀释法，否则很难均匀分布在每一份玉米方便面中。

③当复配蒸熟的南瓜、红薯、枣泥、鸡蛋含水物质，应当测出其含水量，再在拌粉的正常水量中减掉，否则加水过量影响后边成条。

2. 自熟挤压成条机（见图 8-3、图 8-4 所示）。

图 8-3　自熟挤压成条机在生产运行状态

图 8-4　自熟（波纹）成条机

（1）模板及加水因素。

高温挤条中还需要选择筛板（模具头）中孔的直径。孔的直径大，出条快，但 α 糊化程度没法保证。特别是到干燥工序时，时间将大大延长，成品的复水效果会受到影响。例如：当玉米面条的直径为0.5mm时，圆截面积为0.19625mm²；若直径为0.6mm时，则圆截面积为0.2826mm²，截面积增加了44%，复水时间也会增加44%。同时在干燥时也会增加能量消耗，延缓干燥时间，相应增加复水时间，一般采用的直径0.4～0.6mm为好，改为扁条是更好的方法。

挤成条时的含水量一般控制在31%～32%为宜。水分高了，面在挤条机内，机械力传导效果不好，会使干燥工序成本增加，但是对缩短复水时间有利。水分高对波纹的成形不利，面条刚性不够，刚出条时易粘连，易出现并条现象。水分低在挤条时。对机械传导有利，挤出的条整齐，不易粘连，容易干燥，但容易膨化。但由于筋力或弹性加强，成型面块的波纹容易松散，不规则。水分特别少时刚挤出来的面条处于高度融溶状态，面条间冷却后易粘连成一体，所以对加水的控制非常重要。

（2）温度因素。

1）环境温度：前文叙述过温度对机器的影响，自然成条机的温度与产品α化程度的关系十分关联，春夏秋冬温度变化对其α化程度十分敏感。夏天35℃条件下机器运行是正常的，但同等机器条件，在冬天没有保温的厂房环境温度为5℃时，拌粉的水温为5℃，原料面粉是5℃，机器自身温度也是5℃。当35℃环境下的出口温度为115℃，在5℃条件下出口温度可能在100℃以下，这种情况，出来的面条α化程度不够，俗话称之为不熟，不熟泡面就会出现浑汤现象。同样这套设备在南方、在国外亚洲运行很正常，在北方的冬天就可能运行不正常，也是这个道理。同样是一种设备生产米粉米线α化程度都正常，但生产玉米方便面有可能不正常，这是因为玉米做成面条需要糊化温度高于米粉米线的糊化温度，这些事情常常被使用客户和生产设备厂家忽略，决定设备好用与否一定是围绕温度展开思维，温度、α化程度就也是设备的关键。

2）挤压温度：非油炸玉米方便面机大多采用的是两次挤压，也有一次挤压的。一次挤压温度小于100℃，糊化度随温度的上升而逐渐增大，温度的升高，使淀粉颗粒迅速熔融，分子剧烈运动，糊化度增加，糊化后的淀粉分子相互交联，吸水性增强；随着温度继续升高，产品中的淀粉降解，糊化度降低。当温度较低时，产品糊化不完全，产品玻璃状呈现不足，没有光亮的黄色，面条中夹杂着灰白色。用开水冲泡浑汤；当温度超过120℃时，产品呈现膨化状态，淀粉分子降解，破坏了玉米淀粉的胶凝结构，趋于碳化。这时的玉米方便面，泡水中呈现糨糊状，丧失了弹性，影响了玉米方便面的良好品质。一次挤压为105～110℃为好，这是采用水法生产的玉米特强粉为原料情况，如果是在玉米特强粉中添加20%的小麦粉（小麦面条粉、小麦饺子粉为好），则在一次挤压时采用的温度应降低，试验中证实，100～105℃为好。

这里还要指出的是，有的设备制造厂家，为了提高糊化度，将一次挤压出来的熔融面棍在管道中传递到二次挤压的喂料口，认为这样可以保温、保湿，但在生产实践中发现此做法是不行的。一次挤压出的熔融面条中，含水在30%左右，如果纯玉米粉做原料挤出的熔融面条温度高达110℃，通过管道传递到第二次挤压机中，再经过挤压出条的玉米方便面容易产生很多的膨化状态的面条呈并条状态。一次挤压的目的是保证面条的糊化度。前边已叙述糊化度合格状态只存一定的温度区间，与温度不是任意温度区间的线性变化关系，即不是温度越高越好。一次挤压机头内物料瞬间被压力移出，糊化状态不是均衡，由于喂料口在机头内停留时间极短，相互熔融均质的时间短，还有熔融的面在机内压力难以均等，挤出机筒壁的压力小于筒中心，筒壁和空气是有热交换的，筒壁的熔融面温度低于筒的中心部位熔融面的温度。在一定的温度区间，熔融面的温度高流动性好，而和筒壁接触的熔融面和筒壁形成一定摩擦，流动的速度明显低于筒体中心的熔融面。测量一次挤压模具头外面条挤出的速度可以有力证明，如果是圆形的模板，中间出玉米方便面条与模板圆周边出面条的速度多时相差23%。这也说明了一次挤出的面条相互间糊化质量是有差距的。二次挤压的目的是均质一次挤出的面条，均质包括温度、糊化度、密度及出条的速度，保证成品面块中面条粗细均匀，糊化度均匀，面块重量误差变小。试验测试，一次挤压出的熔融面条进入二次挤压喂料口的温度在95℃±2℃合适。一次挤压的熔融面条进入二次挤压喂料口的含水量在23%～26%合适。一、二次挤压的温度及水分的降低变化是在一次挤压出口到二次挤压喂料口敞开与操作室环境中自然完成，因此应在生产操作现场设计良好排潮通风设施。

（3）挤压螺杆转速。

糊化度与一次挤压机内螺杆转速关系很大。

一次挤压的螺杆转速决定机内摩擦生热的温度，而生成的温度决定挤压出熔融的玉米面条的糊化度。从静态表面看设备很简单，但是有负荷运动起来却很复杂，涉及力学、电力学、热力学、流体力学、化学相变等知识。带负荷运转时，首先是电能转化成机械能，机械能通过螺杆推动物料，与螺杆外围的筒体形成强烈的摩擦，摩擦生热的瞬间产生高温、高压，高温、高压使玉米特强粉湿面迅速糊化，糊化到一定程度就形成熔融状的玻璃体，此时面粉分散的颗粒状变成糊化后相互熔融为一体的胶状黏稠物，这种胶状黏稠物在压力及螺杆推力作用下，向压力小的方向流动，最终经过模板孔眼顺序的形成熟的玉米方便面面条。

当螺杆速度在30r/min以下时，面条糊化程度低，面条的透明度低，不能完全形成熔融的玻璃体状，表面无光泽、色泽泛白，面条中是淀粉颗粒和熔融状态的混合物，面条强度不好，易断条，此时放开水中呈现浑汤状况。当螺杆速度从30r/min继续提高，糊化度逐渐增加，这时因为物料在机筒内所得到的剪切力、摩擦力增大，机筒内升压、升温，加速了面粉颗粒的降解和糊化，由糊化变熟。当螺杆转速在40r/min时，产品的糊化温度下降了，原因是剪切摩擦超出了面粉糊化的需求。

进入挤压机的湿面里边含水量约在30%左右，其中有10%左右是结合水。20%左右是游离水，从碳水化合物角度看淀粉子中分子组合水高达73%。在螺杆处于低转速时，或者机内温度在60℃以前挤压机内发生的都是物理变化，物料中的游离水、结合水、组合水均处在各自的原有形态，随着螺杆转速增加，温度压力也在增加，这时挤压机内的游离水、结合水与物料相互处于熔融状态，以物理变化为主，物料组合状态发生变化，由颗粒状态变成玻璃状态，物料中很多游离水变成结合水，此时由挤压机释放出来的面条中的游离水、结合水很容易以汽化形态离开面条。当螺杆速度超出40r/min以上时，挤压机内会出现化学变化，物料中淀粉分子中的组合水开始脱离，此时由挤压机释放出的面条、游离水、结合水、组合水同时以汽化形态与面条分离，结果是膨化过度，有少部分出现碳化状态。

综上所述，一次挤压螺杆转速在39r/min±1r/min为宜。

(4) 物料因素。

玉米按籽粒形态可分为硬粒型（也称为角质型）、马齿型、半马齿型、粉质型、爆裂型、糯质型。硬粒型玉米籽粒为圆形，顶部成弧形轮廓，籽粒外表透明有光泽。顶部和四周的胚乳为角质，仅中心近胚部为粉质，质地坚硬，以其磨成的面粉，做方便面进入挤压机所需的熔融温度相对就高。如粉质型玉米（也称软质型），胚乳全部为粉质，组织松软、容量低、籽粒外表没有光泽。用粉质型玉米磨成的面粉做玉米方便面，进入挤压机所需的熔融温度就要比角质型的低，粗粮中的荞麦、青稞麦等在挤压机中的加工特性和粉质型玉米十分相近。最典型的粉质型粮食是小麦，小麦粉在挤压机中所需的熔融温度是最低的。

同一品种的玉米，生长的地域不同，结果粉质状态也不相同。生长在东北地区角质含量高于中原地区，其玉米粉用做玉米方便面在挤压机中所需熔融的温度有差异，东北地区高于中原地区。这一点容易被企业忽视，以为玉米粉是一样的，组织生产就会出现偏差，甚至影响产品质量。同样道理可以说明，为什么生产非油炸玉米方便面，向玉米粉中加20%小麦粉能改变糊化度。

综上所述，可以看出通过挤出机生产非油炸玉米方便面，关键在于加水量、环境温度、物料温度、设备温度、挤压机转速的控制以及物料的选择，注意到这些因素，生产工艺标准及产品质量标准就容易控制了。

3. 波纹成型及风冷定条。

非油炸玉米方便面生产中，波纹的形成没有更高的科技含量，但是也有值得重视的问题，波纹成型首先要做到的是定量准确，波纹定量准确涉及很多因素，首先是要求做到上道工序挤出的面条含水量，面条的粗细一致，挤出机喂料量必须稳定。其次网带的速度，切刀的因素，在生产线上调整好以后，越稳定越好，这涉及产品质量的一项否决因素。例如，面块定在100g±1g时，低于99g客户就可投诉产品质量不合格，面块量大于100g不会有客户投诉，但是生产成本攀高，也是不可取的，若每块多2g，年产10万吨方便面的企业，每年损失两千吨。这些因素，只要引起足够的重视，在生产实践中，还是可控的，关键在于抓住每个环节的标准化，就能确保这个环节的产品质量。

风冷定条是迅速让面块降温，吹去表面的水分，让面条增强刚性，为下一工序顺利蒸面奠定基础，如果刚性不够在下步蒸面过程中，面块就会塌形，相互粘连，造成面条之间松散不够，浸泡复水时，影响水和面条的充分接触，使得复水这项指标不合格，也影响面块外观的美感。

4. 面块汽蒸。

非油炸玉米方便面的糊化程度主要是取决于一次挤压的工序中，从一次挤压机挤出的面条糊化度在92%～95%就满足了产品的质量要求。为什么还要设置汽蒸面块工序呢？汽蒸面块工艺首先解决的是面块的色泽问题，没经过汽蒸的玉米方便面表面没有光泽。经过汽蒸以后光泽鲜亮，具有良好的卖相。其次是上道工序下来的玉米方便面面块残留一些和面条不能紧密相连的面粉颗粒，在浸泡复水时溶解水中呈现浑汤现象，用汽蒸以后，改善浑汤现象就得以保证了，汽蒸对于糊化度不足的面块也会给予一定的修补。

汽蒸过程中，温度低了达不到上述三个标准要求，温度高了，带的蒸汽浓度也大，会使玉米方便面面块塌形。一般常用的工艺温度为95～98℃，蒸汽的相对湿度约为75～90，蒸面机入口温度为90℃，出口温度为98℃。

5. 面块干燥。

面块干燥与面条粗细有很大的关系，干燥过程就是将面条圆心中的水分迁移出来。面条直径有很少的变化，截面积有很大的变化，一般来说面条直径增加10%，其截面积增加30%以上。在一定的条件下，干燥温度越高，热推动力越大，干燥所用的时间越少，但是作为干燥玉米方便面还有更多的因素在影响着上述规律。其中主要的是干燥的物料不同，干燥小麦粉方便面和干燥玉米方便面就有差异，小麦粉中含有面筋是粉质型粮食，而玉米面粉中没有面筋，并且是角质型粮食，尤其是挤条机出来是从熔融态转变成胶体条状，质地紧密，面条中心部分的水的通道远没有粉质型面粉形成的面条通畅，因此，二者干燥加热的曲线不同。玉米方便面块从蒸汽隧道出来以后，表面水很容易逸掉，而面条中心的水分，遇到高的干燥温度，外面水迅速逸掉，外表干燥完毕了，但中心的水分暂时性地留在了其中。在自然环境条件下于包装物中继续慢慢逸出，结果是酥条现象或局部发霉现象出现，应对这种的干燥曲线的关键环节是，初始干燥温度不能高，应符合低温保湿，目的是让面条中心的水分在低温保湿状态出汗，慢慢迁移出来，避免"酥条"等现象发生。这部分有针对的干燥设备是设计有预干燥机，其长度为14.58m，加热介质为热风。入口温度为40℃±2℃，出口温度为53±2℃，面块通过时间为40～60min，是可调的，干燥的热风温度也是可调的。汽蒸的玉米方便面先在低温和一定温度下加热风，以达到低温出汗的目的，保证截面积中心处的水分跟着外圆的水分连续逸出。如果直接用高温干燥，内部的水分来不及逸出，外面干燥完毕，继续干燥会出现断条现象。这种外干内不干的面条称为假干现象，待面条包装后，外边已干燥的面条断条，重则发霉变质，因此先低温干燥是十分必要的。升温干燥机为22m，面条在里边停留200min左右，停留的时间会根据汽蒸后玉米方便面块的含水量来调整，机内温度60～80℃，链盒速度1.2～3.8m/min，也是可调的，在干燥机内，要求干燥机内吹风分布均匀，保证干燥机中没有死角，干燥结果一致，万分之一块干燥不合格都是严重的质量问题。

干燥介质的温度越高，干燥的速度越快，高温增加水分的蒸发速度，但是注意相对湿度，相对湿度大，水的蒸汽分压高，当和面条的蒸汽分压相等时，面条吸水和失水速度相等，呈现动平衡状态，此时想让面条继续干燥必须降低干燥介质水蒸气分压，要设引排风及时吸走潮气，使空气中相对湿度降低，一般要求干燥介质的相对湿度低于75%。

鼓风机的风压也会影响干燥，机内热风循环是自下而上地反复进行，穿过多层面块阻力很大。干燥后的玉米方便面块，温度仍然有60℃，不能直接包装，需要降温冷却到室温再进行包装。干燥机后设有风冷输送机。现在有的设备生产厂家将低温干燥高温干燥及风冷设备为一体，运行也很流畅。

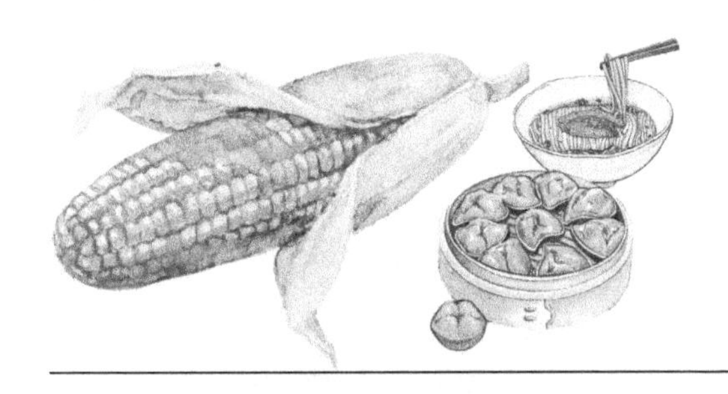

第九章 饭店玉米面食的制作方法

一、玉米特强粉和面方法

和面是向玉米特强粉系列面粉（玉米饺子粉、玉米面条粉、玉米包子粉、玉米窝头粉、玉米面包粉等）中加入水或油、蛋、奶、糖浆等，经搅拌使之成团的一项技术。和面是面点制作中的第一道工序，也是保证面点质量的重要工序。玉米特强粉和面的好坏，能直接影响其制作面点的品质，也关系到玉米面点制作过程中各工序能否顺利进行，下面介绍和面的方法、要领及要求。

（一）掌握加水量

玉米面团的软硬，要根据制品的要求，有些品种制作中需要较硬的玉米面团，有些品种在制作中需要较软的玉米面团。玉米特强粉面团的软硬与和面的时间和加水量有关，并且与和面的水温、环境温度有着较明显的关系。

玉米面团的软硬和加水量有关，水加得多，则面团软，水加得少，面团则硬。

玉米特强粉成分和小麦面粉成分差异较大，物理加工性能也有差异。用小麦面粉制作面团和面是将面筋中的各种蛋白质润水、吸收水，从而使其形成面筋网络，使面团产生弹性和物理加工特性。而玉米特强粉的特点是由其超细的粉质和膳食纤维的特性决定的。玉米特强粉中的水饺粉、面条粉不含面筋，在加水形成面团过程中，是靠超细的粉粒和膳食纤维共同产生黏弹性，从而模拟小麦面粉中面筋的物理特性，能产生拉力、延展性、延伸性，可以像小麦面粉一样加工成不同几何形状的面点。与小麦面粉比，玉米特强粉的吸水能力更强，因此，判断玉米面团的软硬应对比看待，标准有差异。

一般情况下，每500g小麦面粉加水量为150～300g，把面团分为硬、较硬、较软、软几种，以说明用水量。就500g小麦面粉来说，加水量为150～225g形成的小麦面团称之为硬或较硬的面团，这种面团质密坚挺，适合制作面条等。加水量为250～300g而形成的面团是较软的面团，适合制作馅饼、灌汤小笼包。而玉米特强粉制作相应的面团时，就500g面粉而言，就需比小麦面粉多加水在20%以上，如包饺子用小麦面粉500g加水240g水，而用玉米特强粉包饺子500g面粉就需加350g水。

（二） 掌握加水量的变化关系

(1) 玉米特强粉颗粒有粗细差异，细的吸水能力强。玉米特强粉表面细度为 50 目，是在干燥过程中若干细小颗粒凝结在一起形成的，是松散的，稍有物理作用力就会散开，当和面加水后，水的分散力可使玉米特强粉分散出 120～140 目的细小颗粒，而小麦面粉的颗粒只有 70 目。“目”的概念：每平方英寸中具有多少孔眼就是多少目。玉米特强粉系列中的玉米水饺粉、玉米面条粉、玉米面包粉，细度较高，和面制作面团时，就应多加水；而玉米窝头粉、玉米包子粉相对细度略低，和面时就应少加一些水。

(2) 玉米特强粉本身含水分有差异，刚下生产线时含水较低，和面时注意多加点水；而放在库房中时间稍长时，就该少加点水；冬季干燥季节相应注意多加点水；夏季潮湿季节注意少加点水。

(3) 玉米特强粉系列面粉和面水温、环境温度的变化对其吸水能力以及表面的黏性有影响，如和玉米特强粉水饺面团时，和成面团在 5℃时，500g 玉米水饺面粉中加水 400g，面团包饺子也不粘手。和成面团在 25℃时，在 500g 玉米水饺粉中加水 325g，其面团包饺子就粘手。这是因为在低温中，玉米特强粉中的淀粉分子立即向 β 型转化，同时以范德华力通过氢键作用使 α 化淀粉分子减少，同时，降低了黏弹性。利用这一特性，在机械化压延、压皮中出现粘辊现象时，只要降低玉米特强粉面团温度就可迎刃而解，如用冷水和面、冰水和面。手工包制玉米水饺时，室内温度高，出现粘手时，也可以如此解决。

(4) 玉米特强粉和小麦面粉吸收水所需要的时间有差异。玉米特强粉中含有膳食纤维，颗粒细微，比表面积大，含水量低，密度小，因此，吸水速度和小麦面粉比，相差有 15％～20％，这一点在和面时也应充分注意到。

（三） 掌握正确的和面方法

和玉米特强粉面团的手工方法，大体可分为三种，即抄拌法、调和法和搅和法，常用的是抄拌法。不论采用哪种方法，都必须做到面团吃水均匀，不夹带干粉粒，玉米面团软硬适合制作工艺要求，和面接触的工具，包括和面操作者的手要干净。

(1) 抄拌法：将玉米特强粉放到盆或其他容器中，在面粉中间挖一个坑放入应加水量的 80％，用手由下而上，由外往里，反复抄拌，抄拌时应注意水与面均匀，特别注意不让水沾到手上影响操作，抄拌至玉米特强粉吃水后呈均匀絮状时，再加入 10％的水，继续用手抄拌，待玉米特强粉吃水均匀且成结块状时，用剩余 10％的水清理和面接触工具，揉搓面团，调整软硬，注意和面盆不要粘有面块，面团吃水均匀，表面光滑细腻，手上不粘面粉及痂片。这就是民间讲究的“三光”。达到三光并非容易，需要深刻理解面性和工艺要求，同时还要勤学苦练，练到手对面团的感觉灵敏细微时，就能得心应手，有所发挥。

(2) 调和法：和面时较少用此种方法，适用于冷水玉米面团，水油面团及烫面等，操作方法是玉米特强粉置于案板上，中间挖坑，将水倒在坑中，右手五指叉开，从外往内进行调和，调制到面粉呈大雪片状后，再加适量的水，可直接用手调和搓压成团。

(3) 搅和法：用于调制较稀软的玉米面团，这种和面方法常在容器中完成。具体做法是将玉米特强粉放在容器内，右手用工具（如筷子、木板等），左手往盆内加水或蛋液，边加水边搅和，直至软硬适宜，均匀成团，在调制蛋面糊时，应顺一个方向搅动，直至均匀，如制作玉米金凇糕时就用如此和面方法。

二、玉米特强粉面团的揉和

玉米特强粉面团揉和的目的是使之表面光滑细腻，面水均匀合一，拉力均衡，以利于下步制作成型，这是调制面团的后道关键工序，这道工序不成功，后边所有工序的努力都是徒劳的。揉面看起来是一项简单的操作，若不认真操作，刻苦练习，可以导致餐饮店生意的失败，图 9-1 为揉好的玉米面团。

图 9-1　揉好的玉米面团

揉面的主要动作有：揉、捣、揣、摔、擦等。一般情况都是揉与捣、揣、摔、擦相结合动作，需要熟练灵活运用。这是一项体力劳动。揉面的姿势应该是：身体稍离案板，双脚以丁字步分开站立，身体正直，上身稍前倾。揉小面团时，以右手用力，左手协助，揉大面团时，可以双手同时用力。揉面时要用力均匀，保持频率，不必突然用力过猛，揉面时以腰腿发力，经肩、手臂、手腕至手掌后部位发力，施加到面团之上，以此反复揉、捣、揣、搓，直到均匀揉透，使玉米面团光滑细腻油亮为终点。揉玉米特强粉面团，不仅需要力气，也需技巧。刚和好的玉米特强粉面团，水分没能均匀分布在玉米特强粉面团中，面团中夹带着白点，也就是说水分没有完全吃透，这时不必用足力气去揉，可以轻轻且频率稍快揉搓，待水分布均匀且吃透到面团中，可以发力大些。揉面时要顺着一个方向，否则有些力气是浪费的。揉面时间长短取决于揉面团的效果，一般来说，揉的时间延长些效果会更好。

三、玉米特强粉面团的搓条与下剂

搓条是将和好、揉好的玉米面团搓拉成粗细均匀，光滑细腻的圆棍状长条的一项操作，是承前启后的一道工序。搓圆条的要求是：搓好的条从头至尾粗细一致。一般的操作方法是，将面团放在案板上，先拉成长条，然后用双手掌后部向前推滚，加之轻轻推压，使之向左右两侧延伸拉长，成为所需的粗细均匀的圆棍式长条。

下剂也称为揪剂、掐剂、切剂等，是将搓好的面棍或揪或掐或切或摘，使玉米面团均匀地分成所需大小一致的小面团，是制皮过程的一道工序，如图 9-2 所示。制皮以擀面杖为工具，由于擀面杖有不同的各类，所以擀制的方法也有差异，通常用的是单擀杖，单擀杖根据大小分为几种情况，即是小擀面杖、中擀面杖、大擀面杖三种。小擀面杖主要用于制小型皮类，如水饺皮、蒸饺皮、小笼包子皮等，中、大擀面杖主要用于制馄饨皮、花卷皮、烧饼皮、手擀面皮。

图 9-2　制剂的过程

单擀杖：先将面剂用手按扁，以左手拇指、中指、食指捏住剂的边缘，右手执杖按压于面剂的 1/3 处推擀。右手推一下，左手将面剂向左后方转动一下，这样一推一转往复 5～8 次，即可擀出一张薄厚均匀的圆形面皮。这里特别指出，玉米特强粉面饼不需要中间厚四周薄，这是玉米特强粉中不含面筋所决定的。玉米火锅小饺子 10g 重，则皮重为 6g，几何尺寸为直径 58mm，厚度为 2.0mm。500g 玉米特强粉加水 325g，成面团后可擀出 6g 重的上述火锅饺子皮为 135 个。家常馅玉米水饺每个重为 15g，其中馅重为 7g，皮重为 8g，厚度为 1.8mm 圆的直径为 68mm，500g 玉米特强粉中加水 325g，形成面团后可下剂 103 个，擀出如上几何尺寸的圆形面皮 103 个。单手擀杖玉米面皮也适用于包制小笼包子、蒸饺等。

通心擀槌：通心槌又叫走槌，分大走槌、小走槌。大走槌主要用于擀片、开酥，小走槌主要用于擀制烧卖皮，烧卖皮要求有荷叶边、金钱底的几何形状，制作时将剂按扁，双手分别握住通心槌两头把，槌身的鼓肚处压住剂子进行滚压，边压边转，以槌转带皮转，着力点移至剂皮的边缘，压出花边即可。

下剂是制皮的前道工序，需要一定的技巧，根据面团软硬和所需剂的大小，可用不同的方法，一般有三种方法。

（一）揪剂

左手握条，手心向内，让圆面棍的一头从虎口处探出，以右手拇指食指掐住，顺势突然发力向下一揪，然后转动一下左手中的条，重复前次动作，循环往复。揪剂时，左右手配合得当，右手揪剂时，拇指掐住面剂，沿左手虎口相切方向使劲，并将面剂“切”断，如此两手配合，将搓好的面剂棍一一分成小剂，这种方法也叫作揪剂，揪剂适合做较小的食品，如制作玉米水饺时就可如此制剂。

（二）挖剂

挖剂是将面团制成较大的剂的方法，有些制品的个体较大时，或面团稀软，使用揪的方法无法得到需求的几何形状时可采用挖剂的方法。先将面团搓揉成较粗的面剂条，以左手张开，按放在面剂条或面团的右端，并露出所需下面剂长短量，右手四指并拢，抄于面头下，沿与右手虎口相切方向向上使劲，使面劲挖下，然后将左手往左侧移动，右手再挖下一个，反复地挖至面棍的另一端为止。

（三） 切剂

切剂是用刀将面剂条一个个地切成剂的方法，可切成小剂，为了加快速度，也可将面剂条两根并列或三根，或四根并列同时切，以加快速度，切剂大小相互参照，使剂的大小更接近均匀状态，包制玉米水饺、玉米火锅饺以及烧卖、小笼包都可用此方法。

四、 玉米蒸饺 （见图 9-3）

图 9-3 玉米蒸饺

1. 制作配方。

玉米特强粉 500g，水 320～350g。

注意：①如果是新出厂的面粉，或干燥地区干燥天气，则多加水，趋近上限；如果面粉在库房放置时间较长，或天气潮湿，则少加水，趋近下限。在保证和面、包制不粘手的情况下，多加水的好处在于蒸出的饺子更柔软，夏季用凉水，冬季用温水和面。②蒸熟的饺子，如不及时食用，放置时间久了易挥发水分，而使饺子边沿干硬，为防止这种现象，下列几种方法可以缓解：和面时，每 500g 玉米特强面粉中加鸡蛋 2～4 个；和面时，每 500g 玉米特强面粉中加植物油 5～25g；和面时，每 500g 玉米特强面粉中加泡打粉 3～5g。

2. 和面参照前文介绍的和面方法，一定将面揉到细腻光亮为好。若需要添加鸡蛋或植物油，要先将鸡蛋或植物油加到水中，搅拌均匀后再去和面，加入鸡蛋，水分增加，就应相应地减少水的添加量。植物油对加水量没有影响，即可以忽略。如果需要加泡打粉，一定要把泡打粉均匀地加到面粉中，搅拌达到均匀状态方可加水和面，和面首选容器是塑料盆。

3. 玉米特强粉没有面筋，容易失水，和好的面团可以放置在盆中，上边宜覆盖湿毛巾，或塑料布，或者将和好的面团放置在塑料袋中，随用随取，用多少取多少，同理擀制完的饺子皮应是一个压一个的垛起来以防止失水，包好的饺子不能及时蒸，也当覆盖上塑料膜。若去速冻，上边也应覆盖上塑料薄膜，或套上塑料袋，总之应时时处处注意防止水分挥发。

4. 待蒸锅里水烧 2 沸，上蒸笼蒸约 7min，见成品鼓起，面皮有弹性，不粘手即成熟。玉米蒸饺的馅心可以根据地区的口味习惯去配制，不受玉米蒸饺皮的限制。

5. 蒸熟的玉米蒸饺颜色为油亮金黄色，刚刚端上桌的热气里飘着嫩玉米香气，玉米蒸饺皮的筋度明显超出白面蒸饺，玉米蒸饺放在嘴里绵软，筋道，有咬劲，有弹性。

五、 玉米特强粉窝头（见图 9-4）

图 9-4　玉米特强粉窝头

（一）配料

(1) 玉米特强粉 400g、小麦粉 85g、生豆粉 25g；

(2) 酵母：7g（冬季酌加，夏季酌减）；

(3) 泡打粉 5g（无铝泡打粉）；

(4) 水 290g（±10g）（酵母、泡打粉到地区食品添加剂商店购买）；

(5) 食糖适量（根据需要可多可少，也可不加）。

（二）和面

用 pH 值为 7 的中性水和面。为保证产品质量，若水的硬度大可以先将水烧开冷却到常温后和面，水的温度在 35～38℃为宜，准确称量玉米窝头粉、酵母、泡打粉，在干粉状态时，将三者混合一起拌匀（不拌匀不能加水，这点关系到成品质量），再按规定量加水和面、揉面。

（三）手工成型

窝头是一种特有的几何形状，其外形特点近似圆形馒头，但比馒头小得多，成品窝头每个 20g，特别小的 10g，特别大的也只有 30g，窝头独具的几何形状特点为中间必须是空的。中间空的目的有两个，其一是早期宫廷窝头里加的玉米粉，橡子面，颗粒较粗，也没办法醒发，俗称死面，蒸制时导热不好，不易蒸熟，中间挖空以后，容易蒸熟且缩短了蒸制时间，这是主要的原因；其二是窝头在制作时无法醒发到体积较大，在饭馆和在市场上卖不上价，挖空以后，显得体积大，就可以卖上价而赚钱，发展到今天，人们也认可了窝头是中间空的圆锥体。

窝头做型也要先下剂，按前边叙说的下剂方法，把和好的面，充分揉好，揉滚成较粗的面剂条。按每个窝头 20g 左右下剂，下好的剂，要在光滑的案板上（不锈钢）涂上植物油，左右两手心内成弧窝，各轻轻压 1～2 个面剂，让手心带动面剂前后左右滚动，使之成为细腻油亮的圆球。再将圆球放在左手心内，手心向上轻轻托住，并由四指和手掌共同夹住圆球，再将右手食指沾上植物油，挺直向左手窝头面球中间钻孔，钻孔的方向是沿左手小拇指向大拇指顺时针方向，右手食指每钻一下，退出一半，此时让窝头面球转动半周，重复上述动作，直到成型，注意让窝头下底四壁薄厚均匀，底边四周整齐不缺口，蒸制时才不倒伏。

（四）蒸制

做好型的玉米窝头可以以大枣、果仁、松仁、葡萄干、枸杞点缀，应直接摆放笼屉内，相互间留有窝头自身底口直径 2/5 的空间，从和面完毕到上屉蒸，夏季 40min 以内，冬季在 60min 以内，防止醒发时间过长而蒸变形。一般情况下，将锅里加进冷水，就可上屉蒸，冷水烧开所需要的时间内，窝头在继续醒发，冷水烧开后（俗称圆气）若是单层屉约 15min 蒸熟，若是多层屉在 16～20min 蒸熟。蒸熟的窝头在常温下放置 5min 再食用时，口感效果处于最佳状态。

（五）食用方法

1. 食用特点。

蒸熟的窝头颜色亮丽，金黄，散发着老玉米的芳香，手感如同橡胶富有弹性，无论用手从哪个方向轻轻挤压都能恢复原形。放在口中，有咬劲，爽口不粘牙，咀嚼后味香浓，下咽流畅，令人食欲大增。

2. 食用方法。

（1）非糖尿病人蘸炼乳、蜂蜜食用。

（2）蘸鸡蛋糊，文火油炸。

（3）将窝头切成两瓣或四瓣，调成麻辣孜然味，加肉急火爆炒。

（4）将窝头串成串儿，调成烤肉料味烤食。

（5）将窝头配合咸鱼，加一碗清汤（满族宫廷吃法）。

（6）将窝头和酱鸭脖配成盘。

（六）制作窝头注意事项

（1）若食用时，感觉不爽口，发黏，原因是窝头没蒸熟。

（2）若窝头出锅时偏倒状、原因是做型时，窝头底边薄厚不均，导致蒸制时吸收水分后向薄的一边倒伏。

（3）若蒸出的窝头组织发死而硬，原因之一是醒发温度低或醒发时间不够；原因之二是酵母粉吸潮失效，或泡打粉吸潮失效；原因之三，在醒发时温度超过 38℃，酵母失去活性。（酵母超出 38℃时开始死亡，失去活性）。

（4）若蒸出的窝头形状趴伏，原因是醒发过头，或和面加水超标。

（5）若窝头蒸出的有酒糟味，原因是醒发过头。

（6）若窝头回味苦，原因是泡打粉过量。

（7）若窝头表面不光滑、没有亮光，原因是和面、揉面没到位。

（8）若蒸出的窝头常温存放 2～3d，表面有红斑点，原因是玉米中的 β 胡萝卜素聚焦而成，β 胡萝卜素是人体不可缺的营养物质，可放心食用。

（七）玉米特强粉窝头的其他注意事项

玉米窝头工业化生产市场前景极好。工业化生产只要将和面改成机器和面、机器自动成型即可，蒸出的窝头晾凉后冷冻。冷冻条件不苛刻，冷冻后包装即可。

若在窝头配方中每500g窝头粉中加2个鸡蛋，其他操作仍按窝头制作方法，将和好的面，用烙饼锅烙出双面锅巴的玉米饼。若用铁锅放进1/4～1/3的清水，烧开以后，用手揪50～100g面剂，成型团圆，用手将其贴在锅中清水上边之处，趁热立刻可以粘上，盖上锅盖，继续烧火，10～12min后出锅，就是一面具有锅巴的玉米大饼子，其口感是小麦粉制品没办法比拟的。

六、玉米猫耳面

（一） 配制与工具

（1）玉米特强粉500g；

（2）水325g±5g；

（3）玉米猫耳面模具板。

玉米猫耳面模具板选用材质可以是黄杨木，可以是梨木，也可以是木棉木，也可以是紫铜的，应当请刻字师傅或电脑刻字处刻成花纹图案，或刻成福、禄、寿、禧，或刻成发财以及其他特定的字样。

（二） 和面成型

和面的方法参阅水饺面和面方法。和面以后，充分揉面，将面揉到细腻光亮时，先搓面剂条，面剂条直径在1.5cm，用刀切成1.5cm长的剂，用手掌将剂滚成小圆球，将小圆球放在猫耳面模板上所选中的图案上，以拇指从小球上端轻缓下压且向前推滚，待小圆球滚过猫耳面模板上图案1/2处时，开始收力，继续推滚到图案完毕，一片带有花纹图案或者吉祥字的猫耳朵形状的猫耳面就成型了。

（三） 煮食方法

将猫耳面倒在开水锅里煮到略显半透明，且有亮光时，即可出锅，用笊篱从水中捞出，放到冷水中过一次备用。

（1）锅中烧上油，加肉丁、木耳、胡萝卜、冬瓜或银耳爆炒并配麻辣味料，命名为“五色麻辣玉米猫耳面”。该猫耳面已成为许多饭店里的招牌菜（或主食）之一。

（2）以猫耳面涮火锅吃。

（3）下汤中吃代替疙瘩汤。

（4）配料味油炸（咸香口味）。

（5）挂浆（甜口）。

（6）炸酱猫耳面。

（7）凉拌猫耳面。

（8）素炒猫耳面。

（9）猫耳面汤。

（10）清蒸猫耳面。

（四） 猫耳面的贮藏方法

猫耳面做成以后，放在盘里，上边覆盖塑料薄膜，立即放在冰箱内或冰柜里冷冻，随用随取，食用时也必须开水下锅煮熟后再制作。

七、玉米水饺（见图 9-5）

（一）配料

（1）玉米特强粉 500g；

（2）水 325～350g。

制作的产品总量增加或减少，按此比例增减。

（二）制作方法

（1）机器和面。可将称量好的玉米特强粉和水同时加入到和面机内，和面机选用直翅型搅拌叶，这是因为 S 弯型搅拌桨叶搅拌不匀。和面机搅拌 15～20min 为宜，面和好的标准是表面光亮细腻，且用刀切开的断面气孔越少越好。天气热时或操作间温度高时，若从和面机中取面粘手，双手蘸水，或用腻子刀蘸水切割，就能顺利取之。

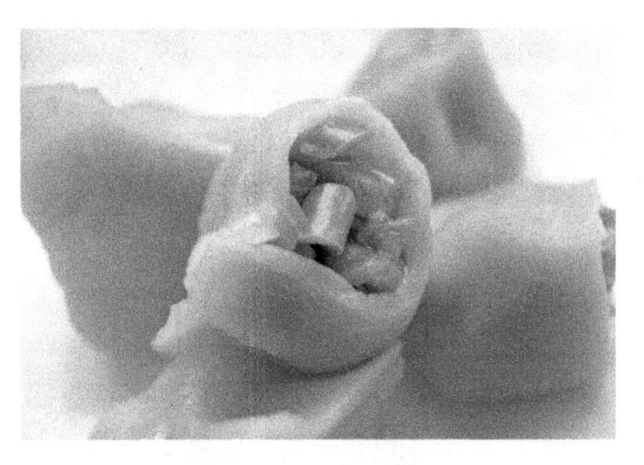

图 9-5　玉米水饺

（2）手工和面。配料表中指示的加水量不能一次加足，应逐渐加水逐渐和面，将面和成“盆光、手光、面光”的标准，和好的面团油光细腻，用刀切开面团的断面气孔越少越好，手工和面所选用的容器最好是塑料盆。

（3）和面用冷水、温水均可（天热用凉水，天冷时用温水）。

（4）面和好后，放置 10min 后再揉面包制玉米水饺。

（5）配料中的加水量有 3%左右的浮动，若现包现煮，则每 500g 玉米特强粉可加水 325g。若包完后需要放在冰箱或冰柜内冻存，每 500g 玉米特强粉加水 350g。若是干燥季节，加水量可增加 1%～3%；若是雨季则可减少加水量 1%～3%。新出厂的面粉可增加加水量，反之可相应减少加水量。

（6）注意事项。

1）和好的面团不宜露置在空气中存放，应放在塑料薄膜内，这是因为玉米特强粉不含有面筋，持水能力弱，失水速度较快，水分挥发后，易出现冻裂，或者浑汤，甚至使口感大打折扣。

2）饺子皮薄厚要擀均匀，中间不留凸包状，饺子皮厚度可以参照白面水饺皮。玉米特强粉水饺皮相互靠近并不粘连。为防止脱水干裂，擀制完的玉米水饺皮应堆成垛，且及时擀皮及时包制。

3）湿面团擀制的饺子皮重与馅芯重的比例建议 10∶8左右，视饺子大小而变化。若皮重为 6.5g/个时，则馅为 5g/个左右。

4）包制玉米面水饺，讲究轻擀轻合。包饺子做型时，注意包制速度，还要注意造型，也就是卖相。包饺子造型有很多种，这里介绍一种适合玉米面的饺子型，其特点是造型美观、包制快、易学习、工业化生产时易统一形状、速冻不易裂、煮后不易变形。具体做法是左手持皮，右手用馅匙，从馅盘子里往玉米饺子皮中拨适量的馅，然后用右手拉起左手掌中玉米饺子皮下端向上端对折捏合，且左手拇指肚与左手食指合力一捏，并做半收拢动作擎住半成品饺子，再分四步动作。

① 右手食指贴在左手食指前，且平行地面。

② 两拇指成人字形搭放在食指之上，两拇指指关节分别向外上方翘起同时，拇指肚压住食指上边的饺子皮。

③ 左右两手掌在保持①，②动作后，由外向内靠拢，直至左右手掌后方靠拢。

④ 两拇指贴近饺子皮，向下一压同时向后收拢。

按该制作方法，水饺每分钟包制速度可以 8 个～12 个，每班包饺子 40kg～50kg。

（三） 煮食方法

煮玉米水饺和煮白面水饺的方法一样，但水相对要多，开水下锅，饺子和水按 1∶5比例，若是冻饺子下锅时，饺子和水按 1∶7比例，这是保证口感的必需条件。很多人煮饺子不成功，就是没把握好比例。煮饺子更关键的一点是鉴别饺子煮熟与否，不能用煮几分钟来判别，也不能用水沸的次数判别，更不能用饺子漂起来的现象判别，这是因为常温的饺子与冻的饺子（包括冻的程度上的差异）煮熟所用的时间显然是不会一样的，加水量不一样所耗用时间也不一样，传导热量也不一样。正确的判别方法是，观察其饺子皮鼓起来，用手指轻轻一压饺子肚部分，皮馅明显分离并且有弹性，即可判定饺子煮熟了。

（四） 贮藏方法

玉米水饺包制成型以后，用冰箱或冰柜冻实，冰箱冰柜冻水饺量应在保证 30min 内冻实为好，冻后装在塑料袋内，系扎口，可以保存两周，不宜保存更长时间。

值得注意的是，玉米特强粉内没有面筋，不可以煮熟后再冻，会出现返生现象。但蒸熟后放在冷藏中，放置 4～6h 再放入开水锅煮烫 30～50s，其口感如初，这是玉米饺子的一大优点。

八、玉米包子 （见图 9-6）

（一） 配料

（1）玉米特强粉包子粉：500g；

（2）酵母：7g；

图 9-6 玉米包子

（3）泡打粉：5g；

（4）水：350g±10g。

制作的产品总量增加或减少按此比例增减。

（二） 制作方法

（1）和面用 35～38℃的温水。

（2）准确称量配料中包子粉、酵母、泡打粉后混合均匀。

（3）手工和面，量好规定量的水。

（4）室温在 30℃左右时，和好面，揉好面即可包制包子。

（5）室温在 20℃以下时，和好面，揉好面放置 15～20min 后，再制作包子。

（6）制作成型后，醒发温度为30～38℃，醒发时间为30min，若环境温度变化，可以对醒发时间加以调整，醒发温度高所需时间则少，否则需要时间则长。

（三）食用方法

（1）醒发好的包子，冷水上屉蒸，水烧开至“圆气”后，8～10min后出锅即可食用。

（2）醒发好的包子可以速冻，食用前不解冻直接上屉蒸12min左右出锅。

九、玉米特强粉刀切面

（一）配料

（1）玉米特强粉：500g；

（2）水：225～250g。

（二）制作方法

（1）用小型（家用）面条机制作时，加水250g。

（2）用大型电动面条机制作时，加水量在225～250g之间调整。

（3）冷水、温水和面均可。

（4）其他操作与小麦面粉制作刀切面相同。

（三）食用方法

（1）煮玉米面条的方法和煮白面面条的方法相同，但是在未煮熟之前，不能用力搅拌，这是因为玉米特强粉中不含面筋，是靠玉米自身黏弹性模拟小麦粉中面筋的物理特性，在面条刚进入水中时，玉米面条中淀粉没有糊化，拉力很弱，此时，若受到外力作用会很容易断裂。煮小麦粉面条充分搅动是防止粘连并条，而玉米刀切面有着抗粘连的优势，就是放在冷水中半小时以上也不粘连，玉米挂面也是如此。当玉米刀切面煮到八成熟时，其淀粉糊化形成胶体，此时，拉力急剧上升，甚至超出小麦面粉的刀切面，煮八成熟以后，怎样搅动都无妨，所以煮食玉米刀切面在八成熟之前，不可激烈搅动。

（2）面条煮至表面光亮，有透明感即熟，九成熟时出锅最佳。

（3）出锅时向锅内施加1/3的凉水口感最佳。

（4）可以做热汤打卤面，可以做炒面、汤面、烩面、炸酱面等。

（5）特点是光滑、细腻、爽口，有较强的咬劲，口感明显地超出对应的小麦面条，并有淡淡的玉米香气，值得一提的是煮玉米刀切面的汤，更为好喝，此汤可以调成香咸口味的，也可调成甜口的赠送给消费者，这也是优秀的促销方法。

（四）保藏方法

加工好的玉米刀切面，将其卷成团，二两或四两一团，装在塑料薄膜袋内冻在冰箱或冰柜内，随用随取，煮时不解冻直接开水下锅。提示：玉米特强粉手擀面条的制作方法和小麦面粉手擀面条一样，煮食方法参考玉米刀切面的煮食方法。

（五）几种玉米面条在饭店中做法

1. 麻辣面制作。

（1）煮好的玉米面条330g。

（2）干豆腐切成丝条，用3‰的食用碱水洗涤30s取出待用。

（3）取30g豆芽用水焯30s取出待用。

（4）切好的酱牛肉25g待用。

（5）调配麻辣料：麻椒粉1.3g、辣椒粉3g、植物油（熟）10g、牛油炸熟5g、炸豆瓣酱8.5g、盐5.5g、鸡精3g、味精3g、糖1.5g，放在能装1000g的碗中拌均匀待用；

（6）将（2）、（3）放在（5）中，再将（1）放在（5）中，再倒入400g开水或煮面的热汤再将酱牛肉放在（5）的上边即成。

2. 玉米牛肉面的制作。

（1）配料：三叉部分的牛肉750g、糖25g、盐25g、大料8g、桂皮8g、生抽50g、老抽50g、水4000g；

（2）工艺：向高压锅中放入改刀后的牛肉块（20g/块）750g及糖25g、盐25g，大料8g、桂皮8g、水1000g，盖高压锅盖后（产气时计时开始）10min，熄火冷却到高压锅停止冒气时打开锅盖取出牛肉，再向锅中加入水300g、生抽50g、老抽50g，慢火煮沸5min。

（3）配碗：向碗中加入煮熟的玉米面条330g、牛肉汤400g、西红柿丁30g、牛肉50g、香油1g、香菜末3g即可。

3. 玉米炸酱面条的制作。

（1）面条制作和以上面条制作方法相同。

（2）炸酱的制作。

青椒鸡蛋炸酱面：

1）配料：酱料40g、鸡蛋1个、大青椒半个、植物油40g、煮好的玉米面条（过水后）350g。

2）准备：将鸡蛋去皮倒入碗中，加清水10g搅拌到颜色均匀待用，将半个青椒切成2～3mm的颗粒待用。

3）工艺过程：向锅内加植物油20g，油完全烧开加入鸡蛋液，大火翻炒鸡蛋，并将蛋炒成碎粒，炒到鸡蛋发干将要变色，同时散发出炒蛋香味时出锅。再向锅内加植物油20g，待油完全烧开将酱料放入锅中，炒出酱香味后，再将炒好的鸡蛋重新投入锅中，炒拌均匀后，关火拌入青椒粒，放在专用小酱碟中，配上一汤匙，转交到客人餐桌上。

4）要领：①每次植物油下锅必须烧开；②青椒粒不入锅翻炒，保留其清香味。

猪肉香菇炸酱面：

（1）配料：炒香的酱料40g、猪肉20g、植物油40g、香葱5g、香菇25g。

（2）准备：将肉切成2～3mm肉炒粒，将葱切成碎粒，将香菇切成颗粒。

（3）工艺：向锅内加植物油40g完全烧开，加入肉粒20g，香葱5g，翻炒到有明显的葱香味时，加入香菇粒，再加入酱40g翻炒到出现沸腾气泡时出锅，倒入专用小碟中，配一汤匙。

（4）要点：植物油必须烧开。

4. 玉米凉拌面的制作。

（1）面条制作：将面条煮熟，用水冲凉，夹带一成的水分，备用；

（2）配料：煮熟冲凉的玉米面条330g、盐1.6g、辣椒粉2g、绵白糖（粉）7g、味精2g、3.5°米醋19g、黄瓜丝20g、蒜末5g、炒芝麻3g、香菜5g、辣椒油5g、香肠10片。

（3）工艺：戴透明塑料手套，将配料中香肠以外的配料，包括冲凉的玉米面条放在盆中抓拌均匀，摆盘的中央，周边等距摆放香肠片。

5. 麻辣汤锅手挤面条。

（1）面条制作：取玉米饺子粉 300g 放在盒中，向盆中加水 300g，用筷子（或手动简易打蛋器）用力快速搅拌 8min，搅拌成没有颗粒、没有泛白的面粉点，直至成为均匀黏稠的糊状为止；

（2）准备：

1）准备一个做蛋糕用的裱花塑料袋，将面糊装到里边待用。

2）准备配制麻辣料 42g（按以下配方）：

麻辣粉 1.5g、辣椒粉 3.5g、炸酱 10g、盐 6.5g、鸡精 4g、味精 3g、孜然 1g、糖 3g、辣椒油 15g（其中 5 份为牛油、10 份植物油）。

3）燃酒精火锅（1 个）或容器 800g 的电磁炉 1 台。

4）五花三层肉 50g、应季生菜、菠菜 50g、水焯豆芽 50g、牛肉 40g。

（3）工艺过程：

将 600g 水放在锅中加热，将（2）中 2）投入锅中，热开以后，再将（2）中 4）中的五花肉、牛肉投入锅中，开锅后，将（2）中 1）的顶端剪切成能挤出一根面条的开口，然后两手向锅中挤面条，熟练者可以挤成几米长的面条，这就是麻辣汤锅手挤玉米面条。面条及麻辣烫浑然一体，口感超好，是一款创新的吃法，如将其挤面条工序交给顾客，顾客将产生极大的兴趣，亲手挤面条有很强的成就感，真是好吃好玩好营养。

十、 玉米蒸面包 （见图 9-7）

图 9-7　玉米蒸面包

（一） 配料 （制作产品总量增加或减少按此比例增减）

（1）玉米包子粉 500g；

（2）水：450～500g；

（3）鸡蛋：0.5 个；

（4）泡打粉：5g；

（5）酵母粉：7～8g；

(6) 食糖以个人口味需求添加。

(二) 制作方法

用微波炉蒸煮加水 500g；用蒸锅(箱)蒸煮加水 450g。将鸡蛋去皮共同放在塑料盆中，将泡打粉、酵母粉先混合在玉米包子粉中，充分搅拌均匀，再将 500g 面粉与蛋、水共同放在塑料盆中，用筷子或手顺时针在容器中用力搅拌，时间约 4～8min，搅到均匀无颗粒时，放在 250mm×170mm×80mm（或非金属容器）的塑料盒中，或能装 2.5 斤水的其他几何形状的容器中进行醒发，选择容器大小的经验公式是（面粉重＋水重)×2.5＝装水量，例如，你想选一个能做 0.5 斤面粉的玉米金凇糕容器，则有（0.5 斤面＋0.5 斤水)×2.5＝2.5 斤，也就是说能装 2.5 斤水的容器即可。温度可在 20～38℃范围内，若温度超出 38℃很难醒发，38℃时酵母将陆续失去活性，在 20～38℃范围内，温度高醒发速度快，所需时间短。

醒发终点的判定很重要，醒发不好，膨松不够，口感不好；若醒发过头，虽然膨松，但筋力不足，并且有明显的酒糟味道，消费者不易接受。在上述条件下醒发，把搅拌好的面糊在容器中的水平位置做一刻线，当醒发到刻线上升距离增加 2 倍（刻度由 1 上升到 3）时，刚好到醒发终点，立即将装醒面的容器共同移进微波炉或蒸箱（锅）中，特别注意在移送过程中，一定轻拿轻放，保证塑料容器不受外力作用变形，主要目的是防止跑气，影响膨松体积。在微波炉中热蒸的时间依据功率在 700～950W 而定时间为 11～9min。蒸锅（箱）中，从“圆气”后算起 22～25min，到时间必须马上出锅（炉），此时更要注意防止容器受力变形，或受到震动，以避免蓬松的玉米金凇糕泄气变形，轻轻将容器倒置在案板上，拿下塑料容器，就是成品玉米蒸面包，也可用大枣、葡萄干装饰。

(三) 特点

玉米蒸面包具有面包一样的蓬松，像海绵一样，用手一压出现深坑，松手马上弹回原状，金黄色，有玉米香气，吃到嘴里有弹性，绵软劲道，十分爽口。用蛋糕刀切开，其断面具有无数的蜂窝孔，吃到胃里不产胃酸，不刺激胃，易消化，容易吸收。现已成为部分饭店特色主食，将其切开夹进火腿，用生菜等装饰就是粗粮汉堡，也是家庭早餐或儿童喜爱的主食。

(四) 贮藏方法

蒸熟的玉米蒸面包，2 日内食用，可以放在冷藏柜中，1 日内食用可放在常温室内。2 日以上食用，可以冻藏，食用前用蒸气热透即可。冷藏存放后，易出现 β-胡萝卜素聚凝，聚凝后呈现红色斑。β-胡萝卜素就是红色的，玉米中含量特别高，β-胡萝卜素在人体中能分解出维生素 A，是人体需要的营养素。

十一、玉米冷面

(一) 玉米冷面条制作

(1) 准备市场销售的冷面机一台（网查牡丹江地区产的较好），自动电煮面锅一个，锅口直径 450～600mm 均可，制作支撑架将冷面机放在锅上端，挤面条模具放在锅中央的上方，距离锅的水面 100～150mm 为宜。

(2) 准备取玉米面条粉 10 斤，加水 6 斤，用和面机和成均匀面团，将面团按模具桶大小做成能放进去大小相应的面团待用。

（3）制作冷面条工艺过程。

将锅水烧开，取和好的玉米冷面面团，选取玉米冷面条模板投入到模具桶中，推到活塞下端对正活塞，开动机器，挤出面条落入开水中，待玉米面条从开水中漂出在水面，即刻用笊篱或筛子捞出水，立即投入到冷水中浸凉，取出放在筛子中待用。

（二）玉米冷面的制作

（1）准备将矿泉水放在冰箱中冰镇到有冰晶出现待用。

（2）准备蛋白糖3g、3.5°白醋50g、食盐5g、味精2g、小苏打5g、老抽2.5g、芝麻3g、黄瓜丝25g、香菜碎5g、卤蛋1个、辣白菜30g。

（3）工艺过程：取冷面条330g放入碗中，放入（1）中冰镇矿泉水500g，再将（2）中全部放入，其中卤蛋、辣白菜放在碗上边。

这就是酸甜爽口的玉米冷面，玉米冷面条比小麦粉冷面条更绵软，滑爽。

十二、玉米韭菜盒子（见图9-8）

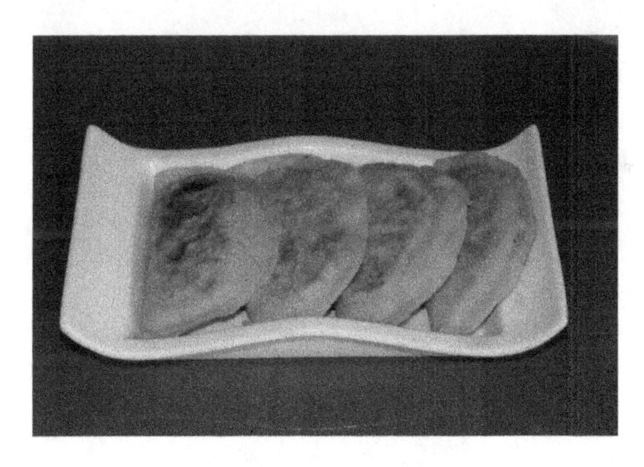

图9-8　玉米韭菜盒子

（一）配料

（1）玉米包子粉500g、水350g；

（2）韭菜1斤、鸡蛋5个、植物油40g；

（3）盐7g、味精2g、鸡精3g、花椒1g、猪油15g、牛油15g、植物油30g、芝麻油3g、姜20g、葱30g。

（二）工艺加工准备

（1）将玉米包子粉500g加水350g揉成面团，待用。

（2）将韭菜清理去杂、切碎，将鸡蛋去掉壳充分搅拌后，用植物油40g炒香，同时捣碎。

（3）将猪油加姜10g、葱碎8g炸开冷却待用，将牛油加姜10g、葱碎7g炸出香味冷却待用，将植物油30g加葱碎15g慢火炸出葱香味冷却待用。

（4）将（3）混合后，加入食盐7g、味精2g、鸡精3g、花椒粉1g，充分拌匀，与（2）混合在一起拌匀。

（三）工艺

（1）取出面团，揉成面棍，揪剂25g，擀成面饼。用左手托起，向里边加20～25g馅，放在中位线一侧，摊平，然后将面饼中位线另一侧没加馅的部分折到加馅一侧对齐后，用手将边沿部分捏合。

（2）将不粘饼锅加热，把包好的韭菜盒子平放上边，锅的温度控制在180℃左右，翻两次即熟。

（3）烙好的韭菜盒子，摆放容器中，上边用保鲜膜罩上，15～20min后即可上餐桌，用保鲜膜罩上可以使饼皮回软更有筋力，使口感成倍提升。

十三、玉米馅饼（见图9-9）

图9-9 玉米馅饼

（一）配料

（1）玉米包子粉500g、水450g。

（2）猪肉（前槽部分）750g、葱碎50g、水50g。

（3）盐12g、味精3.4g、鸡精2g、猪油50g、植物油50g、芝麻油5g、姜35g、碎葱50g。

（二）准备

（1）将玉米包子粉500g加水450g和成面团，低温静放2h待用。

（2）将前槽猪肉750g绞成肉馅，加水50g顺时针搅拌均匀，再加葱碎50g拌匀待用。

（3）将猪油50g加姜35g、葱碎20g在锅中慢火加热到出现浓郁的姜葱香味，分离出固体物冷却待用，将植物油50g加葱碎30g在锅中慢火加热到出现浓浓的葱香味，分离出固体物冷却待用。

（三）工艺加工

（1）将（二）中（2）和（二）中（3）待用料加到一起，再将（一）中（3）中的盐12g、味精3g、鸡精5g、芝麻油5g放进充分拌匀待用。

（2）将（二）中（1）待用面团揉成圆面棍，再揪成面剂40g，用擀面杖将其擀成比饺子皮略厚的面薄饼待用。

（3）在面饼40g中，装填肉馅40g，包成馅饼。

（4）将包成的馅饼加小麦粉薄面，放在面板上用擀面杖轻轻擀压成的4个饺子皮的厚度。

(5) 用不粘饼铛锅，加热加油翻两次即成。

（四） 口感

玉米馅饼，绵软筋道，肉嫩回香，不柴不腻。

（五） 其他

包好的馅饼之间用塑料薄膜隔开，可以速冻后包装成箱，消费者现烙现吃，此方法可用于工业化生产。

面皮可以是玉米的，也可以是荞麦的。

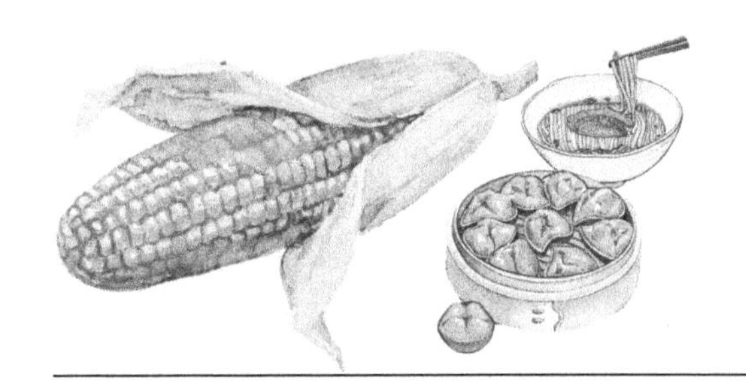

第十章 玉米面包及其烘焙玉米食品的制作方法

一、玉米特强粉面包的原料及添加剂

（一）玉米特强粉是玉米特强粉面包的原料

玉米面包粉是在玉米特强粉工艺基础上复配而成的。这种面包粉某些物理性能接近小麦面包粉，也具有包气性能和醒发烤制性能。

酵母是一种肉眼看不见的单细胞微生物。形态有圆形、卵圆形、椭圆形等，生产面包使用的酵母以椭圆形为宜，干酵母的化学成分有52.5%粗蛋白，所含蛋白质有单纯蛋白质和结合蛋白质；含有粗脂肪0.8%，主要是卵磷脂和胆固醇；含有灰分7.6%，主要是磷和钾；含有粗纤维和无氮浸出物31.4%；含有的碳水化合物除少量可溶性糖以外，大多数以多糖形式存在。

（二）酵母在玉米面包生产中的作用

（1）使玉米面包体积膨松，这是因为酵母能在玉米面包的面团发酵过程中产生二氧化碳和酒精，由于二氧化碳和酒精都是气体，比重小，体积轻，气体产生时受到面团的包裹束缚，气体压力也增大，好似被吹起的无数个小气球。当面包烤制时，突然温度升高，气体跑出，留下无数个相互连接、相互支撑小孔隙，就形成体积蓬松的玉米面包，并且口感极好，易于消化吸收。

（2）能改善玉米面包的风味。制作玉米面包的面团在醒发过程中，产生的酒精、乙酸、乳酸及其形成相应的酯类，烤制时产生特有的芳香。

（3）能增加玉米面包的营养价值。酵母中主要成分之一是蛋白质，酵母中存在着大量的维生素B，每100g干酵母中含有3000μg硫氨素，每100g干酵母中含有6000μg核黄酸，并且含有大量的磷、钾无机盐，这些营养物质有效地提高了玉米面包的营养价值。

（4）酵母的活力与温度、pH值及氧的影响关系。

酵母在有氧及无氧条件下都可以发酵。其生长发酵的最适温度为26～30℃，最适pH值为5.0～6.0，pH值低于3或高于7.5，其活力都会受到限制。酵母的活力在一定温度范围内随温度升高而增强，增到38℃时为上限。酵母在繁衍生长过程中，需要呼吸大量的氧气，如在缺氧条件下则发酵速度明显缓慢。

酵母（干酵母）在玉米面包中的用量最好为1.5%。酵母在使用过程中应避免和糖、食盐直接接触，这类物质具渗透压作用，可使酵母脱水或蛋白质凝固丧失活性。

干酵母的贮藏一定要放在封闭的包装内，且置于阴凉干燥处，已开袋的干酵母要及时用掉。实践中常常出现因露置于潮湿空气中而使酵母失活现象。

（三） 食盐在玉米面包中的作用

（1）在制作玉米面包的面团中加入适量的食盐，可以促进吸水能力，增强韧性和弹性，提高成膜持气能力。食盐也是酵母生长所需的营养物质，且对乳酸菌、醋酸菌等有抑制作用，有利于酵母的生长，但加过量会因渗透压的作用而导致酵母死亡。

（2）在玉米面包中加入食盐，能改善口味，刺激食欲，食盐在玉米面包中加入量在1.3%～1.5%范围内。

（四） 糖在玉米面包中的作用

烤制玉米面包主要添加葡萄糖和绵糖，经过加热烘烤被分解成焦糖，焦糖使玉米面包呈金黄色，并有特殊的风味。糖在烤制玉米面包中可以增加弹性，增加吸水性，对玉米面包的醒发过程起到辅助作用。同时酵母获得糖特别是多维葡萄糖后，能提高繁衍能力，因为渗透压的原因，用量不可过多，一般在玉米面包重量的15%左右。

（五） 鸡蛋在玉米面包中的作用

鸡蛋是一种能和水以任意比例互溶的胶体，经快速搅拌后能将进入蛋水混合胶体中的空气包裹起来形成泡沫，因此具有起泡性能。利用此特性可以增加烤制玉米面包的面团的膨胀体积。该面团放在烤炉后，温度立即升高，包裹的空气立即膨胀，达到了增大玉米面包体积的目的。鸡蛋中的蛋白质生物价是最高的，人体吸收率、转化率都是相当高的。鸡蛋还能增加玉米面包的光泽，改善颜色，特别是给玉米面包增加了诱人的风味。

（六） 油脂在玉米面包中的作用

烤制玉米面包用的是植物油，如大豆油、花生油、芝麻油、茶籽油、棉籽油等，主要成分是不饱和脂肪酸甘油酯，其物理特点是熔点低，在常温下呈液态状，色泽深黄色。植物油在玉米面包中能提高其营养价值，产生良好的风味和光泽。添加适量的植物油，可降低揉面团的黏度，使面包组织柔软可口，有利于面包保持水分，延长贮藏时间。

（七） 乳化剂在制作玉米面包中的作用

乳化剂是一种分子中同时具有亲水基团和亲油基团的物质，它可使油和水形成稳定的乳浊液。乳化剂能使两种互不相溶液体中的一种液体均匀地分散到另一种液体中。乳化剂能使烤面包的多相体系相互结合，增加玉米面包中各组分间的亲和力，降低界面张力，控制面包中油脂的结晶结构，改进玉米面包的口感质量。烤制玉米面包中使用乳化剂能与淀粉结合，增大体积，防止老化。它与面粉中的油脂及蛋白质结合，增进面团的强度，稳定气泡组织，提高玉米面包的风味。

（八） 超软面包改良剂及师傅300号在烤制玉米面包中的作用

超软面包改良剂及师傅300号有助于膨松，提高风味，改变颜色，增加持水、持气性，是一种辅助作用。

二、玉米面包的基本配方（按比例）

（1）玉米特强粉：100（玉米特强粉系列中饺子粉）；

(2) 酵母粉：2.0（干酵母，法酵雁子牌）；
(3) 多维葡萄糖粉：0.5（在药店可以购买）；
(4) 超软面包改良剂：0.7（在添加剂商店购买）；
(5) 乳化剂、保水剂（各）：0.8（在添加剂商店购买）；
(6) 食用精碘盐：1.5；
(7) 绵糖：40（也可用砂糖）；
(8) 鸡蛋：40；
(9) 大豆油、蛋糕油（各）：10；
(10) 水：66；
(11) 师傅300号：0.6（在添加剂商店购买）；
(12) 面筋粉：35（由小麦加工而得）；
(13) 黄原胶：0.5；
(14) 瓜尔豆胶：0.3。

三、烤制玉米面包操作方法及加工工艺

（一）玉米面团的调制

准确称量玉米面包粉、面筋粉、超软面包改良剂、师傅300号、食用精碘盐、绵糖、黄原胶、瓜尔豆胶，放在和面机中，充分搅拌均匀。准确称量乳化剂、保水剂鸡蛋、植物油、蛋糕油，再加入到已经搅拌均匀和面机中。准确称量酵母和多维葡萄糖粉，从已称量的水中取出相当于酵母和多维葡萄糖粉10倍的水，进行充分搅拌溶解（在容器中），再把搅拌匀的几项液体都投入到已经称量好的水中进行搅拌，再把这些液体全部投入到和面机中进行搅拌和面。

工艺条件的讨论：

(1) 加水量太多，会造成面团过软，粘手，减弱面团的弹性延伸性，给做型操作带来困难。对于玉米面包而言加水量多，烤出的面包容易塌型，表面褶皱；若加水量太少，玉米面团过硬，不利于醒发，又不易保气，使玉米面包组织粗糙、僵硬，如同玉米大饼子，体积增大十分困难。玉米面包粉加水量应是玉米面包粉相对重量的80%，也就是100份玉米面包粉，加80份水（此水包括添加物的水分），相比小麦面包粉明显高出一些。

(2) 玉米面包制作过程中，醒发需要的适宜温度为30℃±2℃。这就要求对和面的水温进行调整。若室温在20℃以下，应把和面的水温调至38℃左右，不可过高，超出38℃将会降低酵母菌的活性，相对湿度85%～90%。

(3) 玉米面包和面时间会影响产品品质，面团调制的时间也会影响面团质量。玉米面包粉的特性决定面团调制时间为30～35min，玉米面包粉中含有4.5%的膳食纤维，膳食纤维吸水量大些，吸水时间相应拉长，因此，玉米面团调制时间和白面比相应拉长30%～40%，但也不宜时间过长，时间过长工艺性能也会降低。

(4) 玉米面包的面团调制，需要和面机。和面机应选择直翅形的搅拌桨，通过比较，这种和面机调制面团工艺质量最优，和面机的转速选择60～80r/min。

（二）玉米面团发酵

和好的玉米面团应是外观光滑细腻，具有极好的弹性及塑性，能用手扯拉成为薄膜片。

和好的玉米面包面团要在和面机中冷却 5min 左右，具体时间视季节和室温而定。从和面机向外取面若有粘手现象，可以双手蘸水后再从和面机筒内向外搬，或者用钢铲蘸水切割成方块再取，否则拉不动。取出的面放置松弛 15min 左右可以做型，做型的各种花样可以参照白面面包。做型之前若感到面的筋力分布不够均匀，必须辅以压面机，压面机有面包专用的，也可以用压面条机代替。压面过程中应不断地将压出的面片进行 1～2 次对折，目的是通过增加厚度才能使压面机的对辊对面片不断施加机械力，使得面片沿着各个方向不断延展，有助于形成面筋网络，在发酵过程中才能包住气。玉米面包制作一般要压 20～25 遍，直到压到能将面拉出薄薄的面膜，视为合格。

1. 玉米面包的面团发酵原理及条件。

玉米面包的面团发酵原理是酵母菌食用了玉米面团的营养成分，在氧气的参与下进行繁殖，同时产生大量二氧化碳使玉米面团膨松、质地均匀、富有弹性，使其口感和风味颜色得到了改善。玉米面团发酵过程中，酵母的最好的营养就是单糖，单糖大多数是还原糖，如葡萄糖和果糖，之所以玉米面包配料中添加 0.5 的葡萄糖，就是让酵母菌直接获得营养粮，迅速进入产气工作。

随着酵母呼吸作用的不断进行，二氧化碳气体逐渐增加，玉米面团体积逐渐膨大，面团中氧气相应地逐渐减少，酵母在缺氧条件下发酵会使单糖产生酒精、乳酸等，酵母的富氧发酵与缺氧发酵存在于同一个发酵过程中。在玉米面包制作过程中，玉米面团发酵用的时间较长，这是一个十分重要的工序，而对其影响不同，有必要了解。

面筋中蛋白质吸收水分后，是具有韧性、弹性、延展性和黏性的物质，在面团发酵过程中玉米蛋白筋力及面筋粉的筋力成网成膜后能将膨胀的气体包住，不让面团中的气体放出，才能使玉米面团内部形成无数孔隙的海绵状组织。而形成这种海绵状的面包组织，首先是玉米面包粉具有这种性能，其次就是所选用的酵母的活力。在玉米面团发酵过程中，酵母的发酵力是决定面包质量的重要因素之一。酵母的品种、生产条件、贮存条件对酵母使用效果都有较大影响。选择酵母品种很关键，选择办法是将多家的酵母样品拿来，在同等或能创造同等生产玉米面包环境中进行对比试验，选择综合条件最佳的。

前文叙说过酵母的加入量直接影响面团的发酵速度。在同等条件下，酵母用量多，醒发速度快。当然，还要考虑生产成本因素，玉米面包在本文中推荐 100g 用量为 2.0g。若要降低成本，则可以采用二次发酵法，添加量可以为 1.0g。

温度对玉米面团发酵过程中的产气影响很大，掌握好发酵（醒发）温度很重要，比较适宜的温度为 32℃±2℃。温度低速度慢，生产周期长；温度高，速度快，生产周期短。但是，温度高时其他杂菌也会繁殖，如 34℃时醋酸菌就会生长，38℃时乳酸菌就会生长，将会影响玉米面包的品质。

玉米面包推荐的加水量为每 100g 玉米面包粉加水在 75g±5g，其中包括添加到鸡蛋中的水。影响加水上下变调的因素包括放置时间的长短及季节的不同等，例如刚下线的玉米面包粉加水量上浮，放置时间长的玉米面包粉加水量下调；冬、春、秋季节气温干燥时加水量上浮，夏季气温潮湿加水量下调。

2. 玉米面团醒发终点的鉴别：玉米面团醒发到最合适的时候称之为醒发终点。

醒发到终点的玉米面包皮薄松软，淡黄色而有光泽，具有半透明状态，可以闻到淡淡的玉米香气夹杂着酒和酯的香气。而没有醒发到终点的面包则体积小，暗灰黄色，表面无光有浑浊感。

3. 玉米面包的醒发时间：约 90～100min。

四、玉米面包的烘烤

玉米面包的烘烤就是将玉米面包由醒发好的生面团变成烤熟面包的过程，这个过程伴随着微生物变化、化学变化、物理变化。

醒发后的玉米面团温度在 35～38℃之间，将其连同托盘一起送入到烤箱内烘烤时，炉内的热量通过辐射、传导和对流方式传给醒发好的玉米面团。随着玉米面团温度开始升高，酵母开始更旺盛的活动，使面包突然快速醒发，体积加快膨胀，当玉米面团超过 38℃时，酵母菌的活动达到顶峰，超过 42℃时酵母活动能力显著下降，大约在 60℃时开始大量死亡，而乳酸菌在 38℃以后，开始活跃，达到 45℃时加速，当温度达到 60℃时也开始死亡。在这个温度区间，乳酸菌活动产生乳酸，在面包烘烤过程中，能产生有淡淡酸味的特殊风味。

在烤制玉米面包过程中，淀粉颗粒在 60℃时开始糊化，蛋白质在 70℃时开始固化，在 110～120℃时玉米面包表层的淀粉、蛋白质开始炭化，出现烘烤特有的锅巴香味，更加提升了玉米面包的口感。当玉米面团送入烤箱后，玉米面团表层受到剧烈加热使水分迅速蒸发，2min 以后，玉米面团逐渐失去水分，表面温度最高可达到 185℃，而面包心最多只能达到 100℃。在烘烤过程中，玉米面包团中的水分遇到炉内的高温，马上会以气态方式向炉内蒸发，也会以液态方式向面团内部扩散转移，面团内的水重新分布。

在烤炉内，醒发不好的面团体积小、硬度大、坚实粗糙。醒发过度的面团，入炉后会引起蜂窝破碎，使面团塌陷，形状不佳，同时面包味道极差，有明显的酒糟味。放在模盒里醒发的速度过快时，会使面团很难排出气体，形成不整齐的蜂窝组织。和面搅拌不足的面团烤出的面包会蜂窝结构大小不均匀。

用烤箱烤制玉米面包，通常采用的温度是面火 180℃，底火 200℃，100g 的面包烤制时间 20min 左右。当炉温过高时，面团入炉后很快形成了硬外壳，且表面炭化，炉温过低，面团不能迅速气化，面团中的部分淀粉会沉积到面包底层，造成底厚发死，并且影响膨松。烤玉米面包也要反复摸索出最佳上火、下火。

当玉米面包面团中的蛋白质在蛋白酶的作用下分解成低肽和氨基酸时，这些物质和面团中的糖一起在高温中发生美拉德反应产生褐变，使玉米面包皮褐变成漂亮的颜色，同时还产生诱人的香气。玉米面团中的果糖和葡萄糖也参与褐变，同时产生香气。

玉米面包烤制所用的设备和烤制白面面包设备、设施完全相同，这里不加以介绍。

玉米面包的最突出的优点是，刚出炉不仅膨松，而且特别爽口，而白面面包刚出炉时是有粘牙口感的，而且玉米面包的营养是餐桌上迫切需要的。因此，玉米面包具有极强的生命力和广阔的市场前景。

五、其他玉米烘焙食品配方及做法

（一）玉米月饼

1. 玉米月饼皮。

（1）玉米月饼皮（软皮）配料（按比例）：

玉米粉10，鸡蛋4，绵白糖3.5，色拉油3.5，水1.5，香油（芝麻油）0.1，马铃薯全粉1.2，奶粉0.75，泡打粉0.05，碳酸氢氨（大起子）0.03，月饼改良剂0.008，山梨糖醇0.8，山梨酸钾0.002，蛋糕油0.2。

（2）玉米月饼脆皮配料（1斤=0.5kg）：

玉米面粉4.4斤，白绵糖1.7斤，碳酸氢氨（大起子）20g，水0.5斤，黄豆油1.7斤，鸡蛋1斤。

2. 玉米月饼馅。

1. 可以采购月饼专用馅料，如：

莲蓉蛋黄馅，黑芝麻蓉馅，五仁果蓉馅，玉米蓉馅，玉米水果蓉馅。

2. 自制玉米月饼馅的配料。

（1）五仁馅配料：

烤熟面40斤，芝麻油2斤，葡萄干8斤，芝麻7斤，青红丝丁各5斤，花生碎9.5斤，瓜子仁9.5斤，核桃仁7斤，白豆沙3斤，色拉油16斤，白糖33斤，水4斤。

（2）黑芝麻馅：

烤熟面42斤，白砂糖30斤，黑芝麻8斤，花生碎8斤，瓜子仁8斤，葡萄干8斤，色拉油16斤，香油3斤，白豆沙14斤，蜂蜜2斤，水4斤。

3. 玉米月饼的烤制。

（1）玉米月饼在制作过程中，必须把鸡蛋和糖充分溶化，水逐步加入，打成面团后要控制使用时间，玉米面团含油能力差，容易使玉米面团和油分离，防腐措施与小麦粉月饼相同。

（2）玉米月饼第一次烤制上火180℃，下火150℃，烤制13～15min。然后向月饼表面刷蛋黄。第二次烤制上火230℃，下火150℃，烤制6min。

（3）出炉后冷却到室温开始包装。

（二）玉米蛋糕

1. 配料：玉米包子粉480g，细砂糖350g，鸡蛋700g，蛋糕油18g，发酵粉7g，泡打粉4g。

2. 配料的作用：

（1）蛋糕油可使蛋糕组织更加松软，蛋糕组织细腻富有弹性。蛋糕油能提高鸡蛋的发泡能力，提高泡的稳定性。

（2）糖可提高蛋糕烤制后的适口性及其诱人的色泽，还能提高成品的持水能力。

3. 操作过程。

（1）将称好的玉米包子粉、发酵粉放在高速粉碎机中，打50s，目的是让玉米粉和发酵粉去除大颗粒，充分拌匀，且含有更多的新鲜空气待用。

（2）将鸡蛋去皮投入打蛋机桶中，将糖和蛋糕油也投入其打蛋机的桶中，用高速搅拌15～18min后再将面粉全部投入到打蛋机的桶中搅拌3～5min，时间不宜太长，时间太长会破坏蛋糕组织的细腻感。

（3）将搅拌好的面糊入模送到烤箱中，烤箱底火调到160℃，上火调到175℃，8min后将底火调到170℃，上火调至185℃继续烤5min，取出即可。

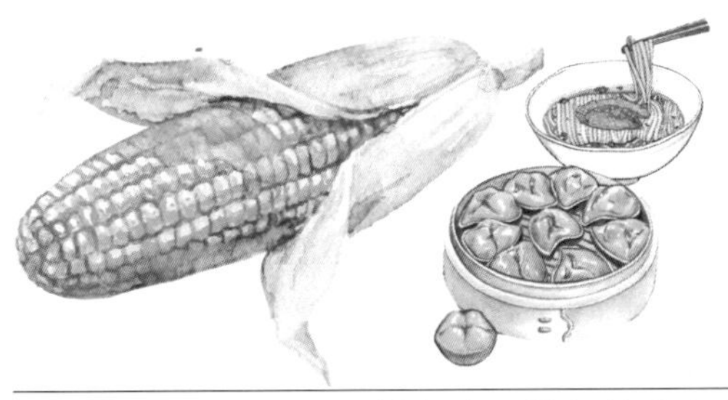

附　录

玉米特强粉加工食品图片集锦

玉米特强粉的研制成功，使粗粮和细粮失去了界限，利用玉米特强粉可以加工出玉米挂面、玉米方便面、玉米饺子、玉米窝头等多种多样的食品，本附录将书中部分玉米特强粉加工食品的图片整理出来，以便读者查看。

图 1　在干燥中的玉米挂面

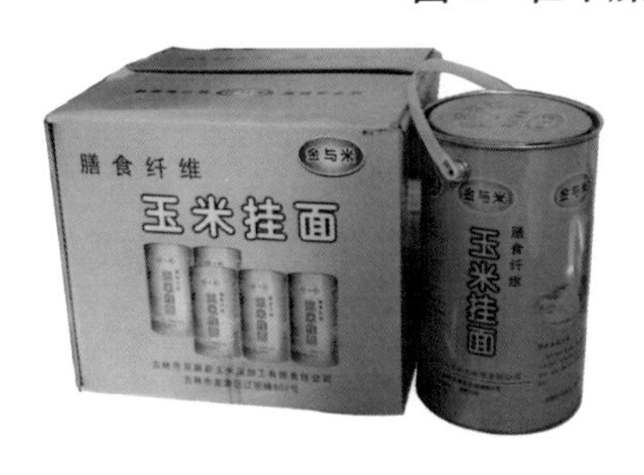

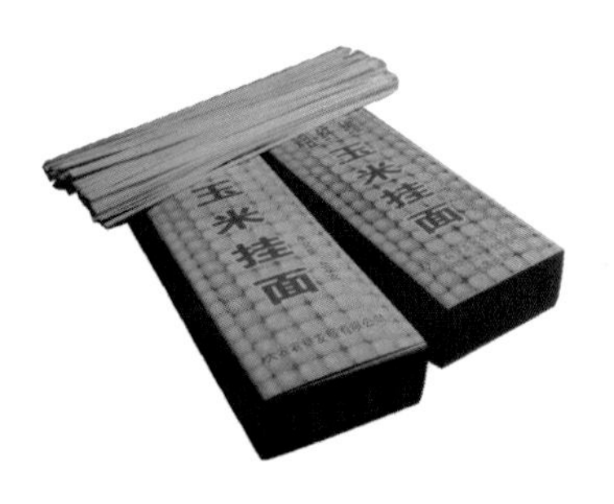

图 2　常见的玉米挂面包装

图 3　加工玉米方便面的自熟（波纹）成条机

图 4　玉米水饺的摆盘方法

图 5　玉米蒸饺

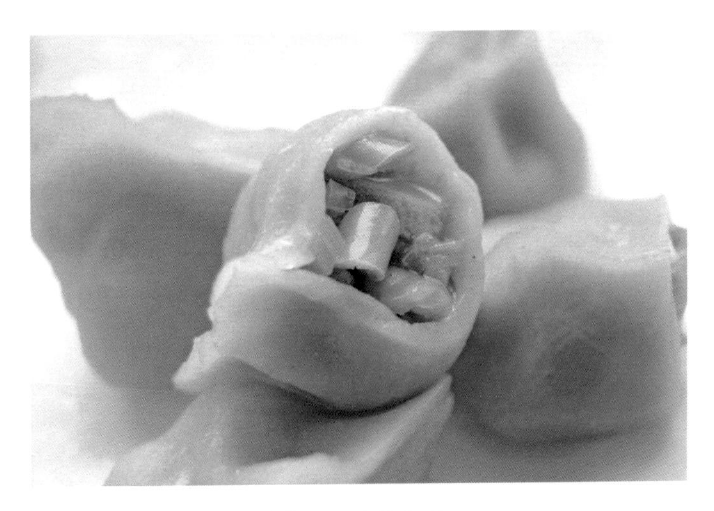

图 6　玉米水饺

图 7　玉米特强粉窝头

图 8　玉米包子

图 9　玉米蒸面包

图 10　玉米韭菜盒子

图 11　玉米馅饼

图 12　玉米月饼

主要参考文献

1. 张子飚，张着着编. 玉米特强粉生产加工技术. 北京：金盾出版社，2004.

2. 中国烹饪协会美食营养专业委员会编. 第一营养. 北京：北京出版社，2004.

3. 沈再春主编. 现代方便面和挂面生产实用技术. 北京：中国科学技术出版社，2001.

另注：

1. 本书第三章工艺图由牡丹江淀粉机械厂贾国华设计。

2. 本书第三章污水处理方案由山东美泉环保科技有限公司设计。

3. 本书第八章图片由天津圣昂达公司支持。